浙江省流纹质火山岩地貌景观研究

ZHEJIANG SHENG LIUWENZHI HUOSHANYAN
DIMAO JINGGUAN YANJIU

唐小明　冯杭建　林　丹　郑文浩　游省易
张　君　吴雪琴　徐兴华　马宏杰　万治义　著
汪发祥　余淑姣　蔡　遥　潘雅辉　张义顺
卢琰萍　张　重　郭　伟　张　俞

图书在版编目(CIP)数据

浙江省流纹质火山岩地貌景观研究/唐小明等著. —武汉:中国地质大学出版社,2022.5
ISBN 978-7-5625-5292-5

Ⅰ.①浙⋯　Ⅱ.①唐⋯　Ⅲ.①火山岩-地貌-研究　Ⅳ.①P588.14

中国版本图书馆 CIP 数据核字(2022)第 118602 号

浙江省流纹质火山岩地貌景观研究	唐小明　等著
责任编辑:舒立霞　张瑞生	责任校对:何澍语

出版发行:中国地质大学出版社(武汉市洪山区鲁磨路388号)	邮编:430074
电　　话:(027)67883511　　传　　真:(027)67883580	E-mail:cbb@cug.edu.cn
经　　销:全国新华书店	http://cugp.cug.edu.cn
开本:787 毫米×1092 毫米　1/16	字数:416 千字　印张:16　插页:1
版次:2022 年 5 月第 1 版	印次:2022 年 5 月第 1 次印刷
印刷:武汉中远印务有限公司	
ISBN 978-7-5625-5292-5	定价:168.00 元

如有印装质量问题请与印刷厂联系调换

序

  流纹质火山岩在全球范围均有分布,如美国黄石国家地质公园、日本阿苏火山、俄罗斯锡霍特-阿林火山带等,但在其之上发育的流纹质火山岩地貌景观却鲜有研究报道。我国东部沿海地区大面积分布着侏罗纪—白垩纪地质历史时期喷发的流纹质火山岩,它们构成了一条南北向延伸达 2000 余千米、平均宽度约 400km 的巨型古火山带,其中尤以浙江、福建和广东等省最为发育。浙江省白垩纪流纹质火山岩分布面积达 40 000 多平方千米,岩性岩相复杂,火山构造多样,在其上发育形成的地貌景观具有独特性,地貌形态具有多样性,地貌形成内外动力地质作用具有完整性。它既具西太平洋海岸地貌(主要为流纹质火山岩海蚀地貌)特点,又兼蕴历史文化内涵,是全球中生代以来地质作用和地貌演化的突出例证,是环太平洋火山带火山岩地貌的杰出代表。

  相比花岗岩地貌、岩溶地貌、丹霞地貌、砂岩峰林地貌等闻名国内外的成景岩石地貌,浙江省的流纹质火山岩地貌景观的地质背景、空间分布、形态类型、形成演化均具有独特性、典型性和代表性。但因流纹质火山岩地貌研究工作起步较晚,整体研究程度偏低,故限制了流纹质火山岩地貌在国内外的知名度和影响力。因此,该书的出版将对流纹质火山岩地貌的宣传及推广具有重要意义。

  作者自 2004 年以来,开展了全省性地质遗迹调查及地质公园申报与建设工作,对浙江省的流纹质火山岩地貌分布及形成演化具有宏观的认识与把握。2014 年,在浙江省地质勘查基金的资助下,该团队开展了"浙江省典型流纹质火山岩地貌景观调查评价"工作。团队通过系统收集和分析浙江省流纹质火山岩地貌的地质背景和物质基础等资料,对浙江省流纹质火山岩地貌的分类体系、地貌编图、典型地貌景观、形成演化、景观评价、国际对比等方面开展了深入研究。书中采用数字地貌分类体系方法对流纹质火山岩地貌开展地貌分类,并成功应用于大比例尺地貌编图工作,这对其他特殊地貌的分类及地貌编图具有指导性意义;通过坡地形态分析,指出流纹质火山岩地貌形成演化分幼年期、青年期、壮年期和老年期 4 个阶段,并根据典型分布区地貌形态列举了青年期、壮年期和老年期的典型代表;通过国内外对比研究,指出浙江省流纹质火山岩地貌景观类型丰富全面、景观气势宏伟壮观、景观美学价值相对较高,其完整性、多样性、典型性、独特性、稀有性属国内外罕见,是环太平洋火山带白垩纪流纹质火山岩地貌的典型代表。

该书是作者及其团队长期以来对流纹质火山岩地貌调查与研究的成果，其中很多成果已应用于支撑雁荡山世界地质公园的中期评估工作、仙居神仙居与缙云仙都国家地质公园的申报建设工作以及多个相关地质公园的科普宣教工作，是难得的流纹质火山岩地貌景观资源宣传图书。相信该书能为读者提供丰富的流纹质火山岩地貌景观方面的科学知识，该书的出版能推动浙江省甚至全国的流纹质火山岩地貌景观研究及旅游资源保护与开发工作。

中国科学院院士：

2022 年 3 月

前　言

浙江是一个火山岩大省,其中白垩纪火山岩最为发育,分布面积达 40 000 多平方千米,而其中绝大多数都是流纹质火山岩,尤以流纹质熔结凝灰岩、凝灰岩和流纹岩为主,是各种古火山构造的物质基础,形成了丰富多样的火山岩岩性和岩相。这些火山岩石、火山构造表现出地质地貌的独特性和多样性,具有多方面的地质意义,在全球范围内具有重要的科学价值。

流纹质火山岩之上发育的流纹质火山岩地貌是浙江省最具特色的岩石地貌景观,其中尤以乐清雁荡山、仙居神仙居、临海桃渚、缙云仙都最为典型。雁荡山是"三山五岳"之一。约 1000 年前,沈括在其所著《梦溪笔谈》中就注意到浙东温州地区雁荡山地貌景观的特殊性,认为其"不类它山"。他根据峭拔险峻的雁荡诸峰顶部在同一平面上的现象,推断"原其理,当是为谷中大水冲激,沙土尽去,唯巨石岿然挺立耳",也就是说雁荡山的群峰由流水侵蚀作用而形成,这种"流水侵蚀说"较 18 世纪末英国赫顿提出的类似观点早了约 700 年。明朝大地理学家徐霞客先后 3 次游历雁荡山,盛赞雁荡山"锐峰迭嶂,左右环向,奇巧百出,真天下奇观"。

中华人民共和国成立以来,各地勘单位、高校和科研院所在浙东火山岩分布区开展了大量的地质调查工作,主要集中在基础地质、矿产地质等专业领域。20 世纪 80 年代之后,谢凝高等专家学者为雁荡山申遗呼吁奔走,2001 年雁荡山被列入中国世界遗产预备清单,但其研究长期以来止步于此。21 世纪以来,以陶奎元为代表的学者在雁荡山开展了诸多的火山地质、地质遗迹和地质旅游研究工作,取得了较为丰硕的成果,确立了雁荡山作为环太平洋亚洲大陆边缘火山带中典型白垩纪流纹质破火山的科学价值,也展示了 1 亿年来地质作用所产生的独特自然地貌景观,因此雁荡山被称为流纹质古火山地质与岩石天然博物馆、流纹质火山岩地貌的大观园。以陶奎元为代表的学者曾建议将中国东南沿海浙闽等地发育的流纹质火山岩地貌命名为"雁荡山地貌"。2005 年,雁荡山成功入选世界地质公园,成为浙江第一个也是迄今唯一一个世界地质公园,是中国迄今唯一一个以白垩纪火山岩和流纹质火山岩地貌景观为主题的世界地质公园。目前,浙江省其他典型的流纹质火山岩地貌景观集中分布区也大多建成了地质公园、风景名胜区、森林公园等各类自然保护地,临海桃渚、仙居神仙居和缙云仙都先后成为国家地质公园,景宁九龙山、余姚四明山、椒江大陈岛、象山花岙岛、温州洞头岛等省级地质公园都发育典型的流纹岩地貌景观。

从 2003 年浙江省部署全省地质遗迹调查开始,全省开展了一系列的以行政区、风景名胜区或保护地为单元的地质遗迹调查,对全省各地分布的流纹质火山岩地貌进行了较为全面的调查。但囿于各单位调查标准不统一,调查精度不平衡,全省流纹质火山岩地貌的概念、分布、分类、评价等问题还没有得到系统研究和解决。2014 年,为推动浙江省白垩纪流纹岩地质和地貌的申遗工作,浙江省国土资源厅会同浙江省建设厅,启动了申遗的可行性研究,并于 2015 年正式立项,分别就白垩纪火山地质和典型流纹质火山岩地貌景观资源开展专项调查与评价,本书即为后者基础上形成的综合性科研成果。本书从流纹质火山岩地貌的概念入手，对浙江省流纹质火山岩地貌形成的地质背景和物质基础、流纹质火山岩地貌的分类、典型流纹质火山岩地貌景观、流纹质火山岩地貌形成演化以及浙江典型流纹质火山岩的价值和国际对比等几个方面的问题进行了较为深入的探讨，以期提高浙江乃至国内对流纹质火山岩地貌的关注程度和研究水平，对后续雁荡山等地以中生代火山地质和流纹质火山岩地貌为主题的申遗工作有所裨益。

  本书是集体科研成果的结晶。前言、第一章、第二章由唐小明执笔，第三章由郑文浩执笔，第四章、第五章由冯杭建、郑文浩执笔，第六章由林丹、张君执笔，第七章、第八章由林丹执笔，全书由唐小明、冯杭建统稿。游省易主持了野外调查阶段的工作，张君全程参加了野外调查工作，吴雪琴参与了后期审稿工作。非常感谢中国科学院地理科学与资源研究所周成虎院士为本书作序。项目实施过程中得到浙江省自然资源厅地质勘查处孙乐玲处长的大力支持和悉心指导，调查工作得到了乐清雁荡山、仙居神仙居、缙云仙都、临海桃渚等景区所在地政府和管委会的大力支持，后期浦江仙华山管委会也给予了帮助，中国地质大学（武汉）李长安教授、浙江大学董传万教授、浙江省地质调查院张岩高级工程师等人对书稿给予了具体的指导。对上述领导和专家对本书的帮助与付出表示诚挚的感谢！

  由于全面系统的流纹质火山岩地貌研究尚处于探索阶段，加之作者水平和经验的不足，本书中难免存在疏漏与错误，恳请读者批评指正。

本书编写组
2022 年 1 月 25 日

目 录

第一章　流纹质火山岩及其岩石地貌 ……………………………………………… (1)
　第一节　流纹岩与流纹质火山岩 ……………………………………………… (1)
　第二节　流纹质火山岩地貌的概念 …………………………………………… (6)
　第三节　国内外流纹质火山岩地貌研究现状 ………………………………… (7)
　第四节　流纹质火山岩地貌的研究意义 ……………………………………… (12)
　第五节　浙江省流纹质火山岩地貌景观概况 ………………………………… (14)
　参考文献 ………………………………………………………………………… (24)

第二章　流纹质火山岩地貌分布区自然地理概况 ……………………………… (28)
　第一节　交通与区位 …………………………………………………………… (28)
　第二节　地势与地形 …………………………………………………………… (30)
　第三节　气　候 ………………………………………………………………… (35)
　第四节　水　文 ………………………………………………………………… (36)
　第五节　社会经济概况 ………………………………………………………… (39)
　参考文献 ………………………………………………………………………… (39)

第三章　流纹质火山岩地貌形成的地质背景和物质基础 ……………………… (40)
　第一节　区域地质构造背景 …………………………………………………… (40)
　第二节　重点研究区白垩纪火山地质作用 …………………………………… (45)
　参考文献 ………………………………………………………………………… (61)

第四章　流纹质火山岩地貌分类体系研究 ……………………………………… (64)
　第一节　地貌分类研究现状 …………………………………………………… (64)
　第二节　流纹质火山岩地貌分类方法 ………………………………………… (68)
　第三节　流纹质火山岩地貌数字分类方案 …………………………………… (70)
　第四节　流纹质火山岩地貌数字编图 ………………………………………… (78)
　参考文献 ………………………………………………………………………… (83)

第五章　流纹质火山岩集中分布区典型地貌景观 ……………………………… (86)
　第一节　方　山 ………………………………………………………………… (86)
　第二节　岩　嶂 ………………………………………………………………… (88)
　第三节　石　门 ………………………………………………………………… (103)
　第四节　山　峰 ………………………………………………………………… (105)
　第五节　洞　穴 ………………………………………………………………… (119)
　第六节　岩　槽 ………………………………………………………………… (134)
　第七节　沟　谷 ………………………………………………………………… (138)

第八节　瀑、潭 (144)
　　第九节　其他典型景观 (148)
　　参考文献 (154)
第六章　流纹质火山岩地貌形成的内外动力作用 (155)
　　第一节　形成流纹质火山岩地貌的内动力作用 (155)
　　第二节　形成流纹质火山岩地貌的外动力作用 (157)
　　参考文献 (174)
第七章　流纹质火山岩地貌的演化 (176)
　　第一节　流纹质火山岩地貌旋回演化过程 (176)
　　第二节　流纹质火山岩地貌发育定量测算 (182)
　　参考文献 (198)
第八章　流纹质火山岩地貌景观评价与国际对比 (200)
　　第一节　浙江省流纹质火山岩地貌景观评价 (200)
　　第二节　流纹质火山岩地貌国内外对比研究 (205)
　　第三节　浙江省流纹质火山岩地貌景观的保护与管理 (237)
　　参考文献 (240)
附　录　仙居神仙居流纹质火山岩地貌详图 (248)

第一章 流纹质火山岩及其岩石地貌

第一节 流纹岩与流纹质火山岩

一、流纹岩

流纹岩是一种成分相当于花岗岩的酸性火山喷出岩（邱家骧，1985），其 SiO_2 含量大于 69%，富含长石、石英矿物。石如其名，流纹岩常具流纹构造、气孔构造（图1-1），部分还具有球泡构造，这些构造都与岩浆的流动和气体的外溢有关。大多数流纹岩都具斑状结构，表明结晶作用在喷发作用以前就已开始，基质常见霏细结构、球粒结构、玻璃质结构。流纹岩的特征是含有石英、碱性长石（透长石或正长石）及斜长石斑晶，以石英斑晶较多（图1-2）。流纹岩最早由德国著名地质学家费迪南·冯·李希霍芬（Ferdinand von Richthofen）命名，rhyolite来源于希腊文"rhýax"（意为岩流）加上后缀"ite"而得到。

图1-1 典型的流纹岩

根据不同火成岩命名的原则和依据（其中QAPF分类适合矿物含量可以确定的火山岩，TAS分类适合矿物含量无法确定但有化学分析数据的火山岩，前者作为优先选择的分类方法），广义的流纹质岩石包括碱长流纹岩（图1-3的1）、流纹岩（狭义的流纹岩，图1-3的2a、2b）、英安岩（成分与花岗闪长岩相当的喷出岩，图1-3的3）、斜英安岩（斑晶中无钾长石只有石英和斜长石的英安岩，图1-3的4）等，流纹岩常与其他喷出岩如粗面岩、安山岩伴生。雁荡山的主要岩石类型为流纹岩和粗面英安岩（图1-4、图1-5）。

流纹岩在全球广泛分布。如美国黄石国家地质公园、日本阿苏火山、俄罗斯锡霍特-阿林火山带等。受古太平洋板块向欧亚板块下方俯冲的影响，在我国东部沿海地区也大面积分布着白垩纪的流纹岩，它们构成了一条南北向延伸达 2000 余千米、平均宽度约 400km 的巨型古火山带。

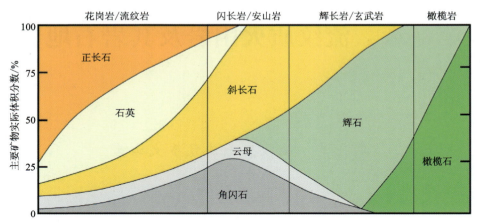

图 1-2　典型火成岩的主要矿物组成

左侧花岗岩/流纹岩主要矿物成分为正长石、石英、斜长石，少量的云母，角闪石等暗色矿物含量很少。

（http://geology.com/rocks/rhyolite.shtml）

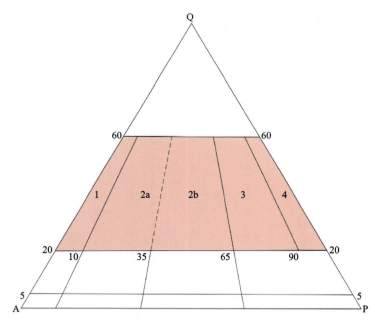

图 1-3　流纹质火山熔岩的矿物分类命名图

根据《岩石分类和命名方案　火成岩岩石分类和命名方案》(GB/T 17412.1—1998) QAPF 分类命名图修改，因为酸性熔岩中有石英存在，似长石缺失，所以只保留了 QAPF 的上半区。图中：Q 为石英；A 为碱性长石；P 为斜长石；红色区域为流纹质山熔岩类岩石，其中 1 为碱长流纹岩，2a 和 2b 为流纹岩，2b 和 3 为流纹英安岩，它是流纹岩与英安岩之间的过渡性岩石，3 和 4 基本名称为英安岩，4 为斜英安岩。

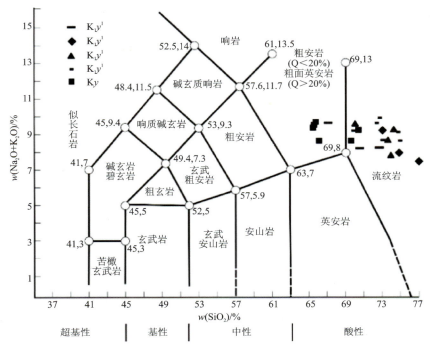

图 1-4　火山岩 TAS 分类与雁荡山主要岩石 TAS 图

(据 Le Bas et al.，1986；样品投点资料来源于余明刚等，2008)

图 1-5　雁荡山地貌景观、露头和显微镜下的典型流纹岩(具有明显的流纹构造和球泡构造)

二、流纹质火山岩

虽然众多学者在其论文、专著和地质调查成果报告中大量使用"流纹质"这样的字眼(邱家骧，1985)，但是何为流纹质？何为流纹质火山岩？各种教科书中都没有确切的定义。

火山岩是由火山作用所形成的各种岩石，既包括熔岩和火山碎屑岩，又包括与火山作用有关的潜火山岩。与火山岩相对应的是由岩浆侵入地壳内冷凝而成的侵入岩。

所谓的流纹质、英安质、玄武质岩石，是指在火山岩野外分类时，按照岩石实际定名(包括颜色、构造、结构、矿物组成)是否类似流纹岩、英安岩或玄武岩的类型来划分的，但不特指岩石的具体产状，这一类岩石既包括火山熔岩、火山碎屑岩，也包括潜火山岩。有的学者将以流纹岩和英安岩为代表的酸性喷出岩归入长英质岩类(桑隆康和马昌前，2012)。

本书所指的流纹质火山岩是指成分、结构、构造和成因与流纹岩存在一定相似性或相关性，由火山作用所形成的酸性喷出岩、潜火山岩和火山碎屑岩的总和。

浙江省中生代火山地质作用强烈，形成了范围巨大、厚度变化大的火山岩(王耀忠，2002；张国全等，2012)。浙江东部流纹质火山岩的岩性主要包括流纹英安岩、流纹岩、流纹质(玻屑晶屑)熔结凝灰岩、流纹质碎斑熔岩、英安流纹岩、碱长流纹(斑)岩、流纹质(角砾)凝灰岩、流纹斑岩、珍珠岩以及与酸性火山岩浆作用有关的火山-沉积岩(图1-6)。因此，相比较于流纹岩而言，流纹质火山岩的范围要大得多。

雁荡山屏霞嶂典型的流纹岩流动构造及其景观

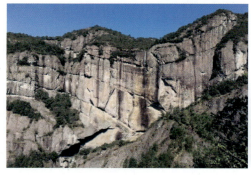

仙居神仙居多期喷发的流纹质火山碎屑岩及其景观

临海桃渚流纹岩及其景观

象山花岙岛流纹质碎斑熔岩柱状节理群

衢江湖南镇流纹质碎斑熔岩柱状节理群

第一章　流纹质火山岩及其岩石地貌

临海桃渚层状流纹岩

仙居神仙居巨厚层流纹质球状熔结凝灰岩（朱志明提供）

淡竹流纹质碎斑熔岩的巨大柱状节理

雁荡山大龙湫球泡流纹岩

永嘉大箬岩流纹质含晶屑熔结凝灰岩

缙云仙都典型流纹岩流动构造

浦江仙华山流纹岩

缙云芙蓉峡具有典型流动构造的流纹岩

磐安十八涡具有典型流动构造的流纹岩

· 5 ·

雁荡山球泡流纹岩手标本(王一鸣提供)　　安吉流纹岩典型的流动构造(张岩提供)

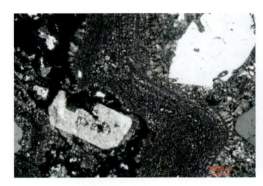

典型的流纹岩镜下特征:斑状结构,流纹构造,基质流动形成纹理,平行延伸而且空间分布较为稳定,遇斑晶自然绕过,无变薄、变窄和嵌入等现象(张岩提供)

图1-6　浙江典型的流纹质火山岩

第二节　流纹质火山岩地貌的概念

国内外很多学者早就注意到我国东南沿海这一典型的由流纹质火山岩作为物质基础的特殊地貌类型,从浙江到福建,再到广东和香港,都有酸性火山岩形成的各种典型地貌景观分布,其中代表景区有浙东雁荡山和神仙居、福建政和佛子山和宁德白水洋、广东深圳大鹏、香港西贡等(图1-7)。

但是迄今为止,对流纹质火山岩地貌和火山岩地貌的概念还没有权威与系统的定义,在知网期刊数据库、维普期刊网和万方期刊数据库中,以"火山岩地貌"为关键词进行搜索,所涉及的条目很少,可见国内学者对它的系统研究还很不够。

任何地貌都是动力、物质和时间的产物(张根寿,2005)。按照地貌类型划分的不同方法,流纹质火山岩地貌可归入不同的地貌分类。按照形成的主要动力作用类型划分,浙江的流纹质火山岩有以流水侵蚀作用和风化剥蚀作用为主的雁荡山及神仙居,也有以海蚀作用为主的象山花岙石林;按照岩石性质划分,流纹质火山岩的特殊岩性、结构、构造以及其所依存的火山构造条件决定了地貌的主要形态和特征,应属于岩石地貌—火山岩地貌—酸性火山岩地貌—流纹质火山岩地貌。从后一种分类体系上看,流纹质火山岩地貌与花岗岩地貌同属于酸性火成岩地貌,不同的是前者以喷出相或潜火山相火山岩为主,而后者以侵入相火成岩为主。

流纹质火山岩地貌是流纹质火山岩之上发育的特殊岩石地貌,是各种流纹质火山岩受岩

第一章 流纹质火山岩及其岩石地貌

图 1-7 中国主要的火山岩地貌景观

性、结构、构造及火山构造、区域构造等因素的控制,在长期的地质演化过程中由流水侵蚀、风化剥蚀、海水侵蚀、重力崩塌等外动力地质作用所形成的,以台、峰、嶂、谷、洞、柱等典型地貌单体及其组合为特征的特殊地貌形态的总称。流纹质火山岩地貌与岩溶地貌、丹霞地貌、花岗岩地貌、砂岩峰林地貌一样,都是代表性的岩石地貌。浙江省东南沿海中生代流纹质火山岩带中普遍发育流纹质火山岩地貌景观,因浙江雁荡山流纹岩地貌最为发育,陶奎元等学者曾建议将流纹质火山岩地貌命名为"雁荡山地貌"(陶奎元,2007)。

第三节 国内外流纹质火山岩地貌研究现状

相对地学其他学科分支,虽然地貌研究方法发展迅速,但是国内外地貌学基本理论的发展长期处于滞后的状态(刘希林和谭永贵,2012)。国内外岩石地貌研究主要在两个领域展开:一是岩石地貌的分类体系、方法研究;二是特殊岩石地貌的地貌形态、形成演化和科学价值研究。

一、地貌分类研究

地貌分类是地貌学研究的重要内容。地貌分类的基础是对影响地貌发育与演化的各种要素的研究,包括地貌形态(起伏高度、坡度、海拔高度及其组合)、营力成因、物质分异(基岩、松散沉积物岩性)、空间组合特征(规模)、历史演化过程等方面(周成虎等,2009)。原捷克斯洛伐克地貌学家德梅克(Jaromir Demek,1976)代表国际地理联合会地貌调查与地貌制图委员会主编了《详细地貌制图手册》,他强调,对于一定成因组合的一种特定的地形,首先应考虑的是其地貌过程的性质,因为它控制了原始地形的形成以及与其后期的剥蚀和塑造作用有关的现代地貌的一般地貌特征。他既指出原始地形地貌特征对现代地貌特征的控制作用,也重视后期改造作用对地貌的塑造作用,提出了地貌详细图编制的两大系列14个亚系列和近400种地貌类型。这个方案将火山地貌列入内力地貌亚系列,而将侵蚀剥蚀地貌、岩溶地貌等列入外力地貌亚系列。但这个方案中对具体的岩石地貌没有明确的分类方案,其所列出的外力地貌中也没有火山岩地貌的类型。国内也有很多学者对地貌类型开展了研究,各种地貌类专业书籍大多涉及地貌分类的章节和内容,提出了不同的地貌分类方法和体系(沈玉昌,1958;严钦尚和曾昭璇,1985;曾克峰,2013;杨景春和李有利,2017),有按照形成地貌的主要地质营力来划分的地貌分类(如内动力地质作用为主形成的构造地貌,外动力地质作用形成的流水地貌、风成地貌、喀斯特地貌、冰川地貌、海岸地貌),也有以分布范围大小、起伏(海拔)高度、物质基础等指标进行的地貌分类。李炳元等(2008)以相对高度和绝对高度两个指标,组合和划分中国大尺度地貌。目前,国内外普遍遵循"形态-成因原则""等级系统原则"和"数量指标原则"等地貌分类原则。

在地貌研究方法领域,随着计算机技术、地理信息技术和遥感技术的快速发展,GIS、RS在地貌研究中得到广泛应用。地貌形态要素数字化、数字地貌模型、数字地貌图、数字地貌分析、虚拟现实地貌分析等研究成为现代地貌研究的重要内容和主要方法。2005年,经过前期大量的试验和准备,中国科学院地理科学与资源研究所资源与环境信息系统国家重点实验室完成了"中国1∶100万数字地貌遥感解译与集成"项目,全面采用地貌遥感解译,全过程实现编图数字化。周成虎等(2009)、程维明和周成虎(2014)、程维明等(2019)提出了数字地貌等级分类方法。高玄彧(2007)开展了地貌形态分类的数量化方法研究,选取坡度、相对高度、绝对高度、切割密度、地貌形态、地貌成因和地表组成物质等因素,进行数量化,尝试划分出凉城县的地貌类型。

二、岩石地貌研究

相关学者从形成条件、动力机制、演化过程、分类系统等方面对各种岩石地貌进行了深入研究,建立了相应岩石地貌学的完整理论体系,但是却缺少对岩石地貌本身的系统研究。路洪海(2013)依据地貌形体和组成它的岩石的产出时代,认为我国已确定并命名了五大岩石造型地貌:岩溶地貌、丹霞地貌、砂岩峰林地貌、嶂石岩地貌、岱崮地貌。他对岩石造型地貌的概念没有明确的定义,其中岱崮地貌的认可程度和知名度较低,也没有提到典型的流纹质火山岩地貌。胡杰(2016)对福建省主要岩石地貌的特征进行了分析和对比,但却没有涉及闽北政和佛子山、宁德白水洋等地发育良好的流纹质火山岩地貌景观。可见,对岩石地貌的系统研究在国内仍是空白,已有的少量文献对岩石地貌的分类也缺乏系统性。

岩石地貌研究中最为系统全面的是花岗岩地貌、丹霞地貌和岩溶地貌。岩溶地貌的研究历史最为悠久,体系相对完整,学科也较为齐全,成果非常丰富。下面重点对与流纹质火山岩地貌形态和成因关系较为密切的丹霞地貌、花岗岩地貌的研究予以介绍。

1. 丹霞地貌研究

丹霞地貌一般被归入砂砾岩地貌。冯景兰最早在1928年命名粤北红层为丹霞层,之后陈国达和刘辉泗(1939)提出"丹霞地形"。作为地貌学一个新的领域,丹霞地貌的研究经历了初创阶段(1928—1949年)、成型阶段(1950—1990年)、大发展阶段(1991—2009年)以及国际化阶段(2010年以来)4个阶段(彭华,2002),已日趋成熟,国内外大量的丹霞地貌被地学界的专家们发现并加以研究,大量的丹霞地貌景观被开发利用,成为当地的旅游胜地。2010年8月,贵州赤水、福建泰宁、湖南崀山、广东丹霞山、江西龙虎山和浙江江郎山组成的"中国丹霞"作为"世界自然遗产"被正式列入世界遗产名录,丹霞地貌作为一个地貌名词已走出国门被世界所承认。经过80余年的研究,特别是21世纪以来,中国丹霞地貌的研究得到了蓬勃的发展,主要表现在以下几个方面。

丹霞地貌基础研究成果丰硕。丹霞地貌作为地貌学的一个分支,已成为当代地貌学的一个重要生长点,其作为一门独立学科的基本框架已经形成,并日渐走向成熟,并直接或间接地服务于经济建设,得到学术界与社会的关注。

最近20年来的研究成果主要体现在以下几个方面:一是丹霞地貌分类体系进一步科学规范。黄进等(1992)从地层倾角大小、红层之上有无盖层、丹霞地貌所在气候区、发育阶段、形态特征和有无喀斯特化现象6个方面分别对丹霞地貌进行了不同系列的分类。吴志才和彭华(2005)提出根据物质基础、岩层产状、主导动力、地貌形态、发育阶段的分类方法,比较系统地对丹霞地貌分类进行了科学合理的阐述,是目前所普遍接受的分类系统方案。二是丹霞地貌定量研究日趋完善。黄进(2004)等利用"丹霞测高仪"与热释光测年法定量研究丹霞地貌区地壳抬升速率,根据地形切割深度判定丹霞地貌的形成时代。三是丹霞地貌演化研究日益成熟。在丹霞地貌发育过程方面,黄进(1982)、彭华等(2013)曾系统论述过丹霞地貌坡面发育的基本规律,揭示其特殊性,并将丹霞地貌发育阶段划分为青年期、壮年期、老年期3个阶段以及"回春期"。彭华(2000a)将丹霞地貌发育划分为各阶段的侵蚀旋回。四是地貌研究的新技术广泛应用。近10年间,新技术使用十分广泛,新的科技手段、研究方法不断运用到丹霞地貌的研究中,诸如热释光测年、电子探针、3S技术等手段,为丹霞地貌系统综合研究提供了高效的研究方法。五是丹霞地貌的定义域内涵不断丰富。随着丹霞地貌研究的不断发展,丹霞地貌的定义也由最初的"巨厚红色砂砾岩上发育的方山、奇峰、赤壁、岩洞和巨石等地貌"逐渐演变为"以陡崖坡为特征的红层地貌",其成景地层也由最初的陆相沉积碎屑岩逐渐演变为陆相、海相皆可,体现了丹霞地貌这一类地貌由狭义向广义、从国内向国际的发展趋势。

形成丹霞地貌的物质基础——红层在全球各大洲均有分布,并且形成了很多与中国丹霞地貌相类似的地貌景观。国外对红层的研究内容涉及红层的岩石矿物、古地磁、古气候和古生物等方面,为解释红层的成因和古地理环境演变提供了理论依据,但对红层地貌缺乏关注,研究比较分散,大部仅在砂砾岩地貌中涉及,并未将其作为一个独立的地貌类型进行研究。Young(1992)、Turkington和Paradise(2005)等做了卓有成效的砂岩地貌方面的研究工作。Young等(2009)对世界各地的砂砾岩地貌(包括红色砂砾岩地貌)给予了比较全面的介绍,并对中国丹霞地貌作了补充。此类地貌在国外有时被称为"红层地貌",可见目前国际上关于红层地貌的分类和学科归属仍然比较混乱。Young等(2009)认为,从地貌学各分支学科的发展来看,国际上对于这类地貌的研究仍然十分薄弱,同时也认为中国对其有很深入的研究,但是由于在国际上的交流不足,并未得到广泛关注。2010年"中国丹霞"入选"世界自然遗产"之后,这种状况有所改观。

2. 花岗岩地貌研究

中国的花岗岩分布范围广，占国土面积的 10％ 左右，主要出露在中国东部，特别集中在粤、闽、桂、赣、湘等省。花岗岩地貌自北到南都有较多的发育，如被列为世界遗产的黄山、三清山以及著名的华山、衡山、九华山、天柱山、太姥山等，都是花岗岩地貌景观。

Twidale(1982)、Twidale and Romani(2005)、Campbell 和 Twidale(1995)、Campbell(1997)和 Migon(2006)系统总结了国外主要花岗岩地貌的特征，但遗憾的是没有包括中国一些典型花岗岩地貌。崔之久等(2007)系统总结了中国花岗岩地貌的特点，阐明了中国南方主要花岗岩地貌与夷平面发育和构造抬升的关系，按照成因，将花岗岩地貌划分为 4 类 8 型，分类较为宏观，未涉及花岗岩的具体形态分类。陈安泽(2007)从景观资源保护与开发的角度，对中国花岗岩地质地理分布、地貌景观类型划分、旅游开发价值、花岗岩景区建设及今后研究方向等问题进行了探讨，并提出了花岗岩旅游地貌景观的分类方案，将国内主要花岗岩景观地貌划分为 11 个类别(2010 年增加为 12 个类别)。各省地学工作者都对各自省域的典型花岗岩地貌进行了程度不同的专题调查和研究(Young,2007;浦庆余和郭克毅,2007;董传万等,2007;陈文光,2007;杨逸畴和尹泽生,2007;潘国林,2013;齐岩辛和张岩,2014)。

各处花岗岩地貌中，黄山是景观资源最为丰富的，也是研究程度最高的。崔之久等(2009)根据各种花岗岩地貌形态的空间分布和裂点、水系发育特征，推测中新世、上新世时黄山花岗岩体剥蚀形成夷平面。经过上新世末微弱抬升和第四纪初强烈抬升，形成深切割地面、中心区以外的高峰林立、峡谷幽深的地貌，在华南地区具有一定的典型性和代表性。魏罕蓉和张招崇(2007)分析了花岗岩风化的控制因素以及世界上各种地貌景观的特征和主要地貌景观的形成机制。2007 年在江西三清山召开的第一届国际花岗岩地质地貌研讨会上，国内外学者就花岗岩地貌的特征、机理、演化和保护进行了全面的交流，诸多省份的学者都对各自区域的花岗岩地貌的特征进行了全面分析和研究，极大地提高了我国花岗岩地貌的研究程度。

三、流纹质火山岩地貌研究

尽管相比较而言，流纹质火山岩地貌的研究在几大类岩石地貌中最为薄弱，但长期以来，国内外学者对浙江中生代火山和流纹岩地貌都有着极为浓厚的兴趣。沈括、徐霞客等中国古代学者早就注意到雁荡山地貌的特殊性，但相比其他类别的岩石地貌，真正现代科学意义上对流纹质火山岩地貌的系统研究却较晚。浙江流纹质火山岩地貌与国内的丹霞地貌、砂岩峰林地貌、嶂石岩地貌、雅丹地貌、岩溶地貌和花岗岩地貌相比，在成景的岩石、地层、形态、空间分布结构乃至演化过程上都具有其自身的特性。在我国的世界遗产目录中，花岗岩地貌、丹霞地貌、砂岩峰林地貌、岩溶地貌均有杰出的代表，如黄山(花岗岩地貌)、中国丹霞(丹霞地貌)、中国南方岩溶(岩溶地貌)、张家界(砂岩峰林地貌)。而迄今为止，流纹质火山岩地貌景观还没有一处入选世界自然遗产名录，这与中国流纹质火山岩地貌景观在世界的独特地位不相适应，也严重阻碍了国内外广大地学家和普通民众更多地了解中国的流纹质火山岩地貌及其形成的特殊景观。

20 世纪末，谢凝高、陶奎元等就提出了浙江流纹岩地貌景观申报世界自然遗产的设想。经过 20 余年的努力，浙江流纹岩地貌景观迈向世界地学舞台的道路之所以还没有铺平，与浙江流纹岩地貌研究工作起步较晚、研究程度尚低、国际对比严重不足有很大的关系。

虽然较多的教科书中都提及火山地貌、流纹岩地貌，但对火山岩地貌的系统论述着墨不多。国内涉及火山岩地貌、流纹岩地貌的文献也寥寥无几。刘超(2015)在对景观地貌的研究中注意到火山地貌景观与火山岩山地景观的区别，列举了火山岩叠嶂、石门、天生桥等地貌景观，但对火山岩地貌缺少系统全面的研究。杨湘桃(2005)提出了岩石景观的概念，并将流纹岩景观(雁荡山和衢州石柱)与花岗岩景观(黄山)、玄武熔岩景观(五大连池)列入火成岩景观，但是他将雁荡山列为典型的火山与熔岩风景地貌，将火山岩地貌景观与火山地貌景观概念等同略有不妥，对衢州石柱的岩性判断也存在疑问(定义为狭义的流纹岩)。张根寿(2005)对岩石地貌进行了系统分类和重点类型的阐述，但是在类型划分上没有将火山岩地貌单独列出，甚至误将雁荡山的地貌类型列入"砂砾岩地貌"类别。

近年来，以雁荡山、神仙居等为代表的浙江流纹质火山岩地貌因其特殊的科学价值和极高的宙美价值，再次受到国内外学者的高度关注。雁荡山第一次高调进入国际地学视线之内，是1996年第30届国际地质大会T324地质科学考察路线获得成功之后。陶奎元(1996,2007)、陶奎元等(1999,2004,2008)是国内对雁荡山地貌研究最早和最为系统的学者，他最早支持将雁荡山地貌作为流纹质火山岩景观地貌的代表，并认为它与砂砾岩地貌(包括丹霞地貌、砂岩峰林地貌、嶂石岩地貌、彩色丘陵地貌、雅丹地貌)、黄土地貌、风成地貌和岩溶地貌乃至花岗岩地貌相比，在成景的岩石、地层、形态、空间分布结构乃至演化过程上均有自身的特性。雁荡山栩栩如生、形态各异的象形石，尤其是移步换景和昼夜变换造型，堪称一绝，因此陶奎元建议将流纹质火山岩地貌命名为"雁荡山地貌"。竺国强(2009)将雁荡山誉为世界"科学名山"，认为它是中国的宝贵财富，也是世界的宝贵财富。胡小猛等(2008)对雁荡山流纹岩地貌景观的特征和形成发育规律进行了研究。唐小明等(2019)在浙江省典型流纹质火山岩地貌景观资源发育特征调查的基础上，进行了价值对比研究，提出以雁荡山为代表的浙东流纹质火山岩地貌具有申报世界自然遗产的资源禀赋。

从国内外研究现状来看，对雁荡山等地地貌景观的研究较多基于中生代火山地质的研究，对流纹质火山岩地貌分类体系和地貌形成演化的研究并不多，现阶段的地貌编图工作也局限于小比例尺编图，基本未见有中生代流纹质火山岩及其地貌景观国际对比研究。因此本书尝试从地质背景、物质组成、地貌分类、形成演化和国际对比等方面对浙江典型流纹质火山岩地貌进行剖析，以提高对这一特殊地貌类型的研究水平和社会关注程度。

四、地质遗迹分类研究

地质遗迹的概念出现得比较晚。根据文献资料，国内最早使用"地质遗迹"的专业术语是在1991年左右，由地质矿产部的邓霁松提出。随后在1995年，地质矿产部颁发了《地质遗迹保护管理规定》，之后对地质遗迹的研究和保护才逐渐进入正轨。

地质遗迹的分类学研究是很多学者和地质公园管理者所关心的问题，陈安泽等(1991)将我国的地质景观资源分为四大类、19类、52个亚类和若干"种"。赵汀和赵逊(2009)基于地学学科分类，首先提出显性地质遗迹学科分类体系，划分出8类地质遗迹，其中雁荡山主要考虑其古火山构造，列入"火山学与火山岩石学地质遗迹"，而在地貌学地貌遗迹中没有单独的火山岩地貌类别。有关行政主管部门和科研机构也相继出台了地质遗迹分类的相关技术性文件和规范。其中最具权威和代表性的是国土资源部2017年发布的地质矿产行业标准《地质遗迹调查规范》(DZ/T 0303—2017)和国土资源部制定、国家林业和草原局修订的《国家地质公园规划编制技术要求》中提出的地质遗迹分类方案。前者根据学科、成因、管理、保护、科学价值和美学价值等因素将地质遗迹划分为基础地质、地貌景观和地质灾害三大类、13类和46亚类，其中13类具体包括地层剖面、岩石剖面、构造剖面、重要化石产地、重要岩矿石产地、岩土体地貌、水体地貌、火山地貌、冰川地貌、海岸地貌、构造地貌、地震遗迹、地质灾害遗迹。后者则将地质遗迹划分为地(体、层)剖面、地质构造、古生物类、矿物与矿床、地貌景观、水体景观、环境地质遗迹景观七大类、25类、56亚类。2011年，浙江省国土资源厅组织编制的《浙江省地质遗迹调查评价技术要求(试行)》中也提出了浙江省的地质遗迹分类方案。

几种分类方案的指导思想基本一致，分类体系也基本相近。但是其中对流纹质火山岩地貌景观的分类归属却存在较大的分歧。《地质遗迹调查规范》(DZ/T 0303—2017)中可能涉及流纹质火山岩地貌的地貌景观大类——岩土体地貌类中都没有明确的喷出岩地貌(包括玄武岩地貌、流纹岩地貌等)，火山地貌类中包括火山机构和火山岩地貌(柱状节理、熔岩流等)。笔者认为其所指为现代火山作用形成的各种岩石所塑造的现代火山地貌，是内动力地质作用的直接地貌产物，与经过中生代火山作用、长期内外动力地质作用(断裂、风化、侵蚀等)所形成的火山岩地貌(对应于变质岩地貌、沉积岩地貌)有本质不同。严格对岩土体地貌进行科学分类划定，流纹质火山岩地貌(包括流纹岩地貌)应属于与花岗岩地貌、丹霞地貌、岩溶地貌同一层级的岩石地貌类之喷出岩地貌亚类，而不应划入火山地貌类之火山岩地貌亚类。

《国家地质公园规划编制技术要求》地质遗迹分类方案中，地貌景观大类之下的岩石地貌景观类中有花岗岩地貌景观、碎屑岩地貌景观、可溶岩地貌(喀斯特地貌)景观、黄土地貌景观、砂积地貌景观等岩土体地貌景观，却唯独没有火山岩地貌(包括流纹岩地貌)景观。而且该方案将黄土地貌景观和砂积地貌景观定义为岩石地貌景观，有混淆岩石和土体概念的可能。严格意义上，黄土和砂都是未固结成岩的松散土和碎屑。该方案中火山地貌景观与《地质遗迹调查规范》(DZ/T 0303—2017)中火山地貌的概念应基本相同，所指主要为现代火山作用所形成的各种地貌景观，不包括新生代之前的火山活动形成的、经过长期内外动力地质作用所塑造的各种岩石地貌景观。

《浙江省地质遗迹调查评价技术要求(试行)》提出的地质遗迹分类与《国家地质公园规划编制技术要求》较为相近，但其将浙江省最具代表性的火山岩地貌景观与花岗岩地貌景观、丹霞地貌景观、可溶岩(喀斯特)地貌景观并列作为岩石地貌景观的典型类别，应更为合理。因为浙江省缺少现代火山活动所形成的火山地貌，因此在浙江省的分类方案中，没有火山地貌景观这一地质遗迹类型。

综合各种地质遗迹分类方案，笔者提出岩土体地貌大类地质遗迹的分类方案(表1-1)。

第四节　流纹质火山岩地貌的研究意义

以雁荡山为代表的白垩纪火山地质和火山岩地貌研究，对丰富和深化中生代环太平洋火山带亚洲大陆边缘巨型流纹岩带的地质构造、火山活动和景观地貌研究都具有十分重要的学术意义和科学价值。

第一章 流纹质火山岩及其岩石地貌

表 1-1 岩土体地貌分类方案

一级	二级	三级	四级	五级	代表性地貌
岩土体地貌	岩石地貌	火成岩岩石地貌	喷出岩地貌	玄武岩地貌	峨眉山
				流纹岩地貌（流纹质火山岩地貌）	雁荡山
			侵入岩地貌	花岗岩地貌	黄山、三清山
		沉积岩岩石地貌	碳酸盐岩地貌	岩溶地貌	桂林、路南石林
				白云岩地貌	贵州云台山
			碎屑岩地貌	丹霞地貌	丹霞山、龙虎山
				雅丹地貌	罗布泊
				砂岩峰林地貌	张家界
				嶂石岩地貌	太行山
			……		
		变质岩岩石地貌	区域变质岩地貌	板岩地貌	梵净山
				片麻岩地貌	泰山
				……	
			接触变质岩地貌	大理岩地貌	苍山
				石英岩地貌	嵩山
				……	
			……		
			黄土地貌		
			沙漠地貌		
	土体地貌	……			

　　流纹质火山岩地貌景观的物质基础是白垩纪古火山及其活动产物，其形成演化与中生代以来该区域的地质构造和地壳演化具有密切的联系。浙东中生代火山不仅是中国东部火山岩带的典型代表，而且可与世界其他区域，尤其是远东锡霍特-阿林火山带流纹质火山进行对比和研究，是全球研究白垩纪火山活动、岩石地层特征和地貌演化较为理想的地点之一，可为研究亚洲大陆边缘动力学提供火山学、岩石学证据。成因复杂、类型多样、造型奇特的地貌景观表明浙东沿海在中生代和新生代经历了多期构造运动，形成了十分丰富的地质遗迹。对这些地质地貌景观和地质遗迹的深入研究将有利于深刻揭示这一地区的地质发展历史和过程。

　　作为景观地貌学的重要组成部分，流纹质火山岩地貌分类、形态、成因、演化及其价值的研究将丰富景观地貌学的研究内容，提升岩石地貌研究的系统性和完整性，通过与丹霞地貌和南方花岗岩地貌的对比，对特定东亚亚热带季风气候条件下，不同岩性和构造条件对地貌形态的决定和控制作用研究具有重要的学术意义。

作为重要的地质遗迹类别,流纹质火山岩地貌的研究将进一步促进地质遗迹分类方案和体系的完善,有利于提升社会大众对流纹质火山岩地貌景观这一独特地质遗迹资源的了解和认识,对促进地质遗迹保护和开发、地质公园建设、地质科学普及和带动地方旅游经济发展都具有重要的现实意义。

流纹质火山岩地貌的研究将推动政府、社会和学术界对以雁荡山为代表的浙东中生代火山和流纹质火山岩地貌景观申报世界自然遗产的关注和重视,提升我国流纹质火山岩地貌研究程度,提高流纹质火山岩地貌在世界的知名度、认可度和影响力,为浙江省典型流纹质火山岩地貌申报世界自然遗产奠定扎实基础。

第五节 浙江省流纹质火山岩地貌景观概况

浙江省流纹质火山岩分布范围大。流纹质火山岩地貌景观在全省广泛分布,是中国乃至全球流纹质火山岩地貌景观发育最为集中的区域。调查表明,浙江全省省级以上的地质公园、风景名胜区、自然保护区和森林公园中,至少有 28 个景区(点)由流纹岩或流纹质火山岩构成,或景区大范围分布有这类岩石(图 1-8,表 1-2)。

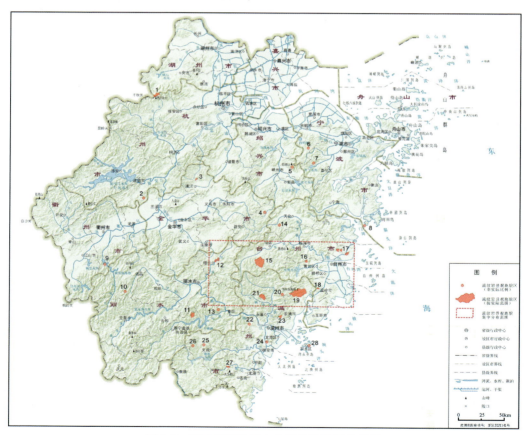

图 1-8 浙江省流纹质火山岩地貌景观分布图

表1-2 浙江省流纹质火山岩地貌景观分布区（点）基本情况一览表

序号	所在设区市	景区（点）	集中出露面积/km²	主要地貌景观	主要景观	主要岩性	保护与开发类型	典型火山岩地貌景观
1	湖州	安吉龙王山	12	火山岩峰丛、崖峰、峡谷、石柱、柱状节理、夷平面、瀑布、高山湿地等		流纹质晶玻屑（熔结）凝灰岩	省级自然保护区	
2	杭州	建德大慈岩	8.6	火山岩峰、嶂、横向洞穴等		熔结凝灰岩、流纹岩	浙江省风景名胜区、国家AAAA级旅游景区	
3	金华	浦江仙华山	18	流纹岩峰林景观		流纹岩、球泡流纹岩、熔结凝灰岩	国家级风景名胜区、国家AAAA级旅游景区	
4		磐安夹溪	15	峡谷、岩峰、壶穴群、瀑布		流纹岩、熔结凝灰岩	国家级风景名胜区、国家AAAA级旅游景区	
5	绍兴	嵊州四明山	16	火山岩峰、嶂、夷平面、瀑布、石浪等		熔结凝灰岩、花岗岩、玄武岩	国家森林公园	

续表 1-2

序号	所在设区市	景区(点)	集中出露面积/km²	主要地貌景观	主要岩性	保护与开发类型	典型火山岩地貌景观
6		奉化雪窦山	20	火山岩峰、崖嶂、瀑布、泉	粉砂岩、细砂岩、同杂几层流纹质凝灰岩、流纹质角砾熔结凝灰岩	国家级风景名胜区、国家AAAAA级旅游景区	
7	宁波	余姚丹山赤水	6	火山岩崖嶂、瀑布、崆岩等	英安质结结凝灰岩	省级地质公园	
8		象山花岙岛	4.5	海蚀地貌、柱状节理群	碎斑熔岩	省级地质公园	
9	衢州	衢江湖南镇	1.5	柱状节理群、叠石	流纹质碎斑熔岩		

续表1-2

序号	所在设区市	景区（点）	集中出露面积/km²	主要地貌景观	主要岩性	保护与开发类型	典型火山岩地貌景观
10	丽水	遂昌南尖岩	10	火山岩柱峰、峰丛、线谷、岩嶂、夷平面、湿地	流纹质玻屑晶屑熔结凝灰岩	国家AAAA级旅游景区	
11		景宁九龙山	7.6	火山岩峰林、峰丛、岩嶂、石门、叠石、洞穴、峡谷、瀑布	流纹岩、流纹斑岩	省级地质公园	
12		缙云仙都	31	火山岩柱峰、屏峰、锐峰、峰丛、洞穴、岩嶂、景观河道、古火山构造	流纹岩、石泡流纹岩、角砾流纹岩、流纹质角砾玻屑凝灰岩及隐爆角砾熔岩	国家地质公园、国家级风景名胜区、国家AAAAA级旅游景区	
13		青田石门洞	25.6	火山岩柱峰、象形石、多级瀑布、夷平面与高山湿地等	流纹质晶屑熔结凝灰岩	国家森林公园、国家AAAA级旅游景区	

续表 1-2

序号	所在设区市	景区(点)	集中出露面积/km²	主要地貌景观	主要岩性	保护与开发类型	典型火山岩地貌景观
14	台州	天台寒明山	1.3	火山岩岩嶂、柱峰、洞穴、天生桥、线谷、崩岩、瀑布、泉等	含晶屑玻屑熔结凝灰岩、球泡流纹岩、含角砾沉凝灰岩、沉凝灰岩、凝灰质粉砂岩	国家级风景名胜区	
15		仙居神仙居	120	流纹质火山岩方山、石门、穴、峡谷、天生桥、峰丛、深潭、柱状节理群、古火山构造等	含晶屑玻屑熔结凝灰岩、球状熔结凝灰岩、沉凝灰岩、流纹岩、珍珠岩、粗安岩、粗纹斑岩等	国家地质公园、国家级风景名胜区、国家森林公园、国家AAAAA级旅游景区	
16		黄岩划岩山	12	火山岩柱峰、峰丛、崖嶂、孤石及象形石、崩塌遗迹、瀑布、峡谷等	流纹—英安质晶玻屑熔结凝灰岩、流纹斑岩、凝灰岩等	省级风景名胜区,未对外正式开放	
17		临海桃渚	40	以熔岩平台和各种形山峰、老年期的塔状岩峰,柱状节理、海蚀地貌以及古火山构造为特色	流纹岩、碎斑熔岩、粗面质自碎角砾熔岩、流纹质(含)角砾凝灰岩	国家级风景名胜区、国家地质公园、国家AAAA级旅游景区	
18		温岭方山	6.8	火山岩熔岩台地、岩嶂、柱峰、洞穴、峡谷、瀑布	流纹质含晶玻屑熔结凝灰岩、含球泡流纹灰熔岩、流纹岩	世界地质公园、国家级风景名胜区、国家AAAA级旅游景区	

第一章　流纹质火山岩及其岩石地貌

续表1-2

序号	所在设区市	景区（点）	集中出露面积/km²	主要地貌景观	主要岩性	保护与开发类型	典型火山岩地貌景观
19		乐清北雁荡山	210	流纹质火山岩形成的石门、叠嶂、柱峰、锐峰、峰丛、天生桥、穿洞、峡谷、瀑布、深潭，以及柱状节理群、火山通道等古火山构造	流纹岩、球泡流纹岩、熔结凝灰岩、碎斑熔岩、集块角砾熔岩、石英正长岩	世界地质公园、国家级风景名胜区、国家森林公园、国家AAAAA级旅游景区	
20		永嘉石桅岩	20	"石桅岩"为代表的高的流纹质火山岩柱峰、深切峡谷、火山岩状节理	流纹岩、熔结凝灰岩、石英正长斑岩	世界地质公园、国家级风景名胜区、国家AAAAA级旅游景区	
21	温州	永嘉大若岩	25	"十二峰"为代表的典型流纹火山岩峰林、洞穴瀑布、深潭景观河流	流纹岩、角砾凝灰岩、碎斑熔流纹岩和熔结凝灰岩等	国家AAAAA级旅游景区、国家级风景名胜区	
22		瓯海泽雅	119	以火山岩侵蚀所形成的峡谷、瀑布和深潭为特色、岩壑石奇、峰林、洞穴瀑布、洞幽	熔结凝灰岩、流纹岩	省级风景名胜区、国家AAAA级旅游景区	
23		乐清中雁荡山	20	火山岩柱峰、锐峰、峰丛、叠嶂、洞穴、峡谷、象形石、湖泊、溪流、瀑布等	流纹岩、熔结凝灰岩	国家级风景名胜区、国家AAAA级旅游景区	

续表 1-2

序号	所在设区市	景区（点）	集中出露面积/km²	主要地貌景观	主要岩性	保护与开发类型	典型火山岩地貌景观
24		瓯海仙岩	28	火山岩中发育的溪涧、山崖、洞穴、瀑布和象形石，最著名的是朱自清笔下的梅雨潭	酸性熔结凝灰岩和流纹岩	省级风景名胜区	
25		文成百丈漈		流纹质火山岩地区发育的高大瀑布和火山岩岩嶂、峰丛、洞穴、火山岩柱状节理	流纹质熔结凝灰岩、流纹岩、火山沉积岩等	国家级风景名胜区，国家 AAAA 级旅游景区	
26	温州	文成铜铃山	5	流纹质火山岩地区发育的典型峡谷和壶穴-深潭群等流水地貌，其中壶穴-深潭群的规模和典型性最为突出	熔结凝灰岩	国家森林公园，国家 AAAA 级旅游景区	
27		平阳南雁荡山	169.27	火山碎屑岩、熔岩基础上发育的火山岩地貌类型齐全，有峰林、岩嶂、突岩、柱岩、锐峰、夷平面洞等类型	流纹质含角砾晶屑玻屑熔结凝灰岩、流纹质砂岩、凝灰岩、球泡流纹岩，局部强烈硅化	国家级风景名胜区，国家 AAAA 级旅游景区	
28		洞头	20	流纹质火山岩形成的海蚀柱、海蚀平台、海蚀洞穴等海蚀地貌及海沙滩、泥滩等海积地貌	流纹质熔结凝灰岩	省级风景名胜区，国家 AAAA 级旅游景区	

注："保护与开发类型"为保护地整合之前的资料。

从地域上看,除嘉兴没有明显的火山岩丘陵山体,舟山火山岩丘陵呈岛屿出露之外,浙江省其他各设区市都有不同数量和面积的流纹质火山岩地貌景观出露,尤以温州、台州最为发育,其次为丽水,其他各市流纹质火山岩地貌景观虽有零星分布,但普遍数量较少,且规模也较小。

组成流纹质火山岩地貌景观的岩性岩相较为复杂,喷溢相、碎屑流相、空落相、火山沉积相、火山颈相、侵出相、潜火山岩相等各种岩相,流纹岩、流纹质火山碎屑岩(火山角砾岩、晶屑玻屑凝灰岩)、流纹质熔结凝灰岩、碎斑熔岩、流纹斑岩、英安质凝灰岩以及安山岩、粗面安山岩等中性岩均有分布,形成不同的地貌景观特征,其中成景最好的地层主要集中在早白垩世九里坪组的流纹岩、球泡流纹岩、(含球)熔结凝灰岩和小平田组的流纹岩、熔结凝灰岩、凝灰岩中。坚硬的流纹岩和熔结凝灰岩往往形成高大雄伟的岩嶂和柱峰,其与相对软弱近水平产出的凝灰岩、沉凝灰岩相间,形成叠嶂和各种象形奇石。垂向节理发育的火山岩受风化和重力崩塌作用形成倒石堆和崩积洞穴。西山头组的熔结凝灰岩会形成粗大的柱状节理,而碎斑熔岩在衢州湖南镇、象山花岙岛、临海桃渚大塘头、乐清智仁等地形成的柱状节理是中国东部最为典型的酸性火山岩柱状节理。

从分布海拔来看,浙江典型的流纹质火山岩地貌景观大多分布在1000m以下的低山丘陵区和1000m以上的中山区,由于切割程度不足,未能形成大面积的流纹质火山岩地貌景观。受区域夷平作用和熔岩层面的影响,在1000m、800m和500m海拔高度上存在较为明显的层状地貌分布。

从与火山构造的关系来看,大部分流纹质火山岩地貌景观与火山构造洼地、复活破火山和火山盆地有密切的关联,其中雁荡山和神仙居均为典型的复活破火山,是中国东部复活破火山的典型代表,也是流纹质火山岩地貌景观发育最为典型的区域。

从外动力地质营力来看,除普遍存在的风化剥蚀和重力崩塌作用之外,绝大多数的流纹质火山岩地貌明显由流水侵蚀作用所塑造,如雁荡山、神仙居、仙都等。在象山、临海、洞头等滨海地区,火山岩海蚀地貌景观则较为发育。

从地貌形态来看,雁荡山、神仙居的地貌形态最为丰富,发育有典型的方山、岩嶂、柱峰(峰丛)、石门、洞穴和峡谷,其他区域则稍为逊色,甚至较为单一。浙东南流纹质火山岩地区降雨充沛,径流量大,容易在山区形成深切的河谷,河床上发育平板溪、壶穴群以及瀑布、深潭等典型的亚热带河流地貌景观。

从保护和开发现状来看,绝大多数的流纹质火山岩地貌景观都得到了有效的保护和合理的开发利用,建有各类世界级、国家级、省级的风景名胜区、森林公园、地质公园,大部分建成AAAA级以上的旅游景区,有力地带动了当地的旅游产业发展和乡村振兴。

从发育分布面积和地貌景观的典型性、优美性综合评判,雁荡山(包括乐清雁荡山、温岭方山和永嘉石桅岩)、仙居神仙居、缙云仙都和临海桃渚是浙江省流纹质火山岩地貌景观集中出露面积最大、景观资源最为丰富、科学研究和旅游开发价值最大的区域(图1-9,表1-3),这4个区域也是本书研究和解剖的重点区域。

温州乐清雁荡山、永嘉楠溪江,台州临海桃渚、仙居神仙居、温岭方山,丽水缙云仙都是流纹质火山岩地貌发育最为集中和典型的区域(图1-9)。

（a）乐清雁荡山（石柱和叠嶂）

（b）临海武坑（石柱）

（c）永嘉石桅岩（锐峰）

（d）仙居神仙居（柱峰和岩嶂）

（e）温岭方山（台）

（f）缙云仙都（石柱和石峰）

图 1-9　浙江省主要流纹质火山岩地貌景观代表性景点

表 1-3　浙江省典型流纹岩地貌景观集中分布区基本情况表

序号	名称	位置		面积/km²	主要特征
1	雁荡山世界地质公园	北雁荡（主园区）	温州市乐清市	210	典型的白垩纪早期复活破火山，以水平层状流纹岩和块状凝灰岩以及侵入岩体为主要岩性，岩性岩相十分丰富，多期次火山活动特征明显，是中国东部白垩纪大陆边缘火山的典型代表，在环太平洋火山带之西太平洋流纹质火山带中具有十分重要的科学价值。主要地貌形态以叠嶂、石门、柱峰、峰丛、石洞等为特征，形态组合多样，景观极具特色，是壮年期流纹岩地貌的典型代表。具有悠久的开发历史和丰富的人文景观，是"流水侵蚀学说"的发祥地，也是徐霞客3次游览过的景点

续表 1-3

序号	名称		位置	面积/km²	主要特征
1	雁荡山世界地质公园	方山（东园区）	台州市温岭市	6.8	方山具有典型优美的流纹质火山岩台地地貌,因形态而得名"方山",面积近 0.7km²,厚约 50m 的岩石台地平缓地分布于相对高差约 400m 高的山顶之上,并微微向北西倾斜。台地四面被 50m 高的悬崖围限,并被节理切割形成各种造型景观。方山岩石为近水平的层状流纹质凝灰熔岩-熔结凝灰岩,是风化剥蚀和崩塌作用与原始熔岩构造的完美结合,尚处于地貌发育的青年期
		石桅岩（西园区）	温州市永嘉县	20	石桅岩位于雁荡山破火山与大箬岩破火山之间,主要由熔结凝灰岩组成,巨大的孤峰和深切的峡谷是其主要地貌形态。大箬岩和石桅岩是白垩纪破火山的典型代表,也是流纹岩地貌景观的良好发育地
2	临海桃渚国家地质公园		台州市临海市	40	位于临海市小雄火山构造盆地东侧,是晚白垩世火山活动的典型代表,各景区地质条件不尽相同,武坑景区岩石由 2 条层状流纹质熔岩流构成,白岩山为一穹状火山,大墩头则为一熔岩湖堆积的流纹质碎斑熔岩。不同的岩石构成不同的火山岩地貌,大墩头以柱状节理为特色,武坑以熔岩平台和各种象形山峰为特色,白岩山的塔状岩峰最具代表。桃渚是浙江以剥蚀和海蚀作用形成的典型流纹岩地貌
3	神仙居省级地质公园		台州市仙居县	150	位于上张-仙居火山构造洼地的西罨寺破火山构造内,以近水平的流纹岩和熔结凝灰岩为主要岩性,岩性岩相齐全,地层圈层分布,火山多期活动特征明显,完整地反映了破火山大规模喷发—塌陷成湖—复活穹起的完整序列。地貌形态以方山、叠嶂、石门、柱峰、峰丛、洞穴、柱状节理为特征,单体规模巨大,形态组合多样,瀑布等水体景观十分发育,是壮年期早期流纹岩地貌的杰出代表
4	缙云仙都省级地质公园		丽水市缙云县	30	缙云仙都景区位于壶镇火山盆地北西缘,出露地层为晚白垩世塘上组流纹岩、石泡流纹岩、角砾流纹岩及隐爆角砾熔岩,岩层产状平缓。白垩纪火山喷发时在区内发育北东向链状火山口,在火山口内形成火山颈相隐爆角砾熔岩——岩穹,附近形成流纹岩被。在之后长期风化作用下,特别是河流溯源侵蚀-侧蚀作用下,在河床侵蚀一侧的火山颈相熔岩中形成石柱、峰林微地貌,以鼎湖峰最为壮观;流纹岩分布区形成岩壁、峡谷、陡崖等地貌。仙都是河流侵蚀作用形成流纹岩地貌的典型代表
合计				456.8	

注:面积以流纹岩地貌景观实际发育范围统计,部分典型区面积可能大于公园面积。

参考文献

陈安泽,1998.中国地质景观论[C]//旅游地学的理论与实践——旅游地学论文集第五集.北京:地质出版社.

陈安泽,2007.中国花岗岩地貌景观若干问题讨论[J].地质论评,53(增刊):1-8.

陈安泽,卢云亭,李维信,等,1991.旅游地学概论[M].北京:北京大学出版社.

陈国达,刘辉泗,1939.江西贡水流域地质[J].江西地质汇刊(2):1-64.

陈文光,2007.湖南省主要花岗岩风景地貌及旅游开发价值[J].地质论评,53(增刊):171-174.

程荣欣,1999.中国地质遗迹评价体系研究[M].北京:中国大地出版社.

程维明,周成虎,2014.多尺度数字地貌等级分类方法[J].地理科学进展,33(1):23-33.

程维明,周成虎,李炳元,等,2019.中国地貌区划理论与分区体系研究[J].地理学报,74(5):839-856.

崔之久,陈艺鑫,杨晓燕,2009.黄山花岗岩地貌特征、分布与演化模式[J].科学通报,54(21):3364-3373.

崔之久,杨建强,陈艺鑫,2007.中国花岗岩地貌的类型特征与演化[J].地理学报,62(7):675-690.

董传万,杨永峰,闫强,等,2007.浙江花岗岩地貌特征与形成过程[J].地质论评,53(增刊):132-137.

董颖,黄卓,1999.中国重要地质遗迹资源分布图[M].北京:地质出版社.

高玄彧,2007.地貌形态分类的数量化研究[J].地理科学,27(1):109-114.

郭福生,陈留勤,严兆彬,等,2020.丹霞地貌定义、分类及丹霞作用研究[J].地质学报,94(2):361-374.

胡杰,2016.关于福建主要岩石地貌特征的分析及对比[J].绿色科技(18):155-159.

胡小猛,许红根,陈美君,等,2008.雁荡山流纹岩地貌景观特征及其形成发育规律[J].地理学报,63(3):270-279.

黄进,1982.丹霞地貌坡面发育的一种基本方式[J].热带地理,3(2):107-134.

黄进,2004.丹霞地貌发育几个重要问题的定量测算[J].热带地理,24(2):127-130.

黄进,陈致均,黄可光,1992.丹霞地貌的定义及分类[J].热带地貌,13(增刊):37-39.

赖绍聪,2016.岩浆岩岩石学[M].2版.北京:高等教育出版社.

李炳元,潘保田,韩嘉福,等,2008.中国陆地基本地貌类型及其划分指标探讨[J].第四纪研究,28(4):535-543.

梁诗经,文斐成,胡祚林,等,2013.福建屏南白水洋火山岩地貌类型及特征[J].福建地质,32(2):119-131.

林长进,2013.福建东南沿海火山地质景观资源价值分析[J].中国国土资源经济(6):50-52.

刘超,2015.景观地貌学[M].武汉:中国地质大学出版社.

刘希林,谭永贵,2012.现代地貌学基本思想的认识和发展[J].中山大学学报(自然科学版),51(4):112-118.

路洪海,2013.我国五大岩石造型地貌景观特征及对比[J].地理教学(10):4-7.

吕红华,李有利,2020.不断融入新元素的我国构造地貌学研究:以天山为例[J].地球科学进展,35(6):594-606.

潘国林,2013.黄山世界地质公园地质遗迹资源特征及成景机制[J].合肥工业大学学报(自然科学版),36(12):1499-1503.

彭华,1992.丹霞山风景地貌研究[J].热带地貌,13(增刊):66-76.

彭华,2000a.中国丹霞地貌及其研究进展[M].广州:中山大学出版社.

彭华,2000b.中国丹霞地貌研究进展[J].地理科学,20(3):203-211.

彭华,2002.丹霞地貌分类系统研究[J].经济地理,22(增刊):28-35.

彭华,潘志新,闫罗彬,等,2013.国内外红层与丹霞地貌研究述评[J].地理学报,68(9):1170-1181.

浦庆余,郭克毅,2007.江西三清山花岗岩景观地貌的基本特征及其形成历史[J].地质论评,53(增刊):41-59.

齐岩辛,张岩,2014.浙江成景花岗岩地质特征[J].科技通报,30(9):20-33.

邱家骧,1985.岩浆岩岩石学[M].北京:地质出版社.

桑隆康,马昌前,2012.岩石学[M].2版.北京:地质出版社.

深圳大鹏半岛国家地质公园管理处,深圳市地质局,2010.深圳大鹏半岛国家地质公园古火山地质遗迹调查研究[M].武汉:中国地质大学出版社.

沈玉昌,1958.中国地貌的类型与区划问题的商榷[J].中国第四纪研究,1(1):33-41.

苏时雨,李钜章,1999.地貌制图[M].北京:测绘出版社.

唐小明,孙乐玲,冯杭建,等,2019.浙江流纹岩地貌景观资源价值与申遗可行性研究[J].地质科技情报,38(增刊):102-111.

陶奎元,1996.徐霞客与雁荡山:初论雁荡山自然景观成因与科学文化内涵[J].火山地质与矿产,17(1-2):107-119.

陶奎元,2007.雁荡山神奇的地质旅行[J].风景名胜(6):22-43.

陶奎元,2015.火山地质遗迹与地质公园研究[M].南京:东南大学出版社.

陶奎元,沈加林,姜杨,等,2008.试论雁荡山岩石地貌[J].岩石学报,24(11):2647-2656.

陶奎元,邢光福,杨祝良,等,1999.雁荡山自然景观的科学价值[J].火山地质与矿产,20(2):87-93.

陶奎元,余明刚,邢光福,等,2004.雁荡山白垩纪破火山地质遗迹价值与全球对比[J].资源调查与环境,25(4):297-303.

王耀忠,2002.浙东沿海中生代火山-侵入活动构造演化及成矿规律[M].福州:福建省地图出版社.

魏罕蓉,张招崇,2007.花岗岩地貌类型及其形成机制初步分析[J].地质论评,53(增刊):147-159.

吴成基,郝俊卿,薛滨瑞,2020.地质遗迹价值与地质公园建设[M].北京:科学出版社.

吴志才,彭华,2005.广东丹霞地貌分类研究[J].热带地理,25(4):301-307.

严钦尚,曾昭璇,1985.地貌学[M].北京:高等教育出版社.

杨景春,李有利,2017.地貌学原理[M].北京:北京大学出版社.

杨涛,2013.地质遗迹资源保护与利用[M].北京:冶金工业出版社.

杨湘桃,2005.风景地貌学[M].长沙:中南大学出版社.

杨逸畴,尹泽生,2007.平潭岛海蚀花岗岩地貌:兼述花岗岩地貌的系列研究和创新[J].地质论评,53(增刊):125-132.

余明刚,邢光福,沈加林,等,2008.雁荡山世界地质公园火山作用研究[J].岩石矿物学杂志,27(2):101-112.

曾克峰,2013.地貌学教程[M].武汉:中国地质大学出版社.

张地珂,2010.地学文化与地质遗迹[M].武汉:中国地质大学出版社.

张根寿,2005.现代地貌学[M].北京:科学出版社.

张国全,王勤生,俞跃平,等,2012.浙江东部火山岩地区的地层时代和划分[J].地层学杂志,36(3):641-652.

张君,唐小明,岑洋,等,2018.雁荡山世界地质公园岩石微观特征及其对地貌景观形成作用[J].科技通报,34(12):18-28.

赵汀,赵逊,2009.地质遗迹分类学及其应用[J].地球学报,30(3):309-324.

赵汀,赵逊,彭华,等,2014.关于丹霞地貌概念和分类的探讨[J].地球学报,35(3):375-382.

中国科学院地理研究所,1987.中国1:100万地貌制图规范(征求意见稿)[M].北京:科学出版社.

中华人民共和国国土资源部,2017.地质遗迹调查规范:DZ/T 0303—2017[S].武汉:中国地质大学出版社.

周成虎,程维明,钱金凯,等,2009.中国陆地1:100万数字地貌分类体系研究[J].地球信息科学学报,11(6):707-724.

竺国强,2009.世界"科学名山"——雁荡山[J].科学24小时(1):15-16.

CAMPBELL E M,1997. Granite landforms[J]. Journal of the Royal Society of Western Australia,80(3):101-112.

CAMPBELL E M,TWIDALE C R,1995. The various origins of minor granite landforms[J]. Cuadernos do Laboratorio Xeoloxico de Laxe,20:281-306.

LE BAS M J,LE MAITRE R W,STRECKEISEN A,et al.,1986. A chemical classfication of volcanic rocks base on the total alkali-silca diagram[J]. Journal of Petrology,27:745-750.

MIGON P,2006. Granite landscapes of the World[M]. Oxford:Oxford University Press.

TURKINGTON A V,PARADISE T R,2005. Sandstone weathering:A century of research and innovation[J]. Geomorphology,67(1-2):229-253.

TWIDALE C R,1982. Granite Landforms[M]. Amsterdam:Elsvier Scientific Publishing Company.

TWIDALE C R,ROMANI J,2005. Landforms and geology of granite terrains[M]. Rotterdam: A. A. Balkema Publishers.

YOUNG R, YOUNG W, YOUNG A, 2009. Sandstone Landforms[M]. London: Cambridge University Press.

第二章　流纹质火山岩地貌分布区自然地理概况

第一节　交通与区位

浙江省地处中国东南沿海，长江三角洲南翼，东临东海，南接福建，西与江西、安徽相连，北与上海、江苏接壤（图 2-1），东西与南北距离均为 450km 左右，全省陆域面积 10.18 万 km^2。

浙江省水陆空交通便利，全省有杭州、宁波、温州、义乌、黄岩、衢州、舟山 7 个民用机场，其中杭州萧山机场和宁波栎社机场为国际机场；有沪杭、浙赣两条铁路干线，萧甬、宣杭、金千、金温等铁路支线，甬台温、温福、宁杭、杭甬、沪杭、杭长、金温、杭黄、九景衢、商合杭、衢宁等高速铁路四通八达，杭温、杭宁、义甬舟、杭绍台、台金等高速铁路正在加快建设。高速路网便利，高速公路纵横交错，有黄衢南、沪杭、杭甬、上三、甬台温、金丽温、杭新景、杭金衢、杭宁、杭徽、温福、杭州绕城高速、宁波绕城高速等 20 多条高速公路；有 104 国道、320 国道、329 国道、330 国道 4 条国道线经过。沿海水运发达，港口众多，宁波、上海与舟山群岛水运形成中国最为繁忙的海上客运"金三角"，京杭大运河连接杭州、苏州、无锡，为经济发达的长三角地区提供了便利的水上交通。

本次研究选择重点研究区共 4 处，分布于浙江省中东部及沿海地区，它们分别隶属于温州市、台州市和丽水市行政管辖，涉及乐清、温岭、永嘉、临海、仙居、缙云 6 个县市，其地理位置及交通状况存在着较大差异（图 2-1）。

一、雁荡山

雁荡山位于乐清市东北部、永嘉县东北部和温岭市西部，交通发达，分布着甬台温、诸永等高速公路，甬台温高速铁路，104 国道以及县市公路，东南部为丘陵平原地区，交通良好，而西北部均为中低山区，交通相对较差。

二、仙居神仙居

仙居神仙居位于仙居县南部，研究区北侧分布着台缙高速公路和诸永高速公路，S322 省道东西向横穿县域中部。而研究区南部位于仙居与永嘉县接壤地段，区域内为中低山区环境，山高林密，交通以乡村级公路为主，其交通条件相对较差。

三、临海桃渚

临海桃渚位于临海市东部沿海地区，南部与台州椒江毗邻，北部与三门接壤，东临大海，其西部有甬台温高速公路通过,临海至桃渚有多条省道及市级公路分布,研究区处于沿海丘陵平原区,其交通条件较好。

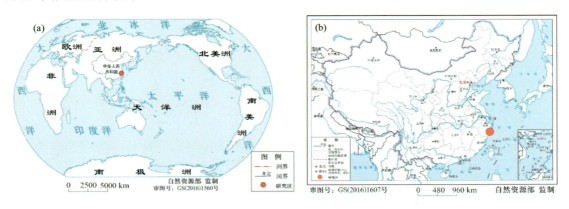

图 2-1 研究区交通区位与交通图

重点研究区在世界[(a)]、中国[(b)]和浙江[(c)]的位置。
(c)中 a 为雁荡山,b 为仙居神仙居,c 为临海桃渚,d 为缙云仙都。

四、缙云仙都

缙云仙都位于缙云县中西部,分布于好溪两岸低山丘陵区,此间有金丽温高速公路、金温高铁,以及省道、县市公路和乡村公路分布,区域内交通相对便利。

第二节 地势与地形

一、地势

浙江省西南部以山地为主,山峦叠嶂,大部分山地海拔在1000m以上,最高峰为位于龙泉市境内的黄茅尖,海拔1929m。中部以丘陵为主,大小40余个盆地错落分布于丘陵山地之间,丘陵海拔多为500m左右。东北部是海拔低于10m的冲积平原。

浙江省山脉基本呈北东-南西走向,自北而南分为3支(图2-2)。

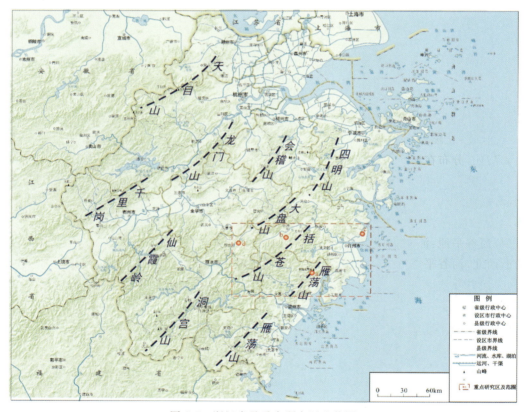

图2-2 浙江省及重点研究区山势图
红色虚框为重点研究区范围,a为雁荡山,b为仙居神仙居,c为临海桃渚,d为缙云仙都。

(1)千里岗山脉:北支为浙皖边境的黄山向东北延伸的百际山、天目山和浙赣边境的怀玉山向东延伸的千里岗山脉,天目山山脉是长江和钱塘江水系的分水岭。

(2)仙霞岭山脉:中支西南为仙霞岭山脉,是钱塘江与瓯江的分水岭,向东北延伸有会稽山脉、四明山脉、天台山脉,天台山脉是椒江和曹娥江及甬江的分水岭,再往东北没入东海,构成舟山群岛。

(3)洞宫山脉:南支为浙闽边境的洞宫山脉,向东北延伸为雁荡山脉,雁荡山脉以瓯江为界,瓯江以南为南雁荡山脉,以北为北雁荡山脉,南雁荡山脉是瓯江与飞云江的分水岭,雁荡山向东北继续延伸为括苍山脉,括苍山脉是瓯江与椒江的分水岭,括苍山向北在杭州湾没入东海。山脉的分布与构成形成了浙江省地势西南高、东北低,自西南向东北呈阶梯状倾斜的地势特点,西南是山地,中部是丘陵和盆地,东部、北部是平原。

重点研究区集中在浙东南,分布的山脉包括雁荡山和括苍山,山脉大都呈北东走向。雁荡山研究区位于北雁荡山,临海桃渚研究区位于北雁荡山的北延余脉,神仙居研究区位于括苍山中段,缙云仙都研究区位于括苍山南段。

二、地形地貌

浙江省地形形态多样,地域差异明显,地形以切割破碎的丘陵山地为主要特色,全省山地丘陵面积 7.17 万 km^2,占陆域面积的 70.4%,平原、盆地面积占 23.2%,河流、湖泊面积占 6.4%,故有"七山一水二分田"之称。浙江省按标高及地貌形态来划分,有 5 种地貌形态:山地、丘陵、台岗、河谷平原、河口及滨海平原。

1. 各地貌类型的分布

(1)中山、低山:以海拔大于 500m 为山地来计算,浙江省山地面积约 50 014km^2,约占全省陆地面积的 49%,以中山、低山偏多,中低山较少,浙南以中山为主、浙西以中低山为主,浙东、浙西北及中西部以低山为主。

(2)丘陵:丘陵分布面积约 18 201km^2,约占全省陆地面积的 17.8%,为海拔小于 500m 的低丘和高丘,分布在浙西北、浙东南、浙中等区域。

(3)台地和垄岗地:台地主要为玄武岩台地,一般为 450~500m,山地夷平面海拔分布不等,台地地貌主要分布在浙南和浙东,垄岗地貌主要为海拔 100~250m 的岗地,分布于浙中西部丘陵盆地周边,台地和垄岗地貌占全省陆域面积的 4.22%。

(4)河谷平原:河谷平原地貌以海拔小于 250m 的谷地和盆地为主,分布于浙中西、中东部以及浙西北,河谷平原地貌约占全省陆地面积的 10.6%。

(5)河口及滨海平原为海拔小于 10m 的平原区,分布于浙东北和东部,分布面积约占全省陆地面积的 19.14%。

2. 地形地貌分区

根据浙江境内地貌形态、成因、构造等因素,考虑其地表形态的相似性和地域间的差异性,将浙江省划分为六大地形地貌分区,即浙北平原区(Ⅰ)、浙东南沿海丘陵平原及滨海岛屿区(Ⅱ)、浙中丘陵盆地区(Ⅲ)、浙西北中低山丘陵区(Ⅳ)、浙东低山丘陵区(Ⅴ)、浙南中低山地区(Ⅵ)6 个地貌单元(图 2-3)。

三、重点研究区地形地势

研究区主要处于浙东南中低山丘陵区(图 2-2),西部为仙霞岭余脉,以低山地貌为主;中部为括苍山脉,介于浙东低山丘陵和浙南中山区之间;西北部为大盘山余脉,以中低山地貌为主;东南部为雁荡山脉,属浙南中山区。区内地势西高东低,中西部群峰崛起,海拔千米以上的山峰连绵不断,最高峰为括苍山脉主峰——大洋山,海拔 1 500.6m,东部沿海主要为冲积海积

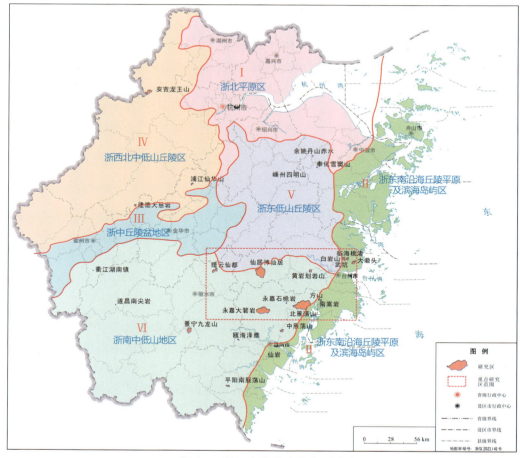

图 2-3 浙江省地形地貌分区图

平原(图 2-4)。

由于新构造运动隆起较高,河流下切作用强烈。谷地形态表现为峡谷,河槽狭窄,河床纵向比降大,一般在 10‰ 以上,常有瀑布急滩,切割深度一般为 200~500m,部分地段可达 500~1000m,坡度一般在 30°以上。山地顶部残留有新近纪剥夷面 4~5 级,其中以 600~750m、1000~1100m 两级剥夷面较明显,分布范围亦大。

1. 雁荡山

雁荡山重点研究区位于浙江省东南滨海山岳-海湾滩涂过渡地带。最高海拔 1 056.5m(百岗尖),最低海拔 20m,由于地壳抬升,切割较深,地势高差悬殊,以多样性的流纹岩山岳地貌为特色。该研究区的地貌分为以下 3 类:

(1)中山,海拔大于 1000m,主要分布在区内中央部位,西至雁湖,东至百岗尖—乌岩尖,构成分水岭。岩性为中央侵入体石英正长岩。西部雁湖为一古夷平面,山顶有 3 列北东东向缓起伏的岩岗,低洼处蓄水发育为湖泊,即为雁湖。雁湖分南、北、中、东四湖,水域面积达 12 530m^2,湖泥为石英正长岩风化产物。东部百岗尖、乌岩尖呈锥状岗尖。

(2)低山,按岩性分为 3 类。第一类:海拔为 800~1000m,岩性为雁荡山火山第三、四期喷发的凝灰岩、熔结凝灰岩。受到北东东向断裂或劈理的作用,常呈锐峰、象形山(石)或由柱状

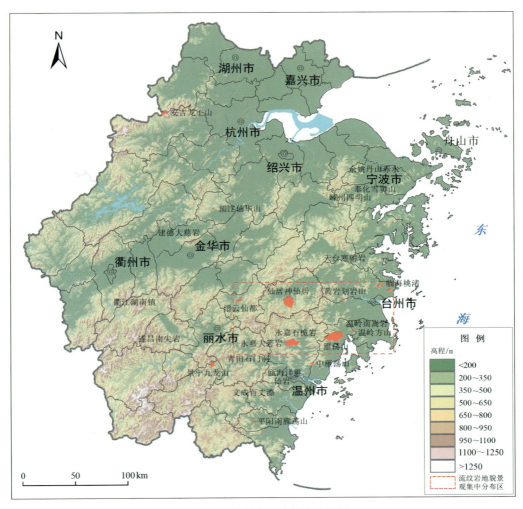

图 2-4 重点研究区及周边地势图

节理组成的石柱山和 V 形峡谷。第二类:海拔 800m 以下,岩性为雁荡山火山第二期喷溢的流纹岩。由 3~5 个岩流单元叠置的巨厚流纹岩层组成,是构成雁荡山风景地貌的主体,主要有叠嶂、方岩、石门、柱峰、岩洞、天生桥与嶂谷。第三类:处于雁荡山的外圈,呈半环状分布。岩性为英安质(低硅)熔结凝灰岩,构成的山体坡度较缓,缺乏陡的岩壁,发育 V 形峡谷与涧溪,局部有象形石。

(3)平原,分为 3 类。第一类:河谷冲积平原,分布于河流沿岸。第二类:洪积平原,分布于沿海地带,常构成滩涂湿地。第三类:海积平原,分布于沿海地带,常构成滩涂湿地。

2. 仙居神仙居

神仙居重点研究区位于括苍山中段北麓,介于浙东低山丘陵和浙南中山区之间,园内峰峦叠嶂,溪谷纵横,地表切割强烈、山高坡陡。括苍山脉自南西角的安岭乡分叉,绵亘仙居县的南北边境,呈钳形对峙,海拔 1000m 以上的山峰有 109 座,其中括苍山脉主峰米筛浪最高海拔 1382m,号称"浙东第一峰"。公园北侧的仙居盆地,略呈马蹄形向东敞开,由永安溪河谷平原及海拔 500m 左右的低丘组成。

该重点研究区主要位于安溪河谷平原以南的中、低山区,海拔标高一般在500～1000m之间,相对高差200～600m,地形切割强烈,最大切割深度达800m,常见峰、岭、石壁、悬崖等地貌。

该研究区内地形坡度变化急剧,中部多悬崖峭壁,地形陡峭,山体突兀,孤峰林立,但西岩、景星岩、公盂岩等熔岩台地表面地形较为平坦,坡度大多小于10°,往下急剧转折,坡度50°～60°,局部可以达到80°以上,形成巨大的岩嶂。鸡冠岩、饭蒸岩、"一帆风顺"、天柱岩、犁冲岩等典型的火山岩孤峰,地形十分陡峭,形成各种壮丽雄伟的火山岩地貌景观。北侧永安溪河谷及西侧十三都、中部齐坑、十七都坑以及东侧十八都坑河床较为开阔,坡度平缓,一般小于5°,多有村庄和道路分布。

3. 临海桃渚

临海桃渚重点研究区属浙东低山丘陵区,山系属括苍山山脉向东北延伸的支脉。区内地势西部、西北部高,向东南倾斜,东南部为河海交汇的冲积平原区,东部濒临大海,海岸线蜿蜒曲折。岬湾相间,港湾深嵌,海域广阔,沿海岛礁星罗棋布。该研究区主要地貌类型有构造-剥蚀地貌、剥蚀-侵蚀地貌、侵蚀堆积地貌和海蚀地貌,其中以侵蚀堆积地貌最为发育。该研究区内层状火山岩受断裂构造和垂直柱状节理作用,形成了独特的熔岩台地、峰丛、石林等景观,构成了区内自然景观的主要景素。区内最高山峰为白岩山,海拔508m,一般山峰海拔在200～300m之间,均属低山丘陵地貌类型。晚白垩世火山-侵入岩系在内外地质营力作用下,形成了区内的地貌,依其成因类型、形态和作用方式可划分以下4种地貌类型。

1)构造-剥蚀地貌

白垩系火山-侵入岩系主要分布在区内的白岩山、武坑、大尖山和大墩头一带,属丘陵地貌。低山丘陵海拔高度100～400m,个别山峰高达500m以上,相对高差在100～350m之间。山脊平坦,山脊线连绵起伏,呈条带状,山顶呈浑圆状或尖棱状。由于火山熔岩产状平缓,受后期断裂构造与垂直节理作用,以及长期的风化作用,酸性火山熔岩往往形成峭壁、峰丛,构成独特的熔岩台地和峰林地貌。

水系多呈树枝状发育,古火山构造周围水系则呈放射状产出。河谷断面为V形或箱形,切割深度在250～300m之间。

2)剥蚀-侵蚀地貌

由新近系玄武岩台地构成,规模较小,零星分布于武坑一带。台地海拔高度为150～215m,台地地势较平坦,普遍为风化层所覆盖。台地四周常沿玄武岩柱状节理形成陡崖,台缘非常明显,台缘陡崖下玄武岩沿节理发生崩塌,形成倒石堆。

3)侵蚀堆积地貌

河谷冲积平原及山麓堆积斜地:分布在新星、芙蓉村、麻车和武坑等地。呈狭长条带状分布,其规模较小,完全受山涧水系控制,由第四系冲积、冲洪积和坡洪积层组成。

河口、海湾冲海积、海积平原:分布在区内中部及东部广大地区。由第四系冲海积、海积堆积物组成,地势平坦。海拔高度在10m以下,其形态不规则,受蜿蜒曲折的河口海湾控制。平原内河流、港汊纵横交错,湖塘星罗棋布,大小河流均受潮汐影响,并有许多孤山残丘坐落其间,向海一侧常以堤坝与未被围垦的滩涂隔开。由于不断地围垦造田,海积平原区也不断地向外扩张。

4）海蚀地貌

丘陵和岛屿组成的海岸，受海水潮汐的长期作用，构成了冲蚀海岸，在区内龙湾一带较为发育，常形成海蚀壁龛、海蚀洞穴、海蚀崖、海蚀柱和海蚀阶地。

4. 缙云仙都

缙云县地处括苍山与仙霞岭的过渡地带，域内地形以低中山为主，地势自东南向西北倾斜变低，山脉大致以好溪为界，东部为括苍山脉，西部为仙霞岭山脉（图2-2）。

县域东半部群峰崛起，地势高峻，海拔千米以上山峰343座。其中东北部为大盘山的延伸，以低中山地貌为主。东南部为括苍山山脉，为低中山地貌，大洋山主峰海拔高程1 500.6m，为区内第一高峰，也是括苍山最高峰。西部边缘一线为仙霞岭余脉延伸，以低山地貌为主，海拔千米以上高峰有3座。北部有小面积第四纪山麓冲洪积平原区和冲积平原区，构成壶镇、新建两处河谷地貌。中部丘陵广阔绵延，为仙霞岭与括苍山的过渡地段。全境地形具东南西三面环山、北口张开呈V字形的特征，山地、丘陵约占全县总面积的80%以上。

仙都重点研究区分布在缙云县中西部好溪两岸流域，地貌上为晚白垩世流纹岩形成的剥蚀侵蚀丘陵山地，其地势较为平坦，出露高程一般在海拔150～350m之间，属于晚白垩世火山岩构造洼地流纹岩台地低丘和高丘陵地貌。

第三节 气 候

浙江省气候属于亚热带季风区，年平均气温17～18℃，1月平均气温5℃，7月平均气温28～29℃。极端最高温度主要出现在7—8月，沿海地区受海洋调节影响较大，一般在38℃以下，较内陆显著偏低。全年无霜期240～250d，东南沿海无霜期最长，在280d或以上。年日照时数1800～2300h，日照分布特点是东北部多于西南部，平原多于山地。区内雨量充沛，历年平均降水量1400～2000mm，降水空间分布不均匀，总的分布是：海岛少，陆地多；平原、盆地少，丘陵山地多；由北而南逐渐增加。大部分地区降水的全年变化呈双峰型，分别出现在5—6月和8—9月，即梅雨期和台汛期。浙江受台风影响较多，常带来大风和短历时强降雨。区内空气湿润，年平均相对湿度在75%～83%之间，东部低山丘陵略高。年平均陆面蒸发量600～800mm，除7—8月外，一般降水大于蒸发。

古新世浙江的气温比晚白垩世明显降低；始新世气温明显转暖，是整个新生代早期气温最高的时期；进入渐新世后气温明显转凉；中新世气温有所回升，早中新世中期古温度达到与晚始新世几乎同样的水平；上新世的气温与中新世相比又有所下降，但比现代气温要暖，这与当时全球性变冷的气候变化相一致。

根据孢粉组合及古植被证据推测，浙江在早白垩世早期应属热带、亚热带，气候干燥；早白垩世晚期的气候比前一阶段更干燥，为热带、亚热带热且干的气候；晚白垩世应为热且干的热带北缘气候；古新世晚期—始新世早期，这一时期的浙江可能为温暖湿润的南亚热带气候；渐新世早期应为温和湿润的亚热带气候；渐新世中、晚期的气候温和湿润，属北亚热带。

浙江一带在第四纪期间，古气候具有明显的冷暖交替现象，最明显的有两次寒冷气候，这两次寒冷气候分别相当于大姑和庐山冰期，其他两次不明显，特别是晚更新世以后的气候变化不显著。

第四节 水 文

浙江省河流众多,自北而南有苕溪、钱塘江、曹娥江、甬江、椒江、瓯江、飞云江和鳌江等8条水系(图2-5),除苕溪注入太湖属长江水系外,其余均独流入海。此外尚有浙、闽、赣边界河流和众多独流入海小河流等。在杭嘉湖和滨海平原,地势平坦,河港交叉,形成平原河网,是著名的"江南水乡"。浙江省的湖泊主要分布在浙北杭嘉湖平原和浙东萧绍宁平原。

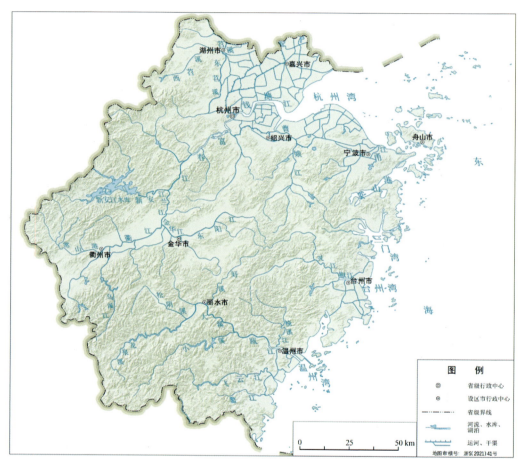

图2-5 浙江省水系图

一、雁荡山

雁荡山重点研究区的水系主要为山间溪流及其分支,北部有岩溪-仙溪-松坡溪,中部有碧玉溪、鸣玉溪-白溪,南部有芙蓉溪-锦溪,西部有楠溪江。溪流周边风景优美,属景观河段。区内多瀑布深潭。溪流源短,坡陡,汇水面积小,水量变化受降雨控制,多数属季节性溪流,大雨时,万条溪千条涧。暴雨时易造成山洪,旱季时部分溪流干涸。

西部的楠溪江为瓯江第二大支流,发源于永嘉县西北部,贯穿永嘉全县,干流全长145km,流域面积2490km²,是楠溪江景区的灵魂。楠溪江及其支流水质清澈,落差大,水力资源十分丰富。上游瀑布、跌水十分发育。楠溪江4—9月为丰水期,10月至次年3月为枯水期,多年平均流量为74.62m³/s,最大流量为129m³/s,最小流量为38.36m³/s,流量与降水关系密切。

二、仙居神仙居

仙居神仙居重点研究区内水系属于灵江干流永安溪,发源于大洋山(属括苍山山脉)北坡,自西向东横贯仙居盆地,至临海市城西三江村与始丰溪汇合为灵江。永安溪全长116km,流域面积约2498km²,据柏枝岙水文站资料,枯季多年平均地表径流量4.76m³/s,多年平均地表径流量11.77m³/s。沿溪两岸树枝状支流发育,共有大小支流38条,南岸支流多而长,北岸支流比较短小。永安溪及其支流落差大,水力资源十分丰富,水力资源蕴藏量达14万kW·h。1949年以来全县先后修建了中小水库约50座,总库容约0.7157亿m³;2003年建成的大型仙居下岸水库位于永安溪上游,库容达13.5亿m³,是以防洪、灌溉为主,结合发电等功能于一体的大型综合性水利枢纽工程。目前仙居县已初步形成了具有防洪、灌溉、排涝、供水、发电等综合效能的水利基础设施体系。

该研究区及周边的水系以弧形水系和放射状水系为特征(图2-6)。十三都坑和万竹王坑都是环状水系。十三都坑的上游小源港自芦坑至林坑流向为北西,林坑至泥岸流向为北北西,泥岸至下叶流向为北,下叶以下流向转向北东东。万竹王坑水系较短,但也呈现较为明显的弧形。在公盂岩一带水系呈放射状分布,以公盂岩-公玉岩-高玉岩为中心,水系向四周发散,分别形成林坑、毛头坑、下郑、官坑、齐坑、十七都坑以及十八都坑。在源头处多有瀑布和深潭分布。弧形水系和放射状水系均是明显受到火山构造影响的产物。

三、临海桃渚

临海水域面积为台州最大,约132.6km²,拥有的河流也最多,共计2900多条,河道总长度约3360km。临海自然水系主要属于灵江水系,小部分属于直接入海的洞港和海游港小流域。中、西部山丘区域溪流众多,东部平原河网纵横交错。主要河流有灵江及其上游干流永安溪,支流始丰溪、双港溪、方溪、大田港、义城港,以及直接注入灵江和台州湾的百里大河、直接出海的桃渚平原河网。山地面积占总面积的70.7%,平原面积占22.8%,水域面积占6.5%。

四、缙云仙都

缙云县河流均属山溪性河流。主要有好溪、新建溪和永安溪3条,分属瓯江、钱塘江、灵江3个水系。其中好溪为县境内最大河流,发源于磐安县大盘山,自东北向西南贯穿全境入丽水,干流在县城内长66.11km,流域面积791.8km²;属钱塘江水系的新建溪,流域面积292.1km²;属灵江水系的主要有永安溪和三溪,流域面积419.72km²。全县水资源丰富,年平均径流量136.9亿m³,人均占有水资源3321m³。河流落差大,水力资源总蕴藏量83kW,人均0.2kW。水和水力资源高于全国、全省平均水平。

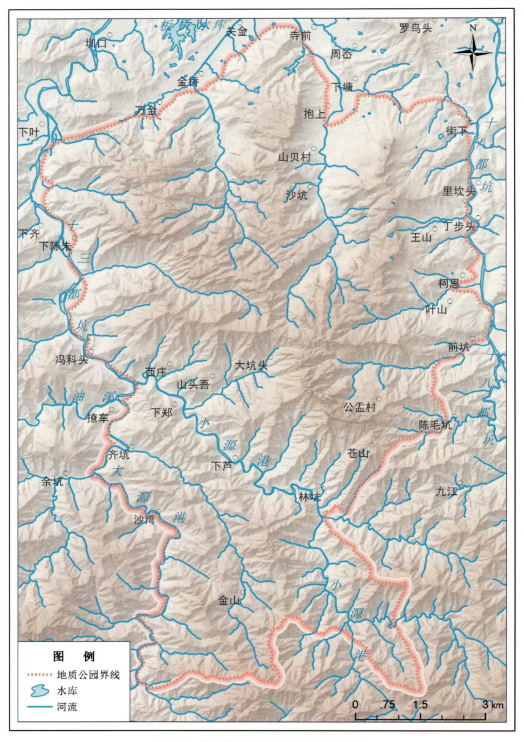

图 2-6 仙居神仙居的弧形和放射性水系

第五节 社会经济概况

浙江省经济和社会发展迅速,经济实力雄厚,人民生活富裕,城乡协调发展,主要经济指标连续几年在全国保持领先地位,2020年浙江省生产总值为64 613亿元,按可比价格计算,比上年增长3.6%。分产业看,第一产业增加值2169亿元,增长1.3%;第二产业增加值26 413亿元,增长3.1%;第三产业增加值36 031亿元,增长4.1%。三次产业增加值结构为3.3∶40.9∶55.8。2020年,浙江省数字经济逆势成长。全年以新产业、新业态、新模式为主要特征的"三新"经济增加值占GDP的27.0%。数字经济核心产业增加值7020亿元,按可比价格计算比上年增长13.0%。2020年,浙江省全年全员劳动生产率为16.6万元/人;规模以上工业劳动生产率为25.0万元/人,按可比价格计算,比上年提高5.9%。财政总收入12 421亿元,比上年增长1.2%;一般公共预算收入7248亿元,比上年增长2.8%。浙江省民营经济发达,全年民营经济增加值占全省生产总值的比重为66.3%。

根据我国以2020年11月1日零时为标准时点进行的第七次全国人口普查数据,浙江省常住人口64 567 588人,与2010年第六次全国人口普查的54 426 891人相比,10年间共增加10 140 697人,增长18.63%,年均增长1.72%。

浙南西部山区经济以林业为主,生态产业和旅游业次之,东部沿海工业较为发达,民营经济活跃,经济发展程度和城市化水平较高。西部缙云、仙居经济总体欠发达,2020年实现生产总值分别为243.4亿元、260.50亿元,经济总体保持平稳增长,转型升级成效较为显著。东部临海、乐清等地经济较为发达。临海为中国沿海首批开放城市之一,私营经济发展快速,活力四射,是中国股份合作制经济发祥地之一,在这里诞生了中国第一家股份合作制企业。2020年,临海市实现生产总值738.48亿元,比上年增长3.4%,其中第一产业增加值49.70亿元,增长2.1%;第二产业增加值323.38亿元,增长3.0%;第三产业增加值365.40亿元,增长4.0%。三次产业结构由上年的6.7∶45.5∶47.8调整为6.7∶43.8∶49.5。按户籍人口计算的人均生产总值达到61 332元,比上年增长3.5%。从1993年开始,乐清跨入综合实力百强县(市)行列,其中柳市、乐成、虹桥、北白象四地的经济综合实力跻身温州"十强"镇、浙江"百强"镇行列。2020年乐清市实现生产总值1 263.01亿元,增长4.5%,其中第一产业增加值21.23亿元,第二产业增加值591.85亿元,第三产业增加值649.93亿元,分别增长2.2%、4.3%、4.9%;一般公共预算收入94.38亿元,同口径增长2.9%;固定资产投资增长4%;社会消费品零售总额520.13亿元,下降1%;出口总额195.95亿元,增长8.6%;城镇居民人均可支配收入67 069元、农村居民人均可支配收入38 070元,分别增长4.1%和7.3%。

参考文献

浙江省林业局.浙江林业概况[EB/OL].[2021-08-03].http://www.zjly.gov.cn/col/col1275946/index.html.

浙江通志编撰委员会,2017.浙江通志·自然环境志[M].杭州:浙江人民出版社.

第三章　流纹质火山岩地貌形成的地质背景和物质基础

第一节　区域地质构造背景

一、区域构造格局

浙江省构造位置上处于华南板块东部,华夏造山系与扬子陆块的结合地带。大地构造上,浙江可划分为扬子陆块、江山-绍兴对接带(延伸至省外称钦杭对接带)和华夏造山系3个一级构造单元(潘桂棠等,2015)。其中,江山-绍兴对接带是扬子陆块与华夏造山系之间华南洋消亡的拼合带(Guo et al.,1989),其东南一侧的华夏造山系内,又可划分为华夏陆块、丽水-余姚结合带和浙东陆缘弧(浙江省地质调查院,2019)。

华夏造山系是浙江省内最古老的地体,形成于距今约 2.5～2.6Ga 的新太古代(于津海等,2006;Yu et al.,2012)。新元古代,随着华南洋向北俯冲消减,在扬子陆块东南形成多岛弧盆系(尹福光等,2003;Ye et al.,2007;杨树锋等,2009;Li et al.,2009;Yao et al.,2012)。扬子陆块东南缘在约 820Ma 发生弧陆碰撞(张国伟等,2013;张克信等,2015),但华南洋是否完全闭合仍有不同见解(Guo et al.,1989;薛怀民等,2010;张国伟等,2013;陆松年等,2016)。新元古代末期,扬子陆块出现拉张裂谷(Li et al.,2003;Li et al.,2005;卢成忠和顾明光,2007;卢成忠等,2009;Shu et al.,2011),发育较为稳定的沉积盖层。早古生代末期,受加里东运动影响,华夏造山系与扬子陆块碰撞拼接(潘桂棠等,2016),在浙江形成俯冲增生杂岩(汪新等,1988;胡艳华等,2011;高林志等,2014;赵希林等,2018;刘远栋等,2021),碰撞边界形成江山-绍兴对接带,浙江省从此形成统一的陆块,奠定了浙江省整体的构造格架。

晚古生代,浙江省区域地壳较为稳定,形成一系列陆表海沉积。至中生代早期,在印支运动影响下,区内发生强烈的陆内挤压造山作用,地壳叠加增厚(张国伟等,2013),沉积层由海相转变为陆相碎屑岩堆积。中生代晚期,我国东南沿海大陆边缘因古太平洋板块和欧亚板块的斜向俯冲碰撞,动力学体系发生根本变化,欧亚大陆板块边缘发生内部变形,断块运动活跃,形成不同方向、不同级别和不同规模的断层构造体系(潘桂棠等,2016),对区内岩浆喷发-侵入活动起着强化和控制作用,最终造就浙江省的构造面貌。

浙江省区域构造主体呈北东-南西向展布。规模较大的北东向深大断裂带包括江山-绍兴深断裂、丽水-余姚深断裂、球川-萧山深断裂和马金-乌镇深断裂等,构成了区域构造的基本格架(图3-1)。褶皱构造主要发育于浙西北新元古代和古生代地层中,枢纽亦主要呈北东-南西向展布。早期褶皱在早中生代(印支期)被强烈改造,形成紧闭线型褶皱。韧性剪切带较发育,浙西北地区主要发育在新元古代早期的火山-沉积岩地层和岩浆岩中。浙东南地区则发育在陈蔡俯冲增生杂岩和龙泉俯冲增生杂岩中，主体呈北东-南西向延伸。推覆构造主要形成于晚古生代之后，早期的地质体呈低角度逆冲推覆盖于中生代火山岩之上，逆冲方向包括南东和北西。中生代陆相盆地主要为受断裂控制的断（坳）陷盆地，呈线状展布。温州-镇海断裂以东发育的部分火山构造盆地（如小雄盆地）呈圆形分布。

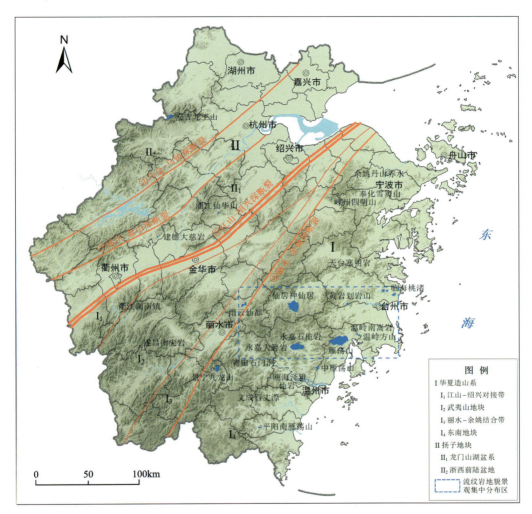

图 3-1　浙江省大地构造简图

二、区域地层

从古元古界到第四系，浙江省地层发育基本齐全，尤以中生代火山岩系发育为特征（图 3-2）。由于大地构造单元属性不同和基底差异，浙东南和浙西北地层区存在较大的差异。

浙东南发育最古老的地层为古元古界八都岩群中深变质岩，构成浙江省原始陆壳，其变质作用主要发生在古元古代和早古生代（于英琪等，2020），缺失中元古界、新元古界和下古生界。浙西北地层出露较为完整，最早的青白口系为一套火山-沉积岩建造。新元古代—早古生代（南华纪—早奥陶世），浙西北为稳定的浅海—滨浅海和台地，形成一套碎屑-碳酸盐岩建造。

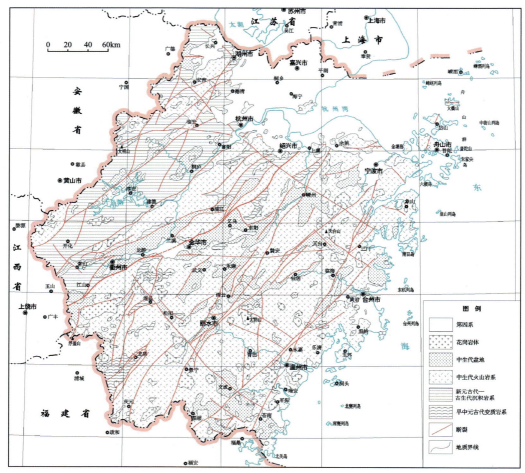

图 3-2　浙江省地层分布简图(据《浙江省区域地质志》(1989)附图简化)

奥陶纪到志留纪,地壳变动剧烈,形成一套复理石建造为主的碎屑岩,中—下泥盆统缺失。从晚泥盆世开始,全省进入统一的陆内环境,浙东南和浙西北的地层发育逐渐趋同。晚古生代泥盆纪至早三叠世,形成陆棚碳酸盐台地-滨海含煤碎屑建造,由于构造破坏,浙东南仅有零星出露。

早中生代,浙江地区从特提斯构造域向滨太平洋构造域转换(徐先兵等,2009;张岳桥等,2009,2012;李三忠等,2017)。随着造山运动和地壳叠加增厚,浙江地区此后再无海相沉积。中三叠世由于地壳抬升导致地层缺失;晚三叠世—中侏罗世,发育一系列河湖相碎屑含煤建造;晚中生代白垩纪,构造活动十分强烈,形成丰富的火山-沉积岩石组合,白垩纪断陷盆地中堆积以陆相碎屑岩为主的火山-碎屑岩。

新生代之后浙东沿海发育古近系海湾潮坪碎屑组合和河湖相含煤碎屑-火山岩组合,沿丽水-余姚和温州-镇海深断裂有裂谷型玄武岩喷溢。第四系广泛发育,形成冲积-洪积相和海陆交互相沉积组合。

三、区域断裂与节理

浙江省自古元古代基底形成开始,在多期构造活动中发育了大量断裂构造。新元古代至早古生代的洋陆俯冲造山和陆陆碰撞造山运动,形成了省内最为重要的两条区域性深大断裂——江山-绍兴大断裂和丽水-余姚大断裂。进入中生代后,浙江省又经历早中生代陆内挤压造山和晚中生代洋陆俯冲造山等一系列造山运动,其中早中生代陆内造山是浙江省地质史上最强烈的构造运动,在此过程中形成大量区域性大断裂(浙江省地质调查院,2019b),为浙江省区域构造格架奠定了基础。

1. 断裂构造

4个重点研究区内断裂构造均十分发育。

雁荡山重点研究区位于江山-绍兴古板块拼贴带南东侧、华夏古板块内,西邻温州-镇海断裂。区域性北北东向平阳-三门断裂斜贯测区中部,区内的浅层构造受基底构造控制,具有明显的继承性,构成以北东向、北北东向断裂为主体,并兼有北西向、南北向、东西向的构造格局。北东向断裂在区内最为发育,遍布全区,总体走向50°～60°,密集成带分布,规模较大,性质多为压扭性或压性。地貌上北东向深切沟谷、断层崖、断层三角面发育。

仙居神仙居重点研究区内以极为醒目的表层高角度脆性断层、硅化破碎及密集劈理带发育为特征,沿断层带常有各种脉岩及矿脉充填,并在局部地段形成脉岩群,其中西罨寺破火山的环状断层系统蚀变矿化较强烈。断层主要呈北东向、北西向和东西向、南北向及北北东向,以北东向和北西向最为发育,其次为东西向及南北向。北东向、北北东向和东西向断层属高序次构造,北西向断层则往往为派生的低序次构造,它们以强应变带和弱应变域形式出现,由不同方向、不同期次及不同规模的断层构成棋盘格式和"帚状"形式组合,并对区内地层的展布、岩体的侵位和中生代盆地的形成、演化发展及成矿起着控制作用。

临海桃渚重点研究区断裂构造有4组,即北东向、北西向、东西向和近南北向,断裂以北东向最为发育,其规模亦最大。其他几组断裂规模较小,且发育甚少。根据几组断裂的交切关系,断裂活动其先后顺序是:北东向—北西向—南北向—东西向。北东向断裂的走向在30°～65°之间,延伸长度一般为1～5km,个别大于5km,断裂破碎带宽度在0.5～15m之间,断裂造成的地层错距一般较小。根据其断裂破碎带及断面性质分析判断,园区构造属表层断裂,其力学性质大都具压性、压扭性,少部分属张扭性。

缙云仙都重点研究区主要有丽水-余姚北东向断裂斜贯县域中部,即分布舒洪至壶镇一带。断裂带宽达15km左右,由数条近平行的断裂组成,断裂走向20°～40°,具有高角度的压性-压扭性特点,单条断裂破碎带宽达数米至百余米之间,其间发育有挤压构造透镜体、劈理、片理化等构造形迹,部分地段岩层受牵引而直立倒转。断裂规模大、切割深,控制着晚白垩世五云-壶镇V型火山构造洼地的构造形态和火山岩浆的喷发、喷溢活动。进入新近纪断裂仍有活动,表现为沿断裂带分布有多个大小不等的新近纪基性或超基性火山通道及熔岩喷溢堆积体,表明断裂对其具有控制作用。

2. 节理与裂隙

区内流纹质火山岩内的节理极为发育,对流纹质火山岩地貌的形成起着十分重要的作用。据野外调查中测量的298组节理(神仙居65组,雁荡山192组,临海桃渚30组,缙云仙都11组)进行统计分析,各重点区节理发育特征如下:

雁荡山重点研究区节理产状以近东西向(80°～100°)最为发育,倾角一般直立。次为北东向(40°～50°)和北西—北北西向(305°～340°),再次为近南北向(350°)。据节理的相互切割关系判断,走向近东西的节理形成时间较早,北东向较晚,并与北北西向(330°)节理组成 X 型共轭节理,更晚则是南北向。节理面一般较平直、光滑,其内很少有充填物[图 3-3(a)]。

仙居神仙居重点研究区节理产状以北东向(45°~65°)最为发育,倾角一般在 60°~75°之间。次为北西向(290°~300°)节理,再次为近南北向(350°~10°),倾角一般近直立,均在 70°以上[图 3-3(b)]。

临海桃渚重点研究区节理产状以北西—北北西向(310°~340°)最为发育,倾角以近直立为主。次为近东西向和北东向,再次为近南北向[图 3-3(c)]。

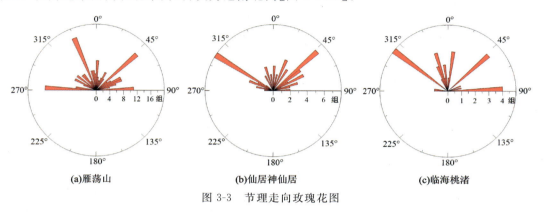

(a)雁荡山　　　　　　　(b)仙居神仙居　　　　　　(c)临海桃渚

图 3-3　节理走向玫瑰花图

缙云仙都重点研究区节理产状以北北东—北东东向(30°~70°)最为发育,倾角多在 60°~80°之间。次为北西向。由于节理数据较少,未形成走向玫瑰花图。

通过对各重点研究区的节理产状统计可知,各区的节理发育情况与其断裂构造发育情况基本一致。

四、地质发展历史

浙江地质历史经历了古元古代活动大陆边缘→新元古代早期多岛弧→南华纪—早奥陶世被动大陆边缘→中奥陶世—中志留世前陆盆地→晚泥盆世—早三叠世陆表海→晚三叠世—早侏罗世陆内造山→中侏罗世—白垩纪活动大陆边缘→新生代陆内裂谷等 8 个大的地质演化阶段。

重点研究区内出露大面积的中生代火山-沉积岩系。从沉积建造、岩浆建造和构造变形等方面而言,中侏罗世—白垩纪和新生代两个构造时期对重点研究区所在的浙东南地区的影响尤为明显。

中晚侏罗世时期,随着古太平洋板块向欧亚板块俯冲过程的进行,我国东南沿海形成活动大陆边缘,区域构造环境以挤压为主,岩浆活动趋于频繁,开始出现火山喷发和岩浆侵入。早白垩世早期,随着古太平洋板块的后撤,导致区域的应力场由中晚侏罗世时期的挤压转变为伸展。强烈的伸展作用在省内形成了大量的张性断裂或使早期的断裂再次活动,地幔物质发生上涌,下地壳受到底侵作用而发生部分熔融,进而引发强烈的火山活动,以多口中心式喷发及局部裂隙式喷溢的方式,形成大面积连续分布的火山喷发堆积,并形成了火山穹隆、破火山等火山构造。

早白垩世晚期—晚白垩世,伴随断裂活动和差异升降作用形成了一系列的断陷盆地。在当时炎热干燥的气候条件下,盆地沉积了上千米厚的红色砂砾岩层。该时期火山活动强度明显减弱,主要以中心式间歇喷发为主,普遍属喷溢相,爆发相较少,仅集中在浙东南沿海少数盆地中。

古近纪,整个浙江大地全面抬升之后,处于一个相对稳定时期,相对隆起的山体经历了剥蚀夷平,东海陆架盆地内沉积了巨厚的古新统和始新统。渐新世时,中国东部以全面差异性、震荡性升隆为主。新近纪,中国东部沿海转入板内裂谷环境,地幔的玄武质岩浆快速上升,沿着北北东向的深大断裂形成了一系列的断陷盆地,如新嵊盆地和回山盆地等。断裂交会处岩浆活动强烈,发生大规模的基性岩浆喷溢,形成若干面积不等、厚度不一的玄武质火山熔岩台地。第四纪早中更新世时期,浙江地区的气候特别温暖潮湿,雨量充沛,山地丘陵区的水流侵蚀作用加强,随着地壳不断缓慢上升,切割越来越深、越来越宽,形成现代所见的大大小小的沟谷和溪流,溪谷两边留下了许多挺拔高峻的陡崖峭壁。

第二节　重点研究区白垩纪火山地质作用

一、火山岩地层

重点研究区流纹质火山岩地貌景观主要发育在白垩纪陆相流纹质火山岩基础之上。区内白垩纪火山岩地层发育较全,出露的地层主要为下白垩统磨石山群、永康群以及上白垩统天台群。第四系主要分布在河流阶地表面以及坡麓、冲沟。具体见表3-1。

1. 磨石山群

高坞组(K_1g)在雁荡山和缙云仙都重点研究区火山构造外围有少量分布,如雁荡山福溪水库以西、缙云县东渡镇以南等区域。主体岩性为流纹质晶屑玻屑熔结凝灰岩,局部含角砾、岩屑,石英、长石晶屑含量达30%以上。

西山头组(K_1x)是研究区出露面积最大的地层,在雁荡山砩头溪沿岸与碧玉溪东南、仙居神仙居淡竹至上井一带,缙云仙都五云街道至郑弄一带及三溪乡周边成片分布。根据其岩性岩相组合及区域特征,将研究区内西山头组分为4个岩性段:①西山头组一段围绕高坞组分布,主体为火山碎屑流相流纹质晶玻屑熔结凝灰岩,上部夹流纹岩和凝灰质砂岩;②西山头组二段以火山碎屑流相流纹质玻屑熔结凝灰岩为主,岩性单一,宏观上以发育完整的柱状节理为特征;③西山头组三段以火山碎屑流相流纹质含浆屑玻屑熔结凝灰岩为主,普遍发育肉红色浆屑条带;④西山头组四段由火山碎屑流相构成,主体岩性为流纹质、流纹英安岩(含角砾)玻屑熔结凝灰岩,下部富含角砾和浆屑条带,上部角砾减少,顶部见厚10余米的灰云相乳白色似层状玻屑凝灰岩,局部柱状节理发育。

茶湾组(K_1c)主要分布在西甏寺复活破火山内,呈环带状出露。主体岩性为滨-浅湖相凝灰质砂岩、粉砂岩,下部夹空落相酸性火山碎屑岩,上部夹粗面安山岩。以湖相凝灰质沉积岩占主体并夹较多空落相及喷溢相火山岩为特征。

九里坪组(K_1j)在缙云县东方镇枫树塘和舒洪镇清井湾一带有少量出露,岩性主要为流纹岩,局部夹流纹质火山碎屑岩。

表 3-1　重点研究区地层简表

年代地层			岩石地层			主要岩性岩相	
系	统	群	组		地层代号		
第四系	全新统		鄞江桥组		Qhy	以冲积物为主,下部为灰黄色砾石层、灰黄—浅棕黄色含砂砾石层、砂砾层,上部为灰黄色砂土、粉砂质黏土	
	上更新统		莲花组		Qp_3l	坡洪积浅黄—棕黄色蠕虫状粉砂质黏土	
白垩系	上白垩统	天台群	两头塘组	小雄组	K_2l　K_2x	以浅湖相紫色钙质或泥质粉砂岩为主,夹少量砾岩,偶夹火山碎屑岩	上部为喷溢相流纹质凝灰岩、碱长流纹斑岩、粗面岩,下部为空落相、喷发沉积相流纹质凝灰岩、沉凝灰岩
			塘上组		$K_{1-2}t$	空落相流纹质(含角砾)玻屑凝灰岩夹喷溢相英安岩、石英安山岩、流纹斑岩,底部为河流相粉砂岩、砂岩和砂砾岩	
	下白垩统	永康群	朝川组	小平田组	K_1cc　K_1xp	河流相紫红色中厚—薄层状(凝灰质)砂岩,粉砂质泥岩夹含砾粗砂岩、砂砾岩,局部与流纹质含角砾玻屑凝灰岩互层	火山碎屑流相流纹质熔结凝灰岩夹喷溢相流纹岩,局部夹有基底涌流相凝灰岩
			馆头组		K_1gt	河湖相杂色薄—中厚层状粉砂岩、砂岩、砂砾岩,夹1～3层喷溢相玄武岩及安山岩	
		磨石山群	九里坪组		K_1j	喷溢相流纹岩,局部夹空落相流纹质含角砾含晶屑玻屑凝灰岩	
			茶湾组		K_1c	喷发沉积相凝灰质砂岩、沉凝灰岩,局部夹粗面安山岩	
			西山头组		K_1x	碎屑流相流纹质(含角砾)含晶屑玻屑熔结凝灰岩夹英安质玻屑凝灰岩及凝灰质砂岩、粉砂岩	
			高坞组		K_1g	碎屑流相流纹质晶屑玻屑熔结凝灰岩、流纹质晶屑熔结凝灰岩偶夹凝灰质粉砂岩	

2. 永康群

馆头组（K_1gt）受控于火山构造盆地,在仙居神仙居外围淡竹林山至公盂岩及临海桃渚岙里至陡门头一带呈条状或环状分布。主体岩性为河湖相含砂砾岩、砂岩、泥岩、粉砂岩和粉砂质泥岩,局部沉凝灰岩夹流纹质玻屑凝灰岩。与下伏磨石山群呈超覆不整合接触。

朝川组（K_1cc）受控于火山构造盆地,在仙居上张乡、缙云仙都靖岳村、临海桃渚麻车村西南等区域零星分布。本组在区域上具有一定相变,上张一带主要为河流相-冲积扇相砾岩、砂砾岩；靖岳村和麻车村一带粒度总体变细，主要为河湖相紫红色含砾凝灰质砂岩、凝灰质粉砂质泥岩、砂砾岩，偶夹沉凝灰岩、流纹质玻屑凝灰岩。

小平田组（K_1xp）主要分布于雁荡山和仙居神仙居重点研究区，是流纹质火山岩地貌重要的成景层位。小平田组一段为一套火山碎屑流相和喷溢相堆积物，岩性主要有流纹质玻屑熔结凝灰岩、流纹质含角砾晶屑玻屑熔结凝灰岩、流纹岩，局部夹有基底涌流相流纹质玻屑凝灰岩、沉凝灰岩。小平田组二段为一套火山碎屑流相堆积物，岩性主要为灰色、灰白色块状流纹质熔结凝灰岩、流纹质含晶屑玻屑熔结凝灰岩、流纹质含角砾晶屑玻屑熔结凝灰岩，具塑变凝灰结构，假流纹构造发育。

3. 天台群

塘上组（$K_{1-2}t$）主要分布于缙云仙都重点研究区，角度不整合于下伏各组之上。塘上组一段下部为一套厚层状或块状沉角砾凝灰岩、凝灰质砂砾岩夹中薄层状紫红色粉砂岩、粉细砂岩；上部以块状流纹质（含）角砾凝灰岩为主体，局部分布有层状火山角砾集块岩夹流纹岩。凝灰岩节理裂隙不发育，石材质地优良，为缙云县开采条石的主要地层。塘上组二段下部为大套喷溢相流纹岩，局部夹有空落相流纹质角砾凝灰岩。

两头塘组（K_2l）主要分布在缙云壶镇及舒洪镇周边，出露面积较小。下部主要为砾岩、砂砾岩夹中薄层状紫红色粉砂岩；中部主要为厚层状或块状砂砾岩与粉砂岩互层状产出，局部夹火山碎屑岩类或粗面岩类；上部主要为块状紫红色粉砂岩夹少量中粗砂岩。

小雄组（K_2x）主要分布在临海桃渚重点研究区，可分为3个岩性段：小雄组一段主要为砾岩、砂砾岩、粉砂质泥岩、沉凝灰岩、沉角砾凝灰岩夹流纹质玻屑凝灰岩、粗安岩，含翼龙和雁荡长尾鸟化石。小雄组二段下部为粗面（斑）岩、自碎粗面（斑）岩，上部为碱长流纹岩，构成临海国家地质公园地貌景观。小雄组三段下部为砾岩、砂砾岩、砂岩及粉砂岩，上部为浅灰色流纹质（含）角砾凝灰岩。

4. 第四系

莲花组（Qp_3l）主要分布于山前沟谷内，为坡洪积成因类型，岩性主要为浅黄色、棕黄色花斑状亚黏土，厚度一般为4~8m，形成山前坡地。

鄞江桥组（Qhy）成因类型以冲积为主，结构松散，纵剖面上看，二元结构明显：下部为灰黄色、浅棕黄色含砂砾石层、砂砾层，上部为灰黄色砂土、粉砂质黏土，厚度为3~6m，多形成河漫滩或高河漫滩阶地。

二、火山岩与火山作用

1. 火山活动旋回

1）火山活动旋回划分

火山活动旋回指火山喷发活动由初始期—高潮期—衰退期—休眠期的整个过程及产物，它反映了火山活动在时间上的演化过程、空间上的叠覆关系。根据4个重点研究区火山岩地层时空关系、火山构造类型及活动特点、火山作用方式、岩浆演化序列及过程等因素分析，可以划分出早白垩世早期—晚白垩世早期3个旋回（表3-2）。

表 3-2 火山活动旋回划分表

时代	旋回	群	组	年龄	代表区域
早白垩世晚期—晚白垩世早期	第Ⅲ旋回	天台群	小雄组	89.8～94.4Ma①	临海桃渚 缙云仙都
			塘上组	100.5～101.1Ma①	
早白垩世晚期	第Ⅱ旋回	永康群	小平田组	98～104Ma（雁荡山）②③ 113.4～114.4Ma（神仙居）④	神仙居 雁荡山
			馆头组	119～122Ma⑤⑥⑦	
早白垩世早期	第Ⅰ旋回	磨石山群	九里坪组	120Ma⑤	
			茶湾组	120～122Ma⑤	
			西山头组	128～133Ma⑤⑥⑧⑨	
			高坞组	132～136Ma⑤⑧	

注：①据浙江省地质调查院（2019a）；②据余明刚等（2006）；③据 Yan 等（2016）；④据唐增才等（2018）；⑤据 Liu 等（2012）；⑥据 Li 等（2014）；⑦据马之力等（2016）；⑧据段政等（2013）；⑨据王加恩等（2016）。

其中①、②、③、④年代学数据对应区域位于本书4个重点研究区内，且代表主要成景岩石年龄。

2）火山活动旋回特征

第Ⅰ旋回：本旋回由早白垩世早期磨石山群高坞组、西山头组、茶湾组和九里坪组组成。早期高坞组和西山头组主要分布在火山构造外围，呈近环状围绕火山构造展布。本期火山喷发强烈，以火山碎屑流相为主体，堆积了一套巨厚的流纹质晶屑熔玻屑与少量流纹质碎斑熔岩或凝灰熔岩的火山岩组合。至西山头期末，火山活动强度明显减弱，空落相堆积间有小规模的火山碎屑流，形成流纹质含集块角砾凝灰岩、含角砾凝灰岩与流纹质含晶屑玻屑熔结凝灰岩组合。

晚期茶湾组和九里坪组，代表了火山洼地内一套火山-沉积岩系地层。茶湾期以河湖相沉积为主，表现为中薄层状凝灰质含砾砂岩、粉砂岩、泥质粉砂岩互层，发育微细水平层理、滑塌包卷层理及交错层理。九里坪期岩浆喷发强度增强，堆积了一套火山碎屑流相流纹质晶屑玻屑熔结凝灰岩。

第Ⅱ旋回：本旋回由早白垩世晚期永康群馆头组和小平田组组成。早白垩世早期火山活动结束后，浙江省在伸展拉张背景下形成众多的断陷盆地。馆头期断陷盆地以湖泊相沉积为主，辅以河流相沉积，堆积了一套中薄层状粉砂质泥岩、粉砂岩、泥质粉砂岩、含硅质页岩及砂岩等陆源碎屑物组合。同时，盆地形成演化受控于断裂构造，在强烈拉张作用下，导致深部岩浆喷发，盆地内堆积有一定厚度的喷溢相玄武质熔岩和中酸性喷出岩，其规模相对较小，分布范围局限，岩浆活动相对较弱。

小平田期火山活动再度活跃，形成了以雁荡山和神仙居为代表的景观地貌。本期火山活动在神仙居地区表现为大规模火山碎屑流爆发，形成了巨厚的火山碎屑流相流纹质晶屑玻屑熔结凝灰岩。在雁荡山地区则表现为火山碎屑流爆发与熔岩溢流交替，局部少量蒸气岩浆爆发，形成了一套以流纹质晶屑玻屑熔结凝灰岩、流纹岩为主，夹有少量基底涌流相流纹质玻屑凝灰岩、沉凝灰岩的火山岩组合。

第Ⅲ旋回：本旋回由早白垩世晚期—晚白垩世早期天台群塘上和小雄组组成。本旋回以缙云仙都和临海桃渚为代表,它们分别受控于不同的火山构造,具有完整、独立的火山岩地层系统。

缙云仙都在旋回早期以火山喷发沉积相为主体,堆积了一套沉集块角砾岩、沉凝灰岩、凝灰质砂岩、粉砂岩、泥质粉砂岩夹凝灰岩组合,宏观上具有成层性,代表早期微弱的火山喷发沉积活动特点。中期火山活动为大规模爆发形式,堆积一套厚度较大、覆盖面广泛的空落相流纹质含角砾玻屑凝灰岩、流纹质集块角砾凝灰岩,为火山活动鼎盛期之产物。晚期火山活动强度明显减弱,以酸性熔岩喷溢为主导,期间伴随小规模岩浆喷发,岩性组合为流纹岩、球泡流纹岩、角砾熔岩夹少量流纹质含晶屑玻屑凝灰岩。之后火山活动基本停止,进入湖河相沉积和扇三角洲相沉积阶段,在塘上组之上覆盖有两头塘组陆源碎屑物。

临海桃渚在旋回早期以喷发沉积相、湖沼相堆积和火山碎屑流相、空落相堆积为主,规模及厚度不大,分布范围较为局限。其中在喷发沉积相、湖沼相堆积层中赋存有临海浙江翼龙和雁荡长尾鸟化石,这表明旋回早期火山活动非常微弱,具有间歇性特点。中期,临海桃渚及整个小雄盆地火山活动明显增强,主要呈现为多中心、大规模面状岩浆喷溢覆盖,期间伴随有小规模喷发堆积,地层厚度较大。岩浆活动首先是粗面质岩浆喷溢,岩性为粗面岩、石英粗面岩组合;之后为流纹质岩浆喷溢,岩性为流纹岩和角砾集块熔岩组合。晚期,在大规模岩浆喷溢结束后,经历了一段时期的宁静,在低洼区保留有喷发沉积相堆积,这在龙湾、南门坑等地均有出露,规模及厚度较小,分布局限,岩性为砾岩、砂砾岩、沉凝灰岩和凝灰质砂岩组合。尔后火山活动以爆发方式堆积了一套空落相流纹质角砾凝灰岩、流纹质含角砾凝灰岩,其在小雄盆地内分布非常局限。

综上所述,雁荡山、仙居神仙居、缙云仙都和临海桃渚等地,分属于不同火山构造控制,它们代表了早白垩世—晚白垩世浙江区域内火山活动旋回性特点,在时空上具有连续性和叠覆性,构成了一个较为完整的火山岩地层序列,为浙江省白垩纪火山岩演化规律研究奠定了基础。

2. 火山岩相

火山形成机制包括火山物质的喷发、搬运方式、定位环境与状态,而火山岩相正是火山形成机制的综合反映。浙江白垩纪陆相火山岩以酸性火山碎屑岩、熔岩为主,火山岩相类型较为齐全,同岩异相和一相多岩的现象普遍存在。

根据火山活动的方式、喷发类型、火山物质的搬运方式、堆积环境及喷发产物同源岩浆的侵位深度和侵位机制,将研究区火山岩划分为8个岩相类型。各类型岩相特征见表3-3。

表3-3 火山岩相类型及其特征

岩相类型	岩相特征	主要岩石及岩石组合	主要发育层位
喷溢相	呈层状分布,具内部分带性	流纹岩、粗面安山岩	K_2x、$K_{1-2}t$、K_1xp、K_1gt、K_1j、K_1c
火山碎屑流相	区内最为发育、分布最广,具分带性,局部假流纹构造发育,分布具一定层位,可细分地面涌流、狭义碎屑流、灰云3个亚相,分别处于一个完整冷却单元的下、中、上部,一般以火山口为中心呈环状分布	熔结凝灰岩	K_1xp、K_1x、K_1g
基底涌流相	分布局限,薄层状,堆积成层性好,水平层理、低角度交错层理发育	不同粒级层状凝灰岩	K_1xp

续表 3-3

岩相类型	岩相特征	主要岩石及岩石组合	主要发育层位
空落相	分布广、厚度大,由火山爆发形成不同粒级的碎屑组成,近火口可出现角砾集块,一般无熔结,平面上呈椭圆形和舌状分布	以不同粒级凝灰岩为主	K_2x、$K_{1-2}t$、K_1x
侵出相	岩浆沿通道挤出地表,为未经搬运或流动的熔岩,形成火山穹丘	碎斑熔岩	K_1x
火山颈相	充填于火山通道内的各类火山岩,平面上呈圆形、椭圆形或不规则状,剖面上呈漏斗状、筒状;通道中产状陡直,切割围岩	中—酸性熔岩集块角砾熔岩	K_2x、$K_{1-2}t$
潜火山岩相	常分布于通道、环状、放射状断裂之中,呈岩墙、岩床、岩枝产出	各类熔岩	K_1x
喷发沉积相	层理发育,成层性好,为火山活动间歇期或间歇性喷发产物,常以凝灰质碎屑岩间夹火山岩为特点	沉积岩与火山碎屑岩组合	K_2x、K_1gt、K_1c、K_1x

1)喷溢相

喷溢相是具有一定黏度的液态岩浆或挥发分饱和的岩浆从火口溢出,在地表有较强的移运能力,形成具有层状外貌的各类熔岩体。

流纹岩:岩石呈浅肉红色、灰紫色,发育流纹构造(呈细条带或宽条带),结构致密,宏观上呈现成层性,与角砾集块熔岩构成一个典型的岩流单元。岩石具斑状结构,基质为霏细结构、隐球粒结构、微包含结构。含少量斑晶,晶粒细小,主要成分为钾长石,基质由长英质矿物组成。局部层位发育典型的球泡构造(图 3-4)。

流纹质角砾集块熔岩:在雁荡景区(包括北雁荡、中雁荡和大若岩等)和桃渚景区出露规模大,岩石类型最为典型。角砾集块熔岩往往与流纹岩构成一个岩流单元出现,一般分布在岩流单元上部,代表了近地表熔岩流动过程中,剪破顶部已固结熔岩壳,将其裹入其中后,形成的岩石类型,俗称自碎角砾集块熔岩(图 3-5)。角砾和集块与胶结物成分一致,均属流纹岩。角砾集块熔岩单层厚度大小不等,一般在 5～15m 之间,厚者可达 20m 左右,角砾大小一般在 5～25cm 之间,大者可达 30～50cm,呈现棱角状,一般不具定向性和分选性。

图 3-4 球泡流纹岩(雁荡山大龙湫)

图 3-5 流纹质角砾集块熔岩(临海桃渚武坑景区)

粗面质角砾集块熔岩：见于临海桃渚景区杜桥灵岩寺一带，出露厚度为2m，具有成层性特点。角砾集块含量达85%～90%，角砾大小一般为3～25cm，个别达30～45cm，呈现棱角状，大小混杂，无分选性，角砾集块成分与胶结物一致，均属粗面（斑）岩。它与下伏粗面（斑）岩构成一个典型的岩流单元，代表了熔岩流动过程中上部固结岩壳自碎包裹的形成，具有自碎角砾集块熔岩特点(图3-6)。

粗面安山岩：主要分布在神仙居景区，出露面积较小，横向及纵向上厚度变化较大或不稳定，属于破火山复活早期的产物。岩石呈现灰紫色，结构致密，斑状结构，发育有近直立原生柱状节理（图3-7）。主要由碱性长石和斜长石矿物组成，两者含量近于相等，含少量黑云母和角闪石。

图3-6　粗面质自碎角砾集块熔岩
（临海桃渚灵岩寺）

图3-7　茶湾组粗面安山岩柱状节理
（仙居神仙居淡竹）

2）火山碎屑流相

火山碎屑流相是由强烈火山爆发形成的火山碎屑在地表堆积而成，在研究区分布极为普遍。4个地区中临海桃渚和缙云仙都景区以喷溢相占主导，火山碎屑流相不发育；雁荡山景区和神仙居景区则以火山碎屑流相占主导，分布广泛，出露厚度大，岩性较为单一。

（1）流纹质晶屑玻屑熔结凝灰岩：火山碎屑流相的主体岩性，岩石中晶屑比较醒目，主要为钾钠长石和少量石英，含量为20%～30%，粒径在2～4mm之间。塑性玻屑呈细条纹状，弯曲定向排列，遇晶屑时中部被压缩变窄、变薄，浆屑呈条带状，见有撕裂状分叉，假流纹构造发育（图3-8），岩石结构致密，具有典型的塑变凝灰结构。

 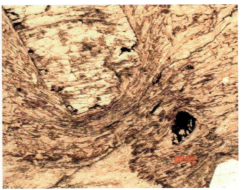

图3-8　流纹质晶屑玻屑熔结凝灰岩，右图为镜下假流纹构造（仙居神仙居南观台）

(2) 流纹质玻屑凝灰岩：分布在火山碎屑流单元顶部，由微细粒碎屑组成，主要成分为玻屑和火山灰，占70%~80%，不含浆屑和塑变玻屑，不具假流纹构造，玻屑均呈弧面棱角状、鸡骨状等刚性形态(图3-9)。岩石结构略松散，具有典型的凝灰结构。

图 3-9　流纹质玻屑凝灰岩，右图为镜下鸡骨状玻屑(仙居神仙居北观台)

3）基底涌流相

基底涌流相是由蒸气岩浆爆发而形成，研究区内仅在雁荡山智仁、芙蓉一带有少量分布。主要岩石类型为薄层状含晶屑凝灰岩、玻屑凝灰岩互层，具有成层性及韵律特点。主要由涌流凝灰岩与少量空落凝灰岩构成，两者交替产出，其间发育有交错层、波状层、近水平层或沙丘状构造，属典型的蒸气岩浆爆发堆积(图3-10)。

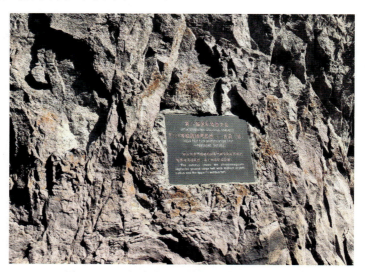

图 3-10　基底涌流相玻屑凝灰岩(雁荡山方洞)

4）空落相

空落相主要出露于神仙居景区、仙都景区和桃渚景区，雁荡山景区出露甚少。它代表了火山强烈爆发空落堆积环境，碎屑物空间上总体具有一定的分选性，即近火山口碎屑物粒度较大，反之则较小。岩性一般不具有熔结特点，较普遍含角砾或集块碎屑，为火山灰胶结。

(1) 流纹质(含)角砾凝灰岩：在神仙居、仙都和桃渚均有一定规模分布，凝灰岩中以含角砾为特征，另含少量晶屑和岩屑。角砾成分复杂，有早期固结的火山碎屑岩，中性和酸性熔岩或侵入岩。角砾含量10%～30%不等,大小一般在0.5～4cm之间,呈现棱角状产出,大小混杂堆积,无明显分选性,为火山灰胶结。在镜下,玻屑呈现弧面棱角状或鸡骨状产出,不具塑变玻屑特点,为典型(含)角砾玻屑凝灰结构的凝灰岩(图3-11)。

图3-11　空落相流纹质(含)角砾凝灰岩(临海桃渚小雄晚期)

(2)火山角砾集块岩:由角砾级和集块级火山碎屑物组成(图3-12),两者占85%～90%,为火山灰胶结。角砾含量次于集块,两者成分均为早期火山碎屑岩、中酸性和酸性熔岩及侵入岩。角砾大小一般在2～5cm之间,含量为20%～30%,棱角状产出;集块一般在7～40cm之间,个别大于50cm,含量为40%～60%,棱角状或不规则状产出。镜下玻屑为弧面棱角状或鸡骨状产出,不具有塑变玻屑和浆屑物质。

图3-12　火山角砾集块岩(缙云仙都九龙壁)

5)侵出相

岩浆喷发晚期,黏度较大的酸性岩浆沿地下通道上侵挤出地表,形成碎斑熔岩(谢家莹等,1993;谢莹,1995)。研究区内侵出相碎斑熔岩主要分布在神仙居淡竹乡、雁荡山福溪水库和临海桃渚大墈头等地。

流纹质碎斑熔岩呈现大规模原生柱状节理(图 3-13),具斑状结构,基质呈显微晶质结构。斑晶以碱性长石(25%)为主,石英、角闪石和黑云母少量。碱性长石呈自形—半自形板状,粒径一般介于 0.20mm×0.33mm～1.25mm×1.65mm 之间,发育卡斯巴双晶、格子双晶,发生泥化,镜下混浊;石英被熔蚀圆化,部分呈港湾状,中间见熔孔,粒径一般介于 0.20mm×0.23mm～1.60mm×1.70mm 之间;角闪石呈半自形柱状,粒径一般介于 0.18mm×0.34mm～0.30mm×0.65mm 之间,横切面可见两组闪石式解理,发生强烈暗化、绿泥石化,仅残留中心部分呈黄褐色,多色性可见;黑云母呈片状,片径(长径)一般小于 0.25mm,薄片中呈绿褐色,多色性显著。基质主要由显微晶质长英质组成,部分斑晶周围的基质重结晶粒度较大(再生珠边结构),形成不规则的条带状石英、钾长石集合体,其边缘结晶较小,呈栉状,中心为他形粒状石英和钾长石;部分基质结晶呈球粒状、球粒串珠状。

图 3-13　碎斑熔岩及其发育的规模巨大的柱状节理(临海桃渚大塸头)

6)火山颈相

火山颈相处于火山口之下的通道部位,是岩浆停止喷溢后,残留在火山通道内的岩浆冷却产物。在雁荡山、临海桃渚和缙云仙都均有分布和出露,其规模一般较小(图 3-14)。

流纹斑岩呈浅肉红色,少斑结构,含少量球泡或石泡。斑晶细小,主要为钾长石,石英少量,含量小于 5%,基质为显微包含结构和隐球粒结构,发育流纹构造,呈现近直立宽条带产出,宏观的流纹构造非常醒目,与早期喷溢相流纹岩呈明显的切割关系。

7)潜火山岩相

潜火山岩相是火山作用过程中,岩浆滞留在地壳浅层部位冷凝固结而成,与火山岩同源但为侵入体产状。分布在火山构造洼地边缘地带,出露面积较小。

流纹斑岩:呈灰紫色或浅灰紫色,少斑或斑状结构,斑晶含量为 5%～15%,粒径为 0.3～2mm,成分以碱性长石

图 3-14　火山通道(雁荡山大龙湫)

为主,斜长石次之,另含有少量石英或黑云母。基质为霏细结构或包含隐晶结构、霏细微粒结构。流纹构造发育,局部具硅化或次生石英岩化蚀变。淡竹乡撩车南侧有一流纹斑岩火山岩体形成的弧形岩墙,宽约350m,长约2.5km,走向与环状断裂基本一致。

玄武安山岩:岩石呈青灰色—深灰色,基质具交织结构、间隐结构,局部见杏仁状、气孔状构造。矿物成分以斜长石为主,少量辉石。斑晶含量为3%～7%,呈针状,斜长石具微晶状,分布具有一定的方向性。局部地段岩石边部具自碎现象,普遍遭受绿泥石化(图3-15)。

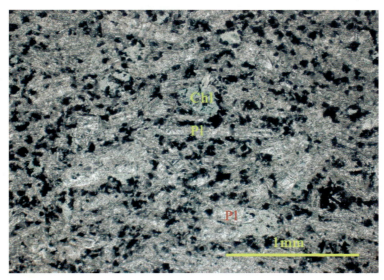

图 3-15 玄武安山岩镜下照片(仙居神仙居淡竹)
Chl. 绿泥石;Pl. 斜长石

8)喷发沉积相

喷发沉积相是火山活动间歇性喷发时,火山喷发物空落到水体中,或是火山喷发物经风化剥蚀搬运到水体当中沉积形成的火山沉积岩。在雁荡山、仙居神仙居、临海桃渚均有分布,但规模较小,空间上常围绕火山构造洼地展布。岩石中层理构造、沉积韵律发育,见有水平层理、交错层理。

沉凝灰岩:岩石呈灰绿色,由火山碎屑物混合陆源碎屑组成,碎屑物细小,结构较为致密。岩石往往与凝灰质粉砂岩、凝灰质砂岩等互层(图3-16)。

凝灰质砂岩:岩石碎屑物粒度变化,呈现层理构造,一般发育平行层理和微细水平层理,岩石具砂状结构,接触式或基底式胶结,砂屑由石英、长石和岩屑组成,岩屑多为各种火山碎屑物,胶结物为泥质或凝灰质。

三、火山构造

1. 雁荡山火山构造

1)北雁荡-中雁荡大型V型火山构造洼地

北东向北雁荡-中雁荡大型V型火山构造洼地,基底岩系为磨石山群火山-沉积岩系,在此基础上,火山构造洼地经历了3个阶段。

早期:历经了大规模断陷作用,局部洼地内沉积了湖泊相砂泥质岩,受断陷下切影响,伴随

图 3-16 凝灰质砂岩（仙居神仙居林山）

有玄武岩喷溢堆积，其中以昆阳盆地沉积作用为代表，地层系统归属于永康群馆头组。中期：火山构造洼地受断裂进一步下切影响，呈现多中心式带状展布的大规模酸性岩浆喷溢作用，期间伴随有火山喷发堆积，火山熔岩分布较为广泛、厚度较大，由多个典型的岩流单元组成，表明经历了较长时间的多期次喷溢作用。岩流单元以流纹岩类为主体，它们构成了现在中雁荡山、大箬岩和北雁荡著名的火山岩风景地貌。地层系统归属于永康群小平田组一段。晚期：随着岩浆房压力增大，火山构造洼地由岩浆喷溢方式转为大规模爆发方式，堆积了一套分布广泛、厚度巨大的火山碎屑流相火山碎屑岩类，岩性组合较为单一，具有可对比性，地层系统归属于永康群小平田组二段。之后沿着火山构造洼地展布方向，有较大规模石英正长岩体侵入。

2）大荆火山穹隆

大荆火山穹隆位于乐清市大荆镇，面积为 120km²，西部被北雁荡—中雁荡大型 V 型火山构造洼地切割而呈北东向椭圆状展布，为正地形，岩层呈围斜外倾，倾角 15°～30°，水系呈弧状、放射状，部分断裂、岩脉呈弧状、放射状展布，北部被镇安破火山叠置。由高坞组火山碎屑流相英安流纹质晶屑熔结凝灰岩、含角砾晶屑玻屑熔结凝灰岩组成。

2. 仙居神仙居火山构造

1）西罨寺复活破火山

复活破火山构造以神仙居风景区为中心，总体呈北西-南东向展布，为长轴 15km、短轴 4km 的长椭圆形态。西山头末期火山塌陷，尔后火山洼地内沉积了一套河湖相沉积岩系，空间上呈内倾环绕着小平田期火山碎屑岩类分布。小平田期火山碎屑岩的产出标志着破火山构造的复活。神仙居复活型破火山构造剖面见图 3-17。

2）仙居 S 型火山构造洼地

仙居 S 型火山构造洼地位于神仙居北部，北东东向长条形展布，为负地形，地貌上表现为低平的山丘，卫片上反映为浅色色调。岩层产状总体上往北北西—北倾斜。主要岩性岩相为湖相、冲积扇相沉积岩，夹多层空落相流纹质含角砾玻屑凝灰岩和喷溢相安山岩。

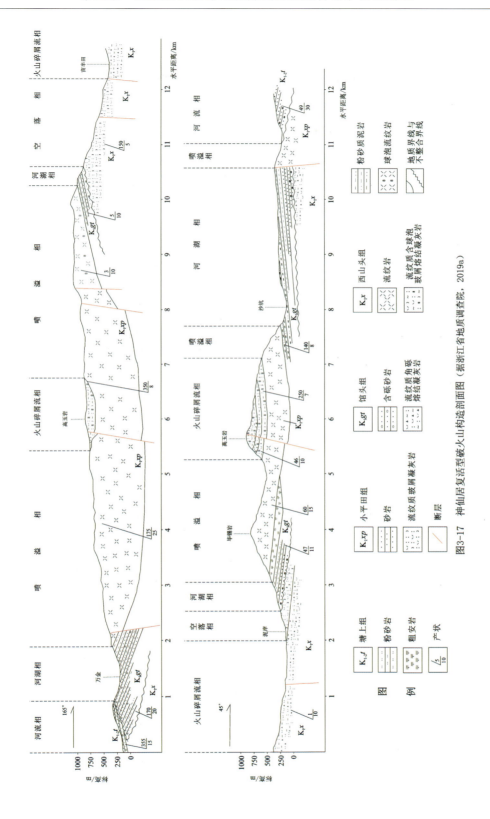

图3-17 神仙居复活型破火山构造剖面图（据浙江省地质调查院，2019a）

3）上张-上林 V 型火山构造洼地

上张-上林 V 型火山构造洼地略呈半圆形展布，地貌上主要表现为一些低平的山丘，卫片上反映为一些浅色色调的单体环形影像。洼地总体走向东北，重力场反映为局部重力高异常区。地层呈南东老、北西新展布，产状总体上围绕洼地斜内倾。洼地南西边部多为湖盆相沉积岩；中部为一套火山碎屑流相酸性熔结凝灰岩、空落相角砾凝灰岩。

4）上井火山穹隆

上井火山穹隆位于仙居上井乡天高尖—上井—大青岗一带，为正地形，多数海拔在 700m 以上，整个穹隆地势陡峻雄伟，西山头组二段地貌以大型柱状节理为特色，常形成陡崖峭壁等风景地貌。水系呈放射状、近环状展布。上井穹隆在卫片上反映为一小型单体环形影像，色调反差显著。

该穹隆主要岩相有火山碎屑流相、潜火山相和中深成相侵入岩。火山碎屑流相是火山岩地层的主体，主要为西山头组二段流纹质玻屑熔结凝灰岩，岩石质地细腻，普遍发育完整的柱状节理。潜火山岩相在边缘多有分布，以岩枝、岩株等形式产出，是上井穹隆的主要特点之一。潜火山岩岩性有流纹斑岩、流纹岩和玄武安山岩。侵入岩岩性为正长斑岩，岩体与围岩周围多有矿化。

3. 临海桃渚火山构造

1）白岩影火山岩穹

白岩影穹状火山，早期为大型火山通道，大量的流纹质岩浆经通道向外喷溢，形成了石柱下—武坑地区熔岩台地，奠定了后期流纹质火山岩地貌的物质基础。晚期黏稠岩浆上侵形成岩穹，通道为岩浆填塞，后期遭风化侵蚀，保留通道部分，呈现出岩钟或岩塔形。

2）大墩头火山构造

大墩头火山构造，形成于晚白垩世早期小雄期，代表了小雄盆地内火山活动末期产物，现今保留的火山构造形态完整。火山构造平面上呈椭圆状北北东向展布，其长轴 2.18km、短轴 1.23km，面积约 2km²。火山构造内部发育酸性碎斑熔岩，与周边小雄早期和中期火山岩地层呈现环绕分布，两者岩性组合差异巨大。火山口未经历塌陷或复活过程，直到最终岩浆冷却在火山口内，形成了大规模的原生柱状节理构造。临海桃渚火山构造及岩相剖面见图 3-18。

4. 缙云仙都火山构造

1）壶镇 V 型火山构造洼地

洼地火山活动起始于早白垩世晚期，终止于晚白垩世。平面上呈北东向带状延展，长约 33km，宽约 8km。由永康群馆头组、天台群塘上组和两头塘组组成，火山产物主要发育于塘上组，地层产状向洼地中心倾斜。北北东向和北西向断裂对洼地形态起控制作用。沿北西向断裂见有流纹斑岩、英安玢岩等次火山岩体发育，岩体规模较小，呈小岩株产出。空间上其与横溪 S 型火山构造洼地、上张 V 型火山构造洼地呈串珠式组合。洼地内发育有众多次级火山构造，即马鞍山火山穹隆、马鞍山火山通道、步虚山火山通道、磊山火山通道等。其中步虚山火山通道中的凌虚洞，特征最明显、最为典型，为仙都重要的旅游景点。缙云火山构造洼地岩性岩相剖面见图 3-19。

第三章 流纹质火山岩地貌形成的地质背景和物质基础

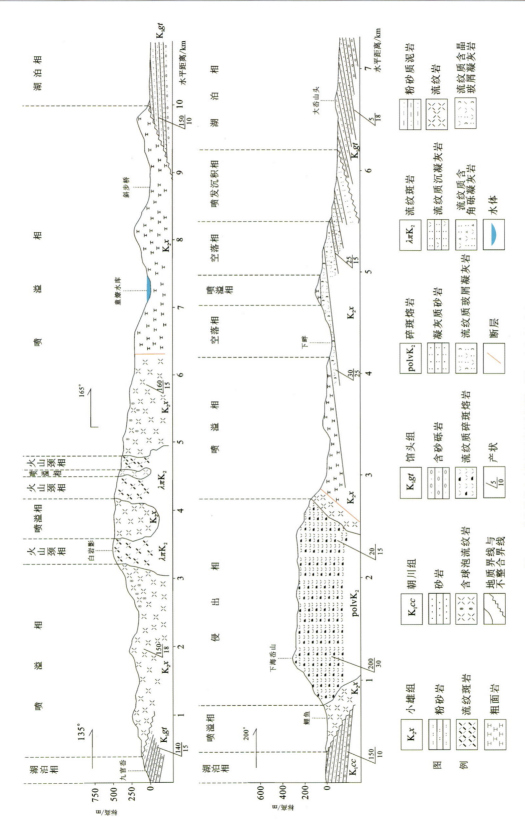

图3-18 临海桃渚火山构造及岩相剖面图（据浙江省地质调查院，2019a）

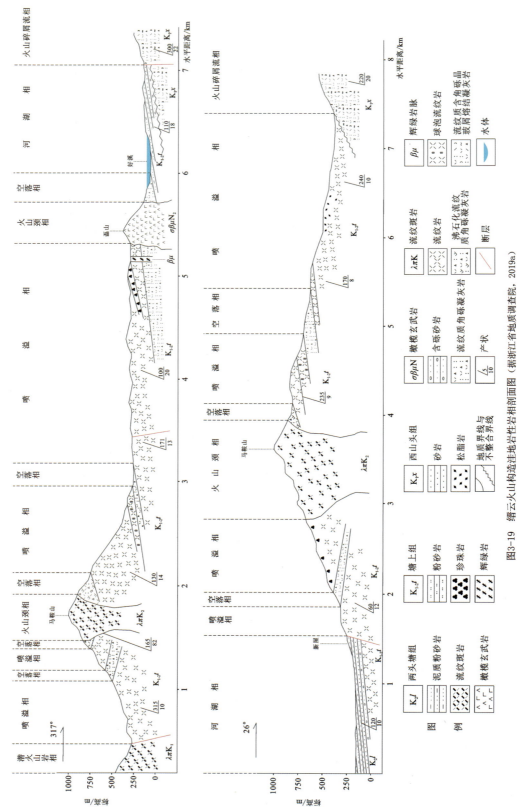

图3-19 缙云火山构造洼地岩性岩相剖面图（据浙江省地质调查院，2019a）

2)步虚山火山通道

火山通道位于步虚山山顶步虚亭正下方悬崖壁上,垂直高约40m,通道壁直立,通道内发育有大大小小的流纹岩球泡(图3-20)。火山通道时代属于晚白垩世早期塘上期。火山颈平面上呈近椭圆状,直径达百余米,其中颈内约7m宽范围内均为大量的流纹岩球泡充填,小者只有几厘米,大者直径可达1.2m,由中心向边缘流纹岩球泡由大逐渐变小,巨大的流纹岩球泡多集中在凌虚洞周边。火山通道周边发育有近直立的流纹条带,表明熔岩具有垂直向上运动特点。在颈部上方发育有大量的角砾状熔岩,具熔岩流溢包裹同成分岩块的特点。

图3-20 仙都步虚山火山通道

参考文献

段政,邢光福,余明刚,等,2013.浙闽边界区晚中生代火山作用时序与过程分析[J].地质论评,59(3):454-469.

高林志,丁孝忠,刘燕学,等,2014.江山-绍兴断裂带陈蔡岩群片麻岩SHRIMP锆石U-Pb年龄及其地质意义[J].地质通报,33(5):641-648.

胡艳华,顾明光,徐岩,等,2011.浙江诸暨地区陈蔡群加里东期变质年龄的确认及其地质意义[J].地质通报,30(11):1661-1670.

李三忠,臧艺博,王鹏程,等,2017.华南中生代构造转换和古太平洋俯冲启动[J].地学前缘,24(4):213-225.

刘远栋,刘凤龙,张建芳,等,2021.浙江龙泉地区变质基性岩年代学、地球化学特征及构造意义[J].地质学报,95(2):413-426.

卢成忠,顾明光,2007.杭州南部新元古代双峰式火山岩的厘定及其构造意义[J].中国地质,34(4):565-571.

卢成忠,杨树锋,顾明光,等,2009.浙江次坞地区晋宁晚期双峰式岩浆杂岩带的地球化学特征:Rodinia 超大陆裂解的岩石学记录[J].岩石学报,25(1):67-76.

陆松年,郝国杰,相振群,2016.前寒武纪重大地质事件[J].地学前缘,23(6):140-155.

马之力,李建华,张岳桥,等,2016.浙江南部丽水盆地地层时代及构造演化[J].中国地质,43(1):56-71.

潘桂棠,陆松年,肖庆辉,等,2016.中国大地构造阶段划分和演化[J].地学前缘,23(6):1-23.

潘桂棠,肖庆辉,尹福光,2015.中国大地构造图说明书(1∶2 500 000)[M].北京:地质出版社.

唐增才,董学发,孟祥随,等,2018.浙江神仙居流纹质火山岩年代学、地球化学及其地质意义[J].地层学杂志,42(2):167-178.

汪新,杨树锋,施建宁,等,1988.浙江龙泉碰撞混杂岩的发现及其对华南碰撞造山带研究的意义[J].南京大学学报(自然科学版),24(3):367-378.

王加恩,刘远栋,汪建国,等,2016.浙江丽水地区磨石山群火山岩时代归属[J].华东地质,37(3):157-165.

谢家莹,1995.凝灰熔岩-碎斑熔岩-熔结凝灰岩对比鉴别[J].火山地质与矿产,16(4):93-94.

谢家莹,陶奎元,谢芳贵,等,1993.碎斑熔岩相特征与相模式[J].火山地质与矿产,14(3):1-6.

徐先兵,张岳桥,贾东,等,2009.华南早中生代大地构造过程[J].中国地质,36(3):573-593.

薛怀民,马芳,宋永勤,等,2010.江南造山带东段新元古代花岗岩组合的年代学和地球化学:对扬子与华夏陆块拼合时间与过程的约束[J].岩石学报,26(11):3215-3244.

杨树锋,顾明光,卢成忠,2009.浙江章村地区中元古代岛弧火山岩的地球化学及构造意义[J].吉林大学学报(地球科学版),39(4):689-698.

尹福光,万方,陈明,2003.泛华夏大陆群东南缘多岛弧盆系统[J].成都理工大学学报(自然科学版),30(2):126-131.

于津海,魏震洋,王丽娟,等,2006.华夏陆块:一个由古老物质组成的年轻陆块[J].高校地质学报,12(4):440-447.

于英琪,辛宇佳,李建华,等,2020.浙西南八都群古元古代和三叠纪变质和岩浆事件的年代学证据[J].地球学报,41(1):1-51.

余明刚,邢光福,沈加林,等,2006.雁荡山世界地质公园火山岩年代学研究[J].地质学报,80(11):1683-1690.

张国伟,郭安林,王岳军,等,2013.中国华南大陆构造与问题[J].中国科学:地球科学,43(10):1553-1582.

张克信,潘桂棠,何卫红,等,2015.中国构造-地层大区划分新方案[J].地球科学(中国地质大学学报),40(2):206-233.

张岳桥,董树文,李建华,等,2012.华南中生代大地构造研究新进展[J].地球学报,33(3):257-279.

张岳桥,徐先兵,贾东,等,2009. 华南早中生代从印支期碰撞构造体系向燕山期俯冲构造体系转换的形变记录[J]. 地学前缘,16(1):234-247.

赵希林,姜杨,邢光福,等,2018. 陈蔡早古生代俯冲增生杂岩对华夏与扬子陆块拼合过程的指示意义[J]. 吉林大学学报(地球科学版),48(4):1135-1153.

浙江省地质调查院,2019a. 浙江省典型地区白垩纪火山地质综合调查评价成果报告[R]. 杭州:浙江省地质调查院.

浙江省地质调查院,2019b. 中国区域地质志浙江志[M]. 北京:地质出版社.

GUO L,SHI Y,LU H,et al.,1989. The pre-Devonian tectonic patterns and evolution of South China[J]. Journal of Southeast Asian Earth Sciences,3(1):87-93.

LI J,MA Z,ZHANG Y,et al.,2014. Tectonic evolution of Cretaceous extensional basins in Zhejiang Province,eastern South China:structural and geochronological constraints[J]. International Geology Review,56(13):1602-1629.

LI W,LI X,LI Z,2005. Neoproterozoic bimodal magmatism in the Cathaysia Block of South China and its tectonic significance[J]. Precambrian Research,136(1):51-66.

LI X,LI W,LI Z,et al.,2009. Amalgamation between the Yangtze and Cathaysia Blocks in South China:Constraints from SHRIMP U-Pb zircon ages,geochemistry and Nd-Hf isotopes of the Shuangxiwu volcanic rocks[J]. Precambrian Research,174(1-2):117-128.

LI X,LI Z,GE W,et al.,2003. Neoproterozoic granitoids in South China:Crustal melting above a mantle plume at ca. 825 Ma?[J]. Precambrian Research,122(1):45-83.

LIU L,XU X,ZOU H,2012. Episodic eruptions of the Late Mesozoic volcanic sequences in southeastern Zhejiang,SE China:Petrogenesis and implications for the geodynamics of paleo-Pacific subduction[J]. Lithos,154:166-180.

SHU L,FAURE M,YU J,et al.,2011. Geochronological and geochemical features of the Cathaysia block (South China):New evidence for the Neoproterozoic breakup of Rodinia[J]. Precambrian Research,187(3-4):263-276.

YAN L,HE Z,JAHN B,et al.,2016. Formation of the Yandangshan volcanic-plutonic complex (SE China) by melt extraction and crystal accumulation[J]. Lithos,266-267:287-308.

YAO J,SHU L,SANTOSH M,et al.,2012. Precambrian crustal evolution of the South China Block and its relation to supercontinent history:constraints from U-Pb ages,Lu-Hf isotopes and REE geochemistry of zircons from sandstones and granodiorite[J]. Precambrian Research,208-211:19-48.

YE M,LI X,LI W,et al.,2007. SHRIMP zircon U-Pb geochronological and whole-rock geochemical evidence for an early Neoproterozoic Sibaoan magmatic arc along the southeastern margin of the Yangtze Block[J]. Gondwana Research,12(1):144-156.

YU J,O'REILLY S Y,ZHOU M,et al.,2012. U-Pb geochronology and Hf-Nd isotopic geochemistry of the Badu Complex,Southeastern China:implications for the Precambrian crustal evolution and paleogeography of the Cathaysia Block[J]. Precambrian Research,222-223:424-449.

第四章　流纹质火山岩地貌分类体系研究

第一节　地貌分类研究现状

一、基本地貌分类研究现状

地貌分类体系是地貌编图的关键问题，对生产建设、科研具有重要的指导意义。地貌分类是建立在地貌形态成因相关分析的基础上，对众多地貌形态和成因，按其客观逻辑关系进行的类别划分（裴善文和李风华，1982）。地貌分类研究已有较长历史。早期的国外研究中，戴维斯首先依据构造、营力和时间等成因对地貌进行分类；彭克、波多别多夫等提出按形态分类方案；罗培克、马尔科夫、斯皮利顿诺夫等则将地表形态与成因相结合划分地貌类型（周成虎等，2009b）。

国内地貌分类体系研究始于20世纪50—60年代，起初主要在苏联地貌分类体系的基础上进行分类讨论，代表性人物如周廷儒等（1956）、沈玉昌（1958）等，提出以地貌形态、地貌成因、形态成因原则进行地貌分类。1965年出版的《中华人民共和国自然地图集》的"中国地貌图"按照内外营力将中国划分为堆积平原、剥蚀平原和高原、剥蚀台原和山地三大类，再按外营力划分出二级类型，共45类（国家地图集编辑委员会，1965）。

在20世纪70—80年代经过广泛讨论和研究，编制出版的《中国1∶100万地貌图制图规范》，规范按照海拔划分出7个陆地基本形态类型（纵向），横向上以内外营力为主依次分为流水地貌、湖成地貌、干燥地貌、风成地貌、黄土地貌、喀斯特地貌、冰川地貌、冰缘地貌、海岸地貌、火山熔岩地貌十大类（中国科学院地理研究所，1987）。

20世纪90年代之后进入信息时代，遥感、数字高程模型和计算机技术在地貌分类体系方法研究及地貌图编制中得到广泛应用，但国内外仍主要以形态和成因相结合对地貌进行分类，在此期间重点在分类体系指标中引入了定量化指标。

自2004年开始，中国科学院地理科学与资源研究所等单位在中国1∶100万地貌图制图规范的基础上，制定了中国1∶100万陆地数字地貌分类系统（周成虎等，2009a，2009b；Cheng et al.，2011a，2011b）。此系统提出了地貌分类遵循的5个原则，即形态和成因相结合原则、主导因素原则、分类体系的逻辑性原则、分类指标定量化原则以及分类体系的完备性原则，并论述了分类研究中的5对基本关系（即形态与成因、内营力与外营力、现代过程与古代过程、侵蚀与堆积、正地貌与负地貌），在此基础上提出了形态、营力作用、物质组成分异和地貌形成年代等地貌分类指标。采用了形态和成因相结合的分层分级组合分类方法（包括3等6级7层），强调外营力在塑造现代地貌形态中的作用，并尽可能反映内营力特征，以此构成地貌类型

2000多类(程维明和周成虎,2014)。

二、特殊岩石地貌分类研究现状

针对某种特殊岩石地貌景观的研究,国内主要有岩溶地貌、丹霞地貌、花岗岩地貌、砂岩峰林以及嶂石岩地貌等。其中岩溶地貌、丹霞地貌和花岗岩地貌景观在国内分布最为广泛,且具有丰富旅游景观价值,一些分布区已被列为世界自然遗产、世界地质公园或国家地质公园,在地貌分类研究上也相对较为深入。本研究所涉及的流纹质火山岩地貌,也是一类受特殊岩石类型即流纹质火山岩控制的地貌类型,由于分布范围不及上述几类岩石地貌广泛,相对来说研究程度较低,还未提出较为系统的分类体系。

1. 砂砾岩地貌

砂砾岩地貌景观类型主要有丹霞地貌、砂岩峰林地貌、嶂石岩地貌、雅丹地貌、风成地貌和彩色丘陵地貌等地貌类型,其中以丹霞地貌、砂岩峰林地貌、嶂石岩地貌研究程度较高。

1)丹霞地貌

丹霞地貌分类及相关研究方面,黄进等(1992)从地层倾角大小、红层之上有无盖层、丹霞地貌所在气候区、发育阶段、形态特征和有无喀斯特化现象6个方面分别对丹霞地貌进行不同系列的分类。彭华(2002)在黄进等的基础上对丹霞地貌分类系统进行了整合与优化,将形成丹霞地貌的物质基础、地质构造、主导动力、地貌形态和发育阶段作为一级分类依据,再根据次级依据划分次级类型,形成了44个基本类型,并就其分类依据提出了相应的定量指标。吴志才和彭华(2005)主要借助彭华丹霞地貌系统分类法并结合广东省丹霞地貌实际对广东省的丹霞地貌进行深入的对比分类研究;姜勇彪等(2009)按形态及成因将龙虎山丹霞地貌景观类型划分为丹霞山峰类景观、丹霞嶂(巷)谷类景观、丹霞洞穴类景观、丹霞造型石类景观,再依据形态细分为20个类型,并从岩性、构造(层面、区域构造以及节理、断层)以及外动力(水流、气候环境、风化剥蚀、崩塌等)方面分析了影响地貌发育的因素。欧阳杰等(2009)将方岩丹霞地貌突出的类型划分为凹槽和岩穴、新鲜崩积石、围谷和峰丛以及石鼓和石柱等,并从外力作用角度对这些地貌发育的控制因素进行了论述。

2)砂岩峰林地貌

砂岩峰林地貌以张家界世界地质公园为典型代表,岩性为褐红色石英砂岩,该地貌以研究其成因演化为主,而在地貌分类方面少有系统的研究成果,一般仅从地貌形态特征和成因方面进行简单分类,如陈长明和谢丙庚(1994)认为砂岩峰林地貌主要为柱峰砂岩地貌,以形态定性分类为石柱、石峰、石堡、石墙、石崖、石寨、沟、谷、盆九大类;吕金波等(2015)在分析控制砂岩地貌因素的基础上,按砂岩峰林地貌形态,将其分为夷平面、方山、石墙、穿洞、天生桥、峰丛、峰林和孤峰等类型。黄林燕等(2006)将张家界峰林地貌形态类型分为3种类型,即平台、方山,峰墙、峰丛、峰林和孤峰。

3)嶂石岩地貌

嶂石岩地貌发现于20世纪70年代,主要分布在太行山区,以嶂石岩国家地质公园为典型代表。以丹崖长墙延续不断、阶梯状陡崖贯穿全境、Ω形嶂谷相连成套、棱角鲜明的块状结构和沟谷垂直自始至终为基本形态特征(郭康,1992,2007;郭康等,1997;郭康和邸明慧,2008)。岩性主要为浅褐红色石英砂岩,沿深断裂带快速抬升、暴雨冲蚀、重力崩解形成,由山顶至谷底,其造景地貌类型有长崖、断墙、方山、台柱、塔峰、低丘、残丘等正地貌类型和裂隙谷、嶂谷、

Ω形谷、V形谷等负地貌类型（吴忱等，2002；陈安泽，2016）。郭康等（1997）提出了嶂石岩地貌的两种坡面发育模式即楔状侧切坡面发育模式和水平掏蚀坡面发育模式。吴忱等（2002）分析探讨了嶂石岩地貌的形成与演化机制。陈利江等（2011）探讨了嶂石岩地貌的演化特点与地貌年龄，并将其划分为幼年期、青年期、壮年期和老年期4个阶段。

2. 花岗岩地貌

在花岗岩地貌分类研究中，崔之久等（2007）结合中国实际和国际研究现状，以花岗岩化学风化、物理风化形成的风化壳剥蚀和下切等作用为依据，将中国花岗岩地貌分为4个类、8种类型，包括化学风化壳类（侵蚀的丘陵沟谷型）、化学风化壳剥露类（露突岩型、中小露突岩型、中小凹地型）、化学风化+抬升下切类（残留"石蛋"-独立巨峰型、抬升下切巨峰型）和物理风化剥蚀类（寒冻剥蚀型、风化-风蚀型）；浦庆余和郭克毅（2007）从地质遗迹保护、旅游资源开发方面，按照形态特征，结合形成因素的原则将三清山花岗岩地貌景观分为群峰（堡峰、塔峰、屏峰、柱峰、簇峰）、石丛（石墙、石柱）、造型石（石蛋类、石柱类、综合类、石锥类）和其他类型地貌景观（瀑布、水潭、峡谷、岩壁等）。陈安泽（2007，2016）就花岗岩旅游地貌景观分类提出了为旅游服务，有独特的个性并有建成景区的实例和要求满足花岗岩地貌分类要求三大原则，从花岗岩地貌形态特征等方面将中国花岗岩地貌景观划分为（高山）尖峰、（高山）断壁悬崖、（低山）圆丘（巨丘）、石蛋、石柱群、（低山）塔峰、崩塌叠石（石棚）、海蚀崖（柱、穴）、风蚀蜂窝、犬齿状岭脊以及圆顶峰长岭脊11种花岗岩地貌类型；董传万等（2007）以形态和成因的特征，将浙江省花岗岩地貌分为花岗岩峰丛、山丘、石蛋和崩塌堆积等地貌类型；卢云亭（2007）以花岗岩出露处海拔高度及组成颗粒的均一程度和节理发育程度将中国花岗岩风景地貌分为7个类型。

3. 岩溶地貌

岩溶地貌，又称喀斯特地貌，其分类在各岩石地貌景观中研究程度最高。我国岩溶地貌景观不但类型多，而且世界级、国家级景观也多。岩溶地貌目前已出版过《岩溶学词典》（袁道先，1988）一书，并形成岩溶地质术语国家标准——《岩溶地质术语》（GB 12329—90），词典和标准中从岩溶的定义、基本概念，到岩溶类型、岩溶形态、形态组合、岩溶堆积物，以及水文地质、物理现象等方面进行了分类，在岩溶地貌景观分类方面其主要以成因、形态特征以及组合关系为依据划分岩溶宏观和微观地貌景观，但由于岩溶的特殊性、多样性，其分类较其他岩石地貌更为复杂。陈安泽（2016）将中国岩溶地质景观分为山石景观、洞穴景观、峡谷景观和水体景观四大类，其中，山石景观又分为孤峰（独秀峰型）、峰林（兴义型）、峰丛（阳朔型）、石林（石林型）、天生桥（武隆型）、天坑（兴文型）和钙华堆积（黄龙-九寨沟型）7个亚类。

4. 流纹质火山岩地貌

通过文献检索可知，对流纹质火山岩地貌分类体系研究的论文较少，仅有陶奎元等（2008）、胡小猛等（2008）对雁荡山一带的流纹岩地貌景观进行过分类，而其他流纹质火山岩地貌分布区，一般是以研究岩石岩相以及火山作用等为主，基本没有涉及地貌分类问题。陶奎元等（2008）将雁荡山地貌景观从形态、成因和美学意义上分为叠嶂、方山、石门、峰、谷、岩洞、天生桥、飞瀑8个类型，峰按其形态进一步分为柱峰、锐峰，谷分为嶂谷、V形谷，岩洞按其成因分为平卧式巨厚流纹岩层内崩塌洞、直立或斜立式裂隙洞、小型的流纹岩或凝灰岩内岩石碎块局部剥落洞、倒石堆积洞等4种，同时分析了雁荡山岩石地貌控制的构造基础、岩石基础和形成的外动力地质作用，并就雁荡山地貌特殊性与其他典型岩石地貌进行了对比分析。胡小猛等

(2008)以成因-形态分类原则,将雁荡山流纹岩地貌景观分为2个大类,6个亚类和16个类型单元,并提出了流纹岩地貌的发育演化规律。

三、地貌分类研究现状评述

1. 基本地貌分类体系研究现状评述

从目前基本地貌分类体系研究现状看,国内从事地貌研究的学者对地貌分类的原则认识基本一致,即采用形态和成因相结合原则,并出版了《中国1:100万地貌图制图规范》(中国科学院地理研究所,1987)、《中华人民共和国地貌图集(1:1 000 000)》(中华人民共和国地貌图集编辑委员会,2009)、《数字地貌遥感解析与制图》(周成虎等,2009a)等研究成果。我国地貌类型复杂多样,不同地域的地貌特点各不相同,如何应用这个原则进行地貌分类,认识并非完全一致。

虽然地貌分类体系系统考虑了形成和影响地貌发育与演化的各种要素,包括地貌形态、营力成因、物质分异、空间组合特征以及历史演化过程等方面,但是由于基本地貌分类大多服务于中小比例尺地貌编图,其主要考虑的地貌分类指标是地貌形态和成因,很少考虑物质组成和地貌年龄等特殊成因条件。如最新开展的由中科院地理科学与资源研究所主持的全国1:100万地貌图编图课题,虽然构建了国际基本比例尺(即1:100万、1:50万、1:25万、1:5万)数字地貌等级分类方法,但在实际全国1:100万地貌图编制过程中受比例尺限制,分类系统中并未详细列出丹霞、花岗岩、嶂石岩、雅丹、流纹质火山岩等特殊成景岩石地貌类型。

流纹质火山岩等特殊成景岩石地貌类型的分类和编图,需要采用大比例尺的思路解决,即在地貌分类中,需要考虑地貌的物质组成、地貌年龄和作用过程等更加精细化的分类指标,只有这样才能解决地貌详细制图的问题。然而在全国或省域的1:100万甚至1:400万的小比例尺地貌制图研究中,并没有很好解决这一问题,即便提出了分类的体系,也只是适用于小比例尺编图,而对大比例尺地貌制图的适用性仍有待提升。

2. 特殊岩石地貌分类研究现状评述

从特殊岩石地貌分类研究现状看,形态和成因相结合原则没有完全体现出来,特殊岩石地貌分类,就景观地貌来说,除了岩溶地貌类型外,大多都还没有形成统一认识,相关研究程度也还比较薄弱,没有形成系统完整的分类体系和演化模式。现有的特殊岩石地貌如丹霞、花岗岩和流纹质火山岩等地貌分类,重点关注的还是地貌景观形态,即主要考虑"点"上形态,如一个"峰""嶂""瀑"等单体景点,或其组合如"峰林""峰丛""叠嶂"等,较少考虑地貌成因、物质组成和历史演化过程等内容。同时,空间上不成景的更大范围的其他区域,如平原、丘陵、低山、中山和高山等,在这种分类方式里并未体现,因此这种地貌分类缺乏系统性和完整性,也导致这种分类结果无法为地貌制图服务。因此,特殊岩石地貌区的大比例尺地貌详细制图是地貌研究的一个难点,目前鲜有此类地貌制图的成功案例。

3. 流纹岩地貌分类体系的两个"统一"

综上所述,基本地貌分类注重区域上的平原、台地、丘陵、低山、中山和高山及其细化的基本地貌类型,其地貌制图偏重小比例尺地貌图;特殊岩石地貌分类则注重点上的景观形态分类,却忽略了基本地貌类型,直接导致地貌制图的困难。基本地貌和特殊岩石地貌,前者为宏观,后者则是微观,前者主要表现大格局地貌形态,而后者则侧重景观形态的表达。因此,在流纹质火山岩的地貌分类研究中,应做到两个统一:①做到地貌分类和地貌制图的统一,因为地貌分类是地貌制图的基础,而地貌制图是地貌分类的直观表达,不能脱离制图谈分类;②分类体系上,要做到基本地貌分类与特殊岩石地貌景观分类相统一,两者不能割裂,只有将基本地貌分类体系与特殊岩石地貌分类体系有机结合,才能建立一种能为大比例尺特殊岩石地貌详细编图服务的完整地貌分类系统。

在信息时代背景下,流纹岩地貌分类体系及地貌制图技术方法的建立,必须在遥感、GIS和计算机等技术的支持下,借鉴国内外形态和成因相结合的地貌分类原则,应用数值分类方法来制定流纹质火山岩地貌分类方法、分类体系,以及开展大比例尺详细制图的研究。

第二节 流纹质火山岩地貌分类方法

一、分类原则

地貌分类是地貌学研究的重要内容。流纹质火山岩地貌分类的基础是对形成和影响地貌发育与演化的各种要素的研究,包括地貌形态(起伏高度、坡度、海拔高度及其组合)、营力成因、物质分异(基岩、松散沉积物岩性)、空间组合特征(规模)、历史演化过程等方面(周成虎等,2009b)。

作为指导大比例尺特殊岩石地貌编图的一项基本工作,本书研究确定的流纹质火山岩地貌分类原则如下。

1. 形态和成因相结合原则

地表形态是地貌最直观的表现,并呈现多样形式,且可以采用多种指标给予描述,如地形起伏度、坡面坡度、微观地貌组合等。但是,地貌形态不仅仅是指普通几何形态,而是建立在对众多地貌实体形态的成因相关分析基础上,按其客观内在逻辑关系进行系统的形态分类。地貌成因是指塑造地貌的各种内外营力特征、物质分异等。现代地貌实体的成因常是多元的、叠加的,从而使地貌成因表现出多样性和变异性。

为便于区别,周成虎等(2009a)在开展陆地地貌编图时,将陆地地貌按照与水相关、与冰相关、干燥风成、特殊物质、构造、人为其他等作用方式进行组合,共分为六大类。本书在流纹质火山岩地貌分类及大比例尺地貌编图工作中,结合浙江省的实际情况,将成因类型分为流水地貌、海成地貌和流纹质火山岩控制型地貌、人为地貌 4 种类型。

值得说明的是,流水作用是非常泛的概念,任何一种地貌的形成或多或少都与流水作用有关,只是其作用程度存在差异。为了便于更好地分类,本分类中涉及的流水作用是指常流水作用,如河道范围内的地貌营力作用,根据其作用的区域,可分为河道流水作用和坡面流水作用。

流纹质火山岩地貌在多种内外营力作用下形成,地表形态丰富多样。因此,各种地貌景观与其内在成因逻辑关系紧密:地貌形态与成因是因果关系的辩证统一,客观地貌实体的地貌形态是成因的表现形式,也是研究成因的主要依据。所以,形态成因是开展流纹质火山岩地貌分类和制图的基本原则。

2. 主导因素原则

流纹质火山岩地貌在其形成历程中,受到白垩纪以来不同时期的各种内外营力综合作用。

在地貌分类时,应从众多因素中确定形成流纹质火山岩地貌类型的主导因素,并作为地貌分类的关键指标。

3. 地貌分类和地貌制图相结合原则

地貌分类不能脱离地貌制图,否则分类结果将无法为地貌制图服务。地貌分类层级要与相应比例尺地貌图相对应,而大比例尺流纹质火山岩地貌分类是一个比基本地貌分类更加精细的分类体系,应能具体表达出诸如嶂、峰、洞等流纹质火山岩地貌景观,因此分类层级应该更细致,为大比例尺详细地貌制图服务。

4. 分类指标定量化原则

现代遥感和地理信息系统技术的发展,提供了大量的定量化地形、地貌等数据,因此地貌分类所依据的各种地貌指标应尽量定量化。地表形态的大多数指标均采用数值指标定量化,如基本地貌类型的划分可以依据数字高程模型自动计算起伏度、海拔高度、坡度、坡向、沟谷切割深度和密度等形态指标,峰等单体地貌景观可以通过野外调查获取高度、面积、体积等形态指标,在地貌的分类过程中,应按照这些量化指标来分类,增加可信度。

5. 分类体系的逻辑性原则

从逻辑学的角度看,分类本身是将一个整体分解为若干子集,子集间的交集为空,同时子集的和为全集。在具体分类时,应遵循同一级别的类型应是并列关系,同一级类型划分的标准应是一致的和相同的,其内容不能相互包含;主要类型(高级)与其次级类型(低级)之间应该是等级包含关系;在分析地貌形态和成因类型的规模大小与从属关系时,应采用先群体后个体、先综合后单一、先大后小、先主后次等逻辑次序。

二、分类指标与方法

分类指标是数值地貌分类体系的核心。在地貌形态成因分类体系中,一般采用的指标包括刻画地貌外形的形态指标和反映其形成的作用力指标两大类。另外,划分地貌形态时,不能就形态论形态,而应该着眼于反映成因的形态(周成虎等,2009b)。依据盖特勒的地貌图分类方案(苏时雨和李钜章,1999),地貌分类采用的指标主要包括形态、成因、物质组成、形成年代等方面。按照地貌图比例尺的大小以及所能承载的信息量负荷,不同比例尺的地貌图所表达的内容有所侧重。大比例尺地貌图主要用于定性和定量地测量地貌形态,通过物质组成、塑造过程和年代的确定,来说明地貌的成因,确定地貌的空间排列及排列系统的相互关系(程维明和周成虎,2014)。

本书将在程维明和周成虎(2014)提出的多尺度数字地貌等级分类方法的基础上,开展特殊岩石地貌(流纹质火山岩地貌)大比例尺编图,分类时将主要考虑基本地貌形态类型、地貌类型的形态特征、形态组合及微地貌形态实体类型、地貌外表的坡面形态特征、基本地貌营力及主营力作用方式、物质组成和岩性类型、地貌类型形成年龄或年代七大类指标。①基本地貌形态类型由宏观地貌形态和地势等级组合而成,主要考虑宏观上的山地、丘陵、平原、盆地等基本地貌形态以及地表相对起伏度和海拔高度等;②地貌类型的形态特征由地貌类型的形态组合体、微地貌类型的形态实体单元、地貌单元坡面特征等组成;③形态组合及微地貌形态实体类型包括形态类型、形态复合体、形态组合、形态计量等;④地貌外表的坡面形态特征包括形态部位、坡面形态计量、坡面形态组合等;⑤基本地貌营力及主营力作用方式是地貌分类的基本指标之一,营力一般分为内营力和外营力;⑥作为特殊岩石地貌分类体系,物质组成和岩性类型是分类的重要指标,特殊岩石(如流纹质火山岩)有别于区内其他岩性,将作为主要的特殊成因进行考虑,此外,其他岩性因物质组成的不同,也会在地貌上形成分异;⑦地貌类型形成年龄或年代能反映地貌所处的发育阶段,同一种地貌类型,在不同的演化和发育阶段,所表现出的地貌特征具有显著的差异。

在上述地貌分类原则及分类指标的基础上,对地貌分类方法进行扩展,在类型和层级上作进一步细化,将流纹质火山岩地貌类型划分为以下三等六级八层(图 4-1,表 4-1),以满足流纹质火山岩地貌大比例尺地貌编图的需求。

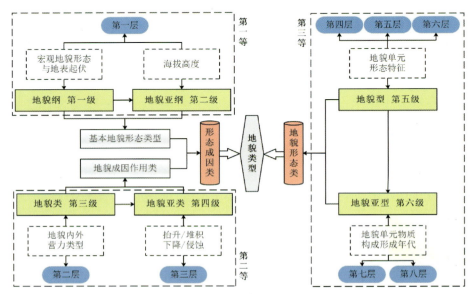

图 4-1　流纹质火山岩地貌数值分类体系(改编自程维明和周成虎,2014)

第一层为基本地貌类型,由地势起伏度和海拔高度共同产生;第二层和第三层为成因类型;第四、第五、第六层为形态类型;第七层为物质组成或岩性层;第八层为地貌年龄。第一层和其他各层为并列关系,第二层和第三层为包含关系,第四层和第五层为包含关系,其中成因类型和形态类型存在对应关系,第六层的坡度、坡向及其组合和其他各层也属于并列关系;第七层的物质组成或岩性和第八层地貌年龄,与第二层的成因类型存在对应关系。第一层、第二层、第六层属于通用指标,第三层、第四层、第五层、第七层和第八层因不同的研究区域而变化。在设计分类过程中需要将所有指标综合起来考虑地貌实体的所属类型。

第三节　流纹质火山岩地貌数字分类方案

一、形态成因类型

本书重点研究流纹质火山岩地貌 1∶2.5 万数字地貌分类,根据表 4-1 的分类方案,采用上述数字地貌分类方法建立分类体系,该分类体系共包括三等六级八层。下面将逐一介绍每一层的分类方法和内容。

表 4-1 流纹质火山岩地貌景观发育区大比例尺等级分类方案（形态成因类型）——"三等六级八层"

等级（三等）	纲	分级（六级）	类		型		
分级（六级）	地貌纲 第一级	地貌亚纲 第二级	地貌类 第三级	地貌亚类 第四级	地貌型 第五级		地貌亚型 第六级
各类型地貌单元的等级划分依据	基本地貌形态	海拔高度	成因类	次级成因	形态类型		特殊成因类型
	起伏度				次级形态（微地貌形态）	坡度坡向及组合（坡面特征）	物质组成成岩性	地貌年龄
分类指标 大类	按照起伏度划分为： (1)平原； (2)台地； (3)丘陵； (4)低山； (5)低中山； (6)高中山；	按照海拔高度划分为： (1)低海拔； (2)低中海拔； (3)高中海拔；	按照主营力作用种类和特殊物质组成划分为： (1)流水地貌； (2)海成地貌； (3)流纹质火山岩控制型地貌	按照主营力作用的具体方式划分（详见表4-4～表4-6）。	按次级成因形成的地貌位置和形态（组合）特征划分（详见表4-4～表4-6）。	按照地貌形态组合体和微地貌实体单元的坡面信息划分为： 1. 平原和台地 (1)平坦的； (2)倾斜的； (3)起伏的； 2. 丘陵和山地 (1)平缓的； (2)缓的； (3)陡的； (4)极陡的；	按照微地貌实体的形态和规模等特征划分	按照成因类型、地表物质组成、岩性划分	按照地貌形态的绝对地质年龄划分
分层（八层）	第一层	第二层	第三层	第四层	第五层	第六层	第七层	第八层

1. 基本地貌形态类型:纲(第一层)

根据起伏度和地势等级特征来划分。

1)起伏度亚纲

起伏度:是指某点在其确定面积区域内的最高点与最低点之间的高差(涂汉明和刘振东,1991)。依据地表高度的起伏变化(一般可采用相对高度或地表起伏度指标),将地表形态首先划分为平原、台地、丘陵、小起伏山地、中起伏山地、大起伏山地和极大起伏山地等7个宏观地貌形态亚纲(周成虎等,2009a,2009b)。浙江省最高峰海拔1929m,不超过2000m。结合浙江的实际情况,将起伏度统计单元确定为500m×500m,指标确定为30m、70m、200m、500m和800m,将地表形态划分为平原(<30m)、台地(30~70m)、丘陵(70~200m)、小起伏山地(200~500m)、中起伏山地(500~800m)和大起伏山地(>800m)。

2)地势等级亚纲

沈玉昌(1958)针对山地地貌类型,采用500m、1000m、3000m和5000m的海拔分级指标,将山地划分为丘陵、低山、中山、高山和极高山5类。陈志明(1993)在开展中国1:400万地貌图研究中,采用的海拔指标为:丘陵,海拔<500m;低山,海拔500~800m;低中山,海拔800~2000m;高中山,海拔2000~3000m;高山,海拔3000~5500m;极高山,海拔>5500m。李炳元等(2008)在对中国主要地貌类型研究和分析的基础上,提出了新的海拔分级指标:低海拔(<1000m)、中海拔(1000~2000m)、亚高海拔(2000~4000m)、高海拔(4000~6000m)、极高海拔(>6000m)。

考虑到浙江省地势的特殊性,结合前人的研究成果,对海拔高程指标做适当调整,海拔的指标是500m、800m、1200m和2000m,将地貌类型划分为丘陵(<500m)、低山(500~800m)、低中山(800~1200m)和高中山(1200~2000m)。将起伏度亚纲和地势等级亚纲进行组合,构成17个宏观地貌形态特征地貌亚纲(表4-2),所形成的地貌类型称为基本地貌形态类型。

表4-2 流纹质火山岩地貌基本地貌形态类型

起伏度(相对高差)	海拔		
	低海拔 (<800m)	低中海拔 (800~1200m)	高中海拔 (1200~2000m)
平原 (一般<30m)	低海拔平原	—	—
台地 (一般30~70m)	低海拔台地	低中海拔台地	高中海拔台地
丘陵 (<200m)	低海拔丘陵	低中海拔丘陵	高中海拔丘陵
小起伏山地 (200~500m)	小起伏低山	小起伏低中山	小起伏高中山
中起伏山地 (500~800m)	中起伏低山	中起伏低中山	中起伏高中山
大起伏山地 (>800m)	—	大起伏低中山	大起伏高中山

2. 成因类型：类（第二层）

根据浙江省流纹质火山岩景观集中分布区地貌形成条件、分布特征和特殊物质组成等，可划分出 4 种地貌成因类型，分别为流水地貌、海成地貌、流纹质火山岩控制型地貌和人为地貌。每一类地貌成因类型都存在同类营力，但由于它们作用的基本地貌类型及其组成物质不同，形成的具体地貌类型并非完全都有一个共同的形态特征，因而严格地说，这不是地貌类型实体而是某种营力形成地貌的总称。

3. 次级成因类型：亚类（第三层）

根据主成因营力作用方式，将地貌类细分为地貌亚类。地貌亚类体现了主要地貌实体单元的营力作用方式特征，是开展地貌分析的主要单元体系（周成虎等，2009b）。

4. 形态、次级形态分类和坡度坡向及组合：型（第四、第五和第六层）

地貌单元的形态特征，泛指地貌所展示的外貌形状，如方的、圆的、长条形的、高的等，此外还应包括规模等。地貌的形态类型是与其成因密切相关的，依据地貌成因/亚类所对应地貌实体（单体或地貌组合一体）的主要形态特征，可将地貌类/亚类做进一步分类。

（1）形态（组合）：按照次级成因形成的地貌位置和形态（组合）特征进行划分。

（2）次级形态（微地貌形态）：次级形态是形态类型的进一步细分，即在地貌形态类型划分的基础上，依据微地貌实体单元的形态和规模等特征，进一步划分地貌型。

（3）坡度坡向及组合（坡面特征）：在次级形态基础上，对微地貌实体单元的坡面坡度进行等级划分。这里的坡度是指一个图斑的平均值，具体划分见表 4-3。

表 4-3 地貌实体类型的坡面分类基本特征

基本地貌类型	坡面类型	基本特征
平原和台地	平坦的	一般向一个方向倾斜，或向中心倾斜，坡度一般≤2°
	倾斜的	一般向一个方向倾斜，或向中心倾斜，坡度一般>2°
	起伏的	一般既有相向的坡，又有背向的坡，坡度一般>2°
山地和丘陵	平缓的	坡度一般为>7°～15°
	缓的	坡度一般为>15°～25°
	陡的	坡度一般为>25°～35°
	极陡的	坡度一般>35°

5. 物质组成和地貌年龄亚类（第七、第八层）

除形态、成因等地貌信息外，为了尽可能多地反映地貌信息，需要更加关注岩性、地貌年龄等细节信息，对于大比例尺的编图来说尤其如此。物质基础对于流纹质火山岩地貌的形成起到至关重要的作用，不同的岩性条件，往往形成不同的流纹岩地貌景观。地貌年龄能反映地貌类型所处的发育阶段，同一种地貌类型，在不同的演化和发育阶段，所表现出的地貌特征具有显著的差异。因此，物质组成和地貌年龄的划分，对于地貌制图具有重要意义。

根据以上八层形态成因分类体系，将研究区流水地貌、海成地貌和流纹质火山岩控制型地貌进行层级划分，具体见表 4-4～表 4-6。由于人为地貌类型较为单一，不再列表详述。

表 4-4　流水地貌形态成因分类方案表

基本地貌类型		成因类型		形态类型			特殊成因类型	
第一层		第二层	第三层	第四层	第五层	第六层	第七层	第八层
起伏度	海拔高度	成因	次级成因	形态	次级形态	坡度坡向及组合	物质组成	地貌年龄
平原	低海拔 低中海拔 高中海拔	流水	冲积海积	平原		平台的 倾斜的 起伏的	流纹岩 凝灰岩 熔结凝灰岩 碎斑熔岩 ……	
台地			侵蚀剥蚀	低台地				
				高台地				
丘陵			冲积洪积	河谷	河床	平缓的 缓的 陡的 极陡的		
					江心洲			
				冲-洪积扇				
				洼地				
				河漫滩				
				阶地				
			崩坡积	崩坡积裙				
			侵蚀剥蚀	低丘陵				
				高丘陵				
小起伏山地 中起伏山地 大起伏山地			冲积洪积	河谷	河床			
					江心洲			
				冲-洪积扇				
				山前平地				
				河漫滩				
				阶地				
			崩坡积	崩坡积裙				
			侵蚀剥蚀					

表 4-5 海成地貌形态成因分类方案表

基本地貌类型		成因类型		形态类型			特殊成因类型	
第一层		第二层	第三层	第四层	第五层	第六层	第七层	第八层
起伏度	海拔高度	成因	次级成因	形态	次级形态	坡度坡向及组合	物质组成	地貌年龄
平原	低海拔	海成	海积	海滩		平台的倾斜的起伏的	淤泥质 砂质 砾质	
			海蚀	阶地			流纹岩 凝灰岩 熔结凝灰岩 ……	
				平台	波切台			

表 4-6 流纹质火山岩控制型貌形态成因分类方案表

基本地貌类型		成因类型		形态类型			特殊成因类型	
第一层		第二层	第三层	第四层	第五层	第六层	第七层	第八层
起伏度	海拔高度	成因	次级成因	形态	次级形态	坡度坡向及组合	物质组成	地貌年龄
台地	低海拔 低中海拔 高中海拔	流纹质火山岩控制作用	侵蚀剥蚀		低台地	平坦的 倾斜的 起伏的	流纹岩 凝灰岩 熔结凝灰岩 碎斑熔岩 ……	
					高台地			
丘陵					低丘陵	平缓的 缓的 陡的 极陡的		
					高丘陵			
小起伏山地 中起伏山地 大起伏山地								

二、形态结构类型

形态结构类型对于大比例尺地貌制图尤为重要,特别对于 1∶2.5 万地貌制图来说,需要表现更多的微地貌信息,如岩嶂、山峰、洞穴、沟谷、瀑布、壶穴等,这些微地貌可能无法用形态成因类型来表达,因为形态成因类型主要用于表达平原、山地、丘陵、台地等大尺度范围的面状地貌。因此,在编制大比例尺地貌图时,需要将这些特殊的微地貌类型叠加在大尺度的基本地貌之上,方能全面系统地反映整个制图区域的地貌类型和地貌过程。为此,本书针对 1∶2.5 万详细地貌制图中流水地貌、海成地貌、重力地貌、构造地貌和流纹质火山岩控制型地貌 5 种地貌成因类型,提出详细的形态结构类型分类方案,分别见表 4-7~表 4-11。

表 4-7　流水地貌形态结构分类方案表

大类	类	型	几何类型
负地貌	沟谷	嶂谷	线状
		巷谷	
		V 型谷	
		宽谷	
	裂点	瀑布	点状
	基岩河床凹坑	潭	
		壶穴	

表 4-8　海成地貌形态结构分类方案表

大类	类	型	几何类型
正地貌	海蚀地貌	海蚀崖	点状
		海蚀柱	
负地貌		海蚀壁龛	
		海蚀洞(穴)	
		海蚀沟	

表 4-9　重力地貌形态结构分类方案表

大类	类	型	几何类型
正地貌	倒石堆		点状
	滑坡		
	泥石流		
	崩塌		

表 4-10　构造地貌形态结构分类方案表

大类	类	型	几何类型
正地貌	夷平面		线状
负地貌	断层谷		

表 4-11 流纹质火山岩控制型地貌形态结构分类方案表

大类	类	亚类	型	几何类型
正地貌	方山			面状
	岩嶂	单层岩嶂	斑驳型岩嶂	线状
			顺层槽型岩嶂	
			竖直槽型岩嶂	
			洞穴型岩嶂	
			复合型岩嶂	
			平整型岩嶂	
	山峰	独立峰	锐峰	点状
			柱峰	
			堡峰	
			屏峰	
		单面峰		
		峰丛、峰林		
	残丘		流水残丘	面状
			突岩	点状
			石墙	
			石球	
			柱状节理（群）	
			火山通道	
			岩钟	
			岩针	
负地貌	石门			点状
	洞穴	单体洞	平卧洞	
			直立洞	
			穹窿洞	
			穿洞（天生桥）	
		洞穴群	套叠洞	
			蜂窝状洞穴群	
			壁龛式洞穴群	
	岩槽		竖直岩槽（倒挂金钟）	
			水平岩槽（河流侧蚀槽）	线状

这些形态结构类型能全面反映流纹质火山岩地貌分布区的微地貌类型,特别是流纹质火山岩控制型地貌形态结构类型(表4-11)中,诸如岩嶂、山峰、洞穴等地貌类型都是流纹质火山岩地貌分布区典型和特有的类型,也是成景微地貌,是本次地貌分类研究的核心内容和特色所在。

第四节 流纹质火山岩地貌数字编图

在流纹质火山岩地貌分类研究的基础上,本书将基于地理信息系统(GIS)和遥感技术(RS)开展流纹质火山岩地貌数字编图工作。

一、基本地貌底图编制

1. 地形和水系

地形和水系是地貌图重要的组成部分,也是地貌图最基础的要素。

以1∶1万比例尺的地形图和空间分辨率为0.5m的遥感影像作为基础数据源,提取800m和1200m等高线,将区域划分为低海拔、低中海拔、高中海拔3部分;通过地形数据,获取区域起伏度(相对高差),按照30m、70m、200m、500m、800m,将区域划分为平原、台地、丘陵、小起伏山地、中起伏山地、大起伏山地,划分的区域还需根据野外调查的实际情况以及遥感影像进行适当校正。根据表4-2将底图划分出区域的基本地貌形态类型。

区内的水系主要有河流、湖泊、水库等,水网特征及其结构形式往往能明显反映地貌的地质基础和构造成因,因此,对水系的选取也显得尤为重要。

(1)河流。河流应主次分级明显,编图将直接提取1∶1万地形图中的河流要素,同时保留双线和单线河流信息,根据1∶2.5万比例尺出图,图上宽度在0.4mm以上的用双线按比例尺表示,不足0.4mm用单线表示。

(2)湖泊和水库。图上面积大于$2mm^2$全部选取,并按比例尺表示;图上面积小于$2mm^2$的水库可适当取舍,用符号表示。针对重要意义的小湖或小水库,可将其适当扩大到$1mm^2$表示。

(3)海岸线。正确反映海岸的类型。编图将直接提取1∶1万地形图中的海岸线要素,根据1∶2.5万比例尺出图,图上小于0.5mm长、0.6mm宽的岸线弯曲一般可以舍去;图上面积大于$0.35mm^2$岛屿依比例尺表示,小于$0.35mm^2$的岛屿用点符号表示。

2. 行政界线、道路网和居民区

(1)行政界线。区域内行政界线主要有地级市界线、县(市、区)界线、乡镇(街道)界线。编图主要提取1∶1万地形图中的3种界线。

(2)道路。道路在地貌图中只选取主要的,不宜过多。铁路与公路平行,只选铁路。高速公路与国道平行,只选高速公路。

(3)居民区。居民区提取1∶1万地形图中的数据,图上面积$5mm^2$以上,用真形符号表示,面积在$5mm^2$以下,用圈形符号表示。若居民区较为密集的,可适当选取,对确定地貌类型界线有重要意义的小居民点必须选取。

3. 公里网格和比例尺等

(1)公里网格。编图采用统一采用 2000 国家大地坐标系(CGCS2000),3°分带,中央经线为 120°。

(2)比例尺。编图比例尺采用 1:25 000,图面同时采用数字和线段比例尺表示。

(3)指北针。图面右上角需标注指北针。

二、基本地貌类型要素

地貌图中基本地貌类型主要以不同颜色来体现。

1. 流水地貌

流水地貌中平原、台地用黄绿色调,丘陵、山地用黄色调,具体颜色库见表 4-12。

表 4-12　流水地貌类型颜色库(RGB)

海拔/m	起伏度/m					
	平原 <30	台地 30~70	丘陵 70~200	小起伏 200~500	中起伏 500~800	大起伏 >800
低海拔 <800	245:250:215	220:250:150	255:255:200	255:240:140	255:220:100	255:170:40
低中海拔 800~1200	240:245:170	220:240:130	255:255:160	255:230:120	255:210:80	255:150:30
高中海拔 1200~2000	235:240:125	220:230:110	255:255:120	255:220:110	255:190:60	255:130:20

2. 海成地貌

海成地貌用蓝色调,具体颜色库见表 4-13。

表 4-13　海成地貌类型颜色库

海拔/m	起伏度				
	海积		海积冲积平原	海蚀	
	平原	台地		平原	台地
低海拔 <800	220:240:250	205:235:250	190:230:250	175:225:250	160:220:250

3. 流纹质火山岩控制型地貌

流纹质火山岩控制型地貌中平原、台地用绿色调,丘陵、山地用红色调,具体颜色库见表 4-14。

表 4-14　流纹质火山岩控制型地貌类型颜色库（RGB）

海拔/m	起伏度/m					
	平原 <30	台地 30～70	丘陵 70～200	小起伏 200～500	中起伏 500～800	大起伏 >800
低海拔 <800	190∶240∶200	210∶255∶210	255∶230∶230	255∶210∶210	255∶170∶170	255∶140∶140
低中海拔 800～1200	180∶240∶170	160∶255∶160	255∶225∶225	255∶190∶190	255∶160∶160	255∶130∶130
高中海拔 1200～2000	170∶240∶130	120∶255∶120	255∶220∶220	255∶180∶180	255∶150∶150	255∶120∶120

三、形态成因地貌要素

地貌图中形态成因地貌要素主要通过字符代号和花纹来表示，具体代号分类见表 4-15，具体表示方法见图 4-2，花纹符号见表 4-16。

表 4-15　形态成因符号分类表

基本地貌类型		成因类型		形态类型		
第一层	第二层	第三层		第四层	第五层	第六层
起伏度	海拔	成因	次级成因	形态	次级形态	坡面特征
平原 1 台地 2 丘陵 3 小起伏山地 4 中起伏山地 5 大起伏山地 6	低海拔 1 低中海拔 2 高中海拔 3	流水地貌 F 海成地貌 M 流纹质火山岩控制型地貌 R 人为地貌 A	冲洪积 A	洼地 1		平坦的 a 倾斜的 b 起伏的 c 平缓的 d 缓的 e 陡的 f 极陡的 g
				河漫滩 2	高的 1	
					低的 2	
				阶地 3		
			洪积 B	洪积扇 1		
			崩坡积 C	崩坡积裙 1		
			海蚀 D			
			海积 E			
			冲积海积 F			
			侵蚀剥蚀 G			
			……			

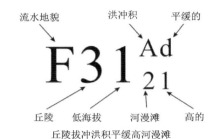

图 4-2　地貌图中形态成因地貌要素字符代号表示方法

表 4-16　形态成因花纹符号列表

符号	名称	用色	规格
	河漫滩	棕色	点直径 0.4mm
	江心洲	深蓝色	点直径 0.25mm
	崩坡积	黑色	基础线宽 0.1mm
	冲洪积		点直径 0.5mm

四、特殊物质组成要素

地貌图中针对特殊物质组成,采用岩性花纹符号表示(表 4-17)。

表 4-17　物质组成花纹符号列表

符号	物质组成	用色	规格
	流纹岩	灰色	基本线宽 0.1mm
	火山碎屑岩		
	火山—沉积碎屑岩		
	侵入岩		
	玄武岩		

五、形态结构地貌要素

地貌图中形态结构地貌要素主要涉及流水地貌、重力地貌、构造地貌和流纹质火山岩控制型地貌,这部分内容旨在图中表达出主要的地貌类型,编图中用点状、线状或花纹的形式来表达(表 4-18～表 4-21)。因海成地貌的形态结构要素不在编图范围内,故此处将不再罗列相应符号。

表 4-18 流水地貌形态结构符号表

符号	名称	用色	规格
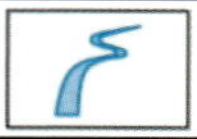	裂点（瀑布）	蓝色	基础线宽0.2mm

表 4-19 重力地貌形态结构类型符号表

符号	名称	用色	规格
	倒石堆	黑色	基础线宽0.2mm
	泥石流		
	滑坡		
	崩塌		

表 4-20 构造地貌形态结构类型符号表

符号	名称	用色	规格
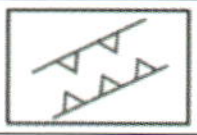	断层谷	灰色	基础线宽0.2mm
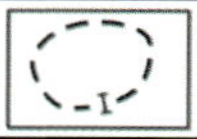	夷平面（级次）	黑色	

表 4-21 流纹质火山岩控制型地貌形态结构符号表

符号	名称	用色	规格
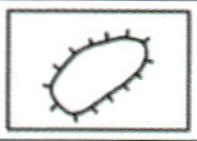	方山	黑色	线宽0.2mm
	岩嶂		
	山峰		
	石门		
	洞穴		外框线宽0.3mm，内框线宽0.2mm
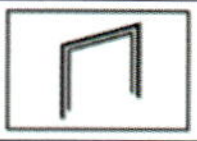	石墙		
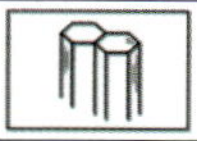	柱状节理		基础线宽0.2mm
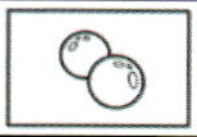	石球（球泡）		

六、其他要素

其他要素指不属于地貌范畴但对于地貌形成演化具有重要意义的地质要素。其具体符号见表 4-22。

表 4-22 其他要素符号表

符号	名称	用色	规格
	断层	红色	线宽 0.3mm
	推测断层		
	河道	蓝色	线宽 0.2mm

参考文献

陈安泽,2007.中国花岗岩地貌景观若干问题讨论[J].地质论评,53(S1):1-8.

陈安泽,2016.论旅游地学与地质公园的创立及发展,兼论中国地质遗迹资源:为庆祝中国地质科学院建院 60 周年而作[J].地球学报,37(5):535-561.

陈长明,谢丙庚,1994.关于建立"张家界柱峰砂岩地貌"类型的探讨[J].湖南师范大学自然科学学报,17(4):84-87.

陈利江,徐全洪,赵燕霞,等,2011.嶂石岩地貌的演化特点与地貌年龄[J].地理科学,31(8):964-968.

陈志明,1993.论中国地貌图的研制原则、内容与方法——以 1∶4 000 000 全国地貌图为例[J].地理学报,48(2):105-113.

程维明,周成虎,2014.多尺度数字地貌等级分类方法[J].地理科学进展,33(1):23-33.

崔之久,杨建强,陈艺鑫,2007.中国花岗岩地貌的类型特征与演化[J].地理学报,62(7):675-690.

德梅克,陈志明,尹泽生,1984.详细地貌制图手册[M].北京:科学出版社.

董传万,杨永峰,闫强,等,2007.浙江花岗岩地貌特征与形成过程[J].地质论评,53(S1):132-137.

郭康,1992.嶂石岩地貌之发现及其旅游开发价值[J].地理学报,47(5):461-471.

郭康,2007.嶂石岩地貌[M].北京:科学出版社.

郭康,邸明慧,2008.嶂石岩地貌的理论研究与开发利用[J].地理与地理信息科学,24(3):79-82.

郭康,邸明慧,马辉涛,1997.主宰"嶂石岩地貌"的两种坡面发育模式[J].地理学与国土研究,13(1):62-65.

胡小猛,许红根,陈美君,等,2008.雁荡山流纹岩地貌景观特征及其形成发育规律[J].地理学报,63(3):270-279.

黄进,陈致均,黄可光,1992.丹霞地貌的定义及分类[J].热带地理,13(增刊):37-39.
黄林燕,朱诚,孔庆友,2006.张家界岩性特征对峰林地貌形成的影响研究[J].安徽师范大学学报(自然科学版),29(5):484-489.
姜勇彪,郭福生,胡中华,等,2009.龙虎山世界地质公园丹霞地貌特征及与国内其他丹霞地貌的对比[J].山地学报,27(3):353-360.
李炳元,李钜章,1994.中国地貌图(1:400万)[M].北京:科学出版社.
李炳元,潘保田,韩嘉福,2008.中国陆地基本地貌类型及其划分指标探讨[J].第四纪研究,28(4):535-543.
卢云亭,2007.中国花岗岩风景地貌的形成特征与三清山对比研究[J].地质论评,53(S1):85-90.
吕金波,陈文光,王纯君,2015.张家界砂岩地貌成因分析[J].城市地质,10(4):25-32.
南京地质矿产研究所,浙江省国土资源厅,2004.拟建中国雁荡山世界地质公园综合考察报告[R].北京:国土资源部.
欧阳杰,朱诚,彭华,等.2009.浙江方岩丹霞地貌类型及其空间组合[J].地理学报,64(3):349-356.
彭华,2002.丹霞地貌分类系统研究[J].经济地理,22(1):28-35.
浦庆余,郭克毅,2007.江西三清山花岗岩景观地貌的基本特征及其形成历史[J].地质论评,53(S1):41-55.
裴善文,李风华,1982.试论地貌分类问题[J].地理科学,2(4):327-335.
沈昌玉,1958.中国地貌的类型与区划问题的商榷[J].第四纪研究,1(1):33-34.
沈玉昌,苏时雨,尹泽生,1982.中国地貌分类、区划与制图研究工作的回顾与展望[J].地理科学,2(2):97-105.
宋晓猛,张建云,占车生,等,2013.基于DEM的数字流域特征提取研究进展[J].地理科学进展,32(1):31-40.
苏时雨,李钜章,1999.地貌制图[M].北京:测绘出版社.
陶奎元,沈加林,姜杨,等,2008.试论雁荡山岩石地貌[J].岩石学报,24(11):2647-2656.
田瑞云,王玉宽,傅斌,等,2013.基于DEM的地形单元多样性指数及其算法[J].地理科学进展,32(1):121-129.
涂汉明,刘振东,1991.中国地势起伏度研究[J].测绘学报,20(4):311-319.
吴忱,许清海,阳小兰,2002.河北省嶂石岩风景区的造景地貌及其演化[J].地理研究,21(2):195-200.
吴忱,张聪,2002.张家界风景区地貌的形成与演化[J].地理学与国土研究,18(2):52-55.
吴志才,彭华,2005.广东丹霞地貌分类研究[J].热带地理,25(4):301-306.
袁道先,1988.岩溶学词典[M].北京:地质出版社.
曾昭璇,1985.中国的地形[M].广州:广东科技出版社.
中国科学院地理研究所,1987.中国1:1 000 000地貌图制图规范(试行)[M].北京:科学出版社.
中华人民共和国地貌图集编辑委员会,2009.中华人民共和国地貌图集(1:100万)[M].北京:科学出版社.

周成虎,程维明,钱金凯,2009a.数字地貌遥感解析与制图[M].北京:科学出版社.

周成虎,程维明,钱金凯,等,2009b.中国陆地1∶100万数字地貌分类体系研究[J].地球信息科学学报,11(6):707-724.

周启鸣,刘学军,2006.数字地形分析[M].北京:科学出版社.

周廷儒,施雅风,陈述彭,等,1956.中国地形区划草案[M].北京:科学出版社.

CHENG W,ZHOU C,CHAI H,et al.,2011a. Research and compilation of the geomorphologic atlas of the People's Republic of China (1∶1 000 000)[J]. Journal of Geographical Sciences,21(1):89-100.

CHENG W,ZHOU C,LI B,et al.,2011b. Structure and contents of layered classification system of digital geomorphology for China[J]. Journal of Geographical Sciences,21(5):771-790.

PENCK W,1954. Morphological Analysis of Land Forms[J]. Soil Science,77(1):80.

第五章　流纹质火山岩集中分布区典型地貌景观

第一节　方　山

一、形态特征

方山是流纹质火山岩地貌中规模最大的一类地貌景观。方山山顶平缓，四周为陡崖，崖下为平缓的山麓。方山原先是原始火山熔岩台的组成部分，后被多组断裂切割后，脱离熔岩台地的残留。典型的方山景观有温岭方山、神仙居景星岩和桃渚翠薇峰。

对3处方山的高程、高差、长度、宽度、顶面积和坡度等主要形态数据进行统计，结果见表5-1。温岭方山发育面积最大，达0.49 km^2，景星岩四周高差最大，达226m。根据统计结果，取方山主要特征指标高宽比，将方山定义如下：

(1) 具有顶平、身陡、麓缓的总体形貌特征；

(2) 平台长度(L)＞高度(H)，平台宽度(W)＞高度(H)。

表 5-1　重点研究区方山发育特征一览表

区域	方山名称	高程/m	高差/m	长度/m	宽度/m	顶面积/km^2	坡度/(°)
雁荡山	温岭方山	463	65	906	597	0.51	84
神仙居	景星岩	742	226	895	238	0.22	86
桃渚	翠薇峰	129	55	200	68	0.01	82

二、典型方山

1. 温岭方山

温岭方山(图5-1)具有流纹质火山岩地貌方山景观的典型形态，其为山顶平缓、四周陡立的平台，顶部平面上呈近圆形，面积约0.51 km^2。

温岭方山四周壁立千仞，山顶一平如砥，与沈括《雁荡山》里说的"自下望之，则高岩峭壁；自上观之，适与地平"相吻合。方山外围岩嶂高差约65m，组成岩性为流纹质晶玻屑熔结凝灰岩。崖面节理发育，测得主要节理产状为268°∠83°、84°∠10°、2°∠82°，在其下部测得节理产状为228°∠73°、294°∠70°，由这两组节理形成较为密集的劈理面。方山上部均为裸露的基岩，出露岩性为含球泡流纹质凝灰熔岩，总体向北西倾斜，倾角5°。平台上因自然风化形成各种圆滑的缓丘、凹地、浅潭，犹如一方空中平原，具有较高的美学价值。

图 5-1　温岭方山

2. 神仙居景星岩

景星岩整座山体呈长条形,南北长而东西狭,三面为裸露的悬崖,复岭重岗,崎岖迂折,万仞壁立,横截天际。景星岩总面积 0.22km²,海拔最高可达 742m,外围岩嶂平均高差 226m。景星岩首尾昂起,像一艘巨型的大轮船停泊于此。从下仰望,巍峨磅礴之势赫然在目(图 5-2、图 5-3)。

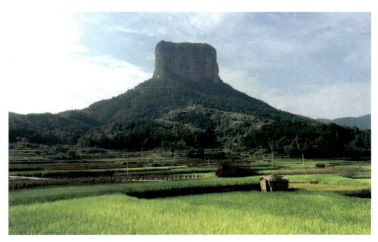

图 5-2　神仙居景星岩方山(视向南)

图 5-3　神仙居景星岩方山(视向东南)

3. 桃渚翠薇峰

翠薇峰相较于温岭方山和神仙居景星岩体量略小,顶面积仅 0.01km²。其长约 200m,宽约 68m,顶部略呈上凸弧形,高程 129m,四周为陡立岩嶂,高差约 55m。岩性为塘上组紫红色流纹斑岩、球泡流纹岩夹少量流纹质熔结凝灰岩。其西南侧因受纵向节理切割形成小型的残留柱峰(图 5-4)。

图 5-4 桃渚翠薇峰熔岩平台

第二节 岩 嶂

一、形态特征

嶂是"高险像屏障的山"。山体顶平、身陡,直立面为断崖(图 5-5)。坚硬巨厚的流纹质火山岩结构致密,垂直节理发育,在断裂切割、风化剥蚀、流水侵蚀和重力崩塌作用下形成峭壁,一层一层的嶂叠置排列组合在一起,称为"叠嶂",反映了多期火山喷发、溢流的特点,从叠置的次数可知溢流的次数。岩嶂之上的横纹(水平纹)是火山多期活动的韵律层和岩浆流动的标志,竖向的纵纹是流纹岩中发育的垂直层面的节理及片流侵蚀而成的凹槽。

岩嶂(叠嶂)地貌以雁荡山和神仙居最为典型,其中雁荡山以叠嶂

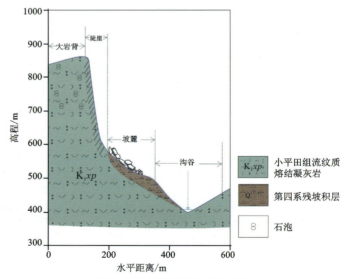

图 5-5 典型岩嶂剖面示意图

最具特色,而神仙居单层嶂发育最为雄壮。雁荡山叠嶂主要有朝阳嶂、凌霞嶂、游丝嶂、铁城嶂、屏霞嶂、紫霄嶂等(图 5-6)。神仙居的岩嶂主要有神仙居岩嶂、保将岩岩嶂、蝌蚪崖岩嶂、

(a)朝阳嶂　　(b)凌霞嶂
(c)方洞叠嶂　　(d)凌霞嶂
(e)灵岩一带叠嶂　　(f)紫霄嶂

图 5-6　雁荡山典型岩嶂(叠嶂)

景星岩东岩嶂、公盂岩岩嶂、逍遥谷岩嶂等(图 5-7)。

对雁荡山和神仙居 24 处主要岩嶂(叠嶂)的嶂高、嶂宽和嶂面坡度等地貌特征参数进行统计,结果见表 5-2。最大嶂高 304m(神仙居蝌蚪崖岩嶂),最大嶂宽 1531m(雁荡山五马回槽岩嶂),宽高比范围在 1.3~24.3 之间,平均为 5.6,崖面坡度均在 68°以上。根据以上统计结果,取岩嶂两个主要特征指标,即坡度和宽高比,将岩嶂定义如下:

(1)崖面坡度(α)>60°。
(2)岩嶂宽度(W)>高度(H)。
(3)与山体相接尚未孤立或山体厚度(δ)>高度(H)。

将岩嶂根据嶂体是否多层叠置划分为单层嶂和叠嶂,其中单层嶂根据形态特征又可分为斑驳型岩嶂、竖直槽型岩嶂、顺层槽型岩嶂、洞穴型岩嶂、复合型岩嶂和平整型岩嶂。各岩嶂地貌类型及特征见表 5-3。

图 5-7 仙居神仙居典型岩嶂

表 5-2 重点研究区主要岩嶂发育特征一览表

区域	序号	岩嶂名称	嶂顶部标高/m	嶂高 H/m	嶂宽 W/m	嶂厚 δ/m	嶂面坡度/(°)	宽高比 (W/H)
雁荡山重点研究区	1	五马回槽岩嶂	637	98	932	—	71	9.5
			584	63	1531	—	76	24.3
			375	50	713	—	68	14.3
			283	124	1540	—	81	12.4
	2	凌霞嶂	364	104	850	—	79	8.2
			202	113	925	—	75	8.2
	3	朝阳嶂	367	49	134	—	78	2.7
			304	51	631	—	81	12.4
			238	94	1124	—	82	12.0

续表 5-2

区域	序号	岩嶂名称	嶂顶部标高/m	嶂高 H/m	嶂宽 W/m	嶂厚 δ/m	嶂面坡度/(°)	宽高比(W/H)
雁荡山重点研究区	4	摩霄嶂	406	105	989	—	83	9.4
	5	铁城嶂	204	108	871	—	83	8.1
	6	游丝嶂	208	106	761	—	76	7.2
	7	屏霞嶂	306	92	385	—	78	4.2
	8	展旗峰岩嶂	298	67	156	26	81	2.3
	9	千佛岩叠嶂（含底部连云嶂和顶部常云峰岩嶂）	914	212	885		82	4.2
			632	141	459		79	3.3
			448	97	221		68	2.3
			412	114	417		82	3.7
	10	金带嶂	456	152	441	—	78	2.9
	11	紫霄嶂	722	171	585	602	83	3.4
			355	78	357		81	1.3
	12	仙岩岩嶂	464	116	697	166	84	6.0
	13	白面岩岩嶂	445	87	279		71	3.2
仙居神仙居重点研究区	1	五指峰岩嶂	836	235	485	47	80	2.1
	13	蝌蚪崖岩嶂	891	304	457	—	71	1.5
	3	公盂岩岩嶂	1102	271	1194	277	87	4.4
	4	大岩背岩嶂	865	232	392	206	87	1.7
	5	犁冲岩岩嶂	858	212	289	—	84	1.4
			644	236	293		76	1.2
	6	西罨寺岩嶂	633	244	842		83	3.5
	7	保将岩岩嶂	689	288	1025		77	3.6
	8	象鼻瀑东岩嶂	419	144	181		82	1.3
	9	逍遥谷岩嶂	743	238	901	—	84	3.8
	10	老虎岩岩嶂	632	221	608	—	83	2.8

注：1. 嶂顶部标高为岩嶂最大标高，嶂高为平均高度，嶂面坡度为平均坡度。
2. 仅当岩嶂突出于周边地形时，统计岩嶂厚度。

表 5-3 流纹质火山岩岩嶂地貌类型及特征汇总表（形态结构类型）

地貌类型		地貌成因	地貌特征	典型实例
单层岩嶂	斑驳型岩嶂	山体因线性断裂构造作用，岩层沿垂直裂隙崩塌，嶂规模较大，形成时间较短	崖面由于崩塌作用凹凸不平，崩塌处往往露出新鲜岩面，与周围风化面具有一定色差而呈现斑驳状。岩嶂平面投影多为线性展布，多为线性岩嶂	以神仙居地质公园内岩嶂最典型，如神仙居景星岩岩嶂、公盂岩岩嶂、蝌蚪崖岩岩嶂等
	竖直槽型岩嶂	竖向水流冲蚀，崖面形成垂直凹槽或岩槽	崖面有比较明显的水流侵蚀凹槽或岩槽，槽内发育藻类，形成黑色或黑褐色条带，犹如波墨，可称"波墨岩"	神仙居五指峰岩嶂，天下粮仓等；缙云仙都大肚岩
	顺层槽型岩嶂	由于不同期次火山喷发形成顺层凹槽性纵向差异，由差异风化形成顺层凹槽或岩槽	崖面有顺层的凹槽，深者形成岩槽	神仙居大岩背岩嶂，北入口岩嶂，以及反磁峰形成的一些弧形岩嶂，如饭蒸岩等；雁荡山天冠岩岩嶂、屏霞岩嶂等
	洞穴型岩嶂	风化、崩塌、剥蚀、流水	崖壁上有蜂窝状洞穴群，风化壁龛洞穴群，或有顺层条带状洞穴群分布	临海桃渚武坑的洞穴崖壁；神仙居桃岩所在岩嶂；仙都南八仙洞一带岩嶂；雁荡山三星洞一带的岩嶂
	复合型岩嶂	上述几种类型的组合	大部分岩嶂可能同时存在上述几种成因	方洞岩嶂
	平整型岩嶂	斑驳型岩嶂经长期风化、流水等作用后，物理性质趋于平衡，形成平整崖面	崖面较平整，如刀削一般。多发育在侵蚀达到平衡的沟谷内，崖面较稳定。平整型岩嶂的坡麓段不发育	雁荡山游丝嶂、铁城嶂、连云峰等
叠嶂		多期火山喷发在垂向上形成不同岩性物质，差异风化形成叠嶂	多个单层岩嶂在纵向上层叠组合，错落有致	以雁荡山叠嶂屏霞嶂、凌霞嶂、紫霄嶂、千佛岩叠嶂最为典型

二、典型岩嶂

1. 斑驳型岩嶂

斑驳型岩嶂由于崩塌作用崖壁呈现凹凸不平状，崩塌处往往露出新鲜岩面，与周围风化面具有一定色差而呈现斑驳状。斑驳型岩嶂山体受断裂构造作用，岩石沿竖向裂隙或不利结构面崩塌，因此斑驳型岩嶂多与断层方向平行呈线性展布，且嶂体高大。研究区斑驳型岩嶂以神仙居最为典型，如公盂岩岩嶂、蝌蚪崖岩嶂、景星岩岩嶂等。

1）神仙居公盂岩岩嶂

公盂岩下方的公盂村号称"华东最后的香格里拉"。公盂岩为一海拔达 1100m 左右的岩嶂，崖面高差 271m。岩嶂呈近东西走向，两端稍尖，嶂宽约 1200 余米，悬崖陡峭，气势磅礴，为巨厚的流纹质火山岩沿着破火山构造的环形断裂产生崩塌而形成的巨大岩嶂（图 5-8、图 5-9）。

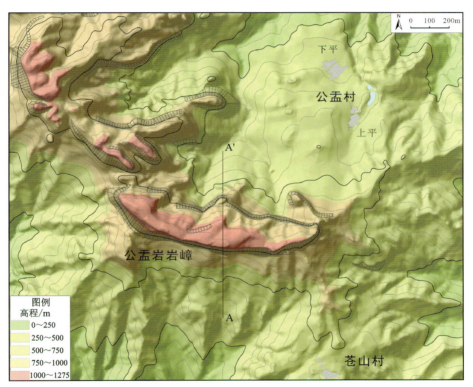

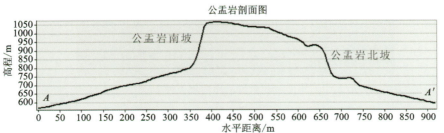

图 5-8　神仙居公盂岩平面图与剖面图

公盂岩南侧崖面主要可见 4 处崩塌点(图 5-9),分别为 B1、B2、B3 和 B4,其中 B1、B2、B3 这 3 个崩塌点规模较大,主要是沿着流纹岩层面和崖面形成的不利结构面崩塌,B4 规模较小,为巨厚流纹质火山岩中易风化部分,以碎片状岩石剥落为主。

图 5-9　神仙居公盂岩岩嶂

2)神仙居蝌蚪崖岩嶂

蝌蚪崖位于官坑溪以北,最高处海拔 891m,高差 304m,宽 457m,整体形态远观似巨轮停靠于此。崖壁前端可见巨型崩塌面(图 5-10),长宽各约 100m。岩壁主体岩性为流纹岩,其上发育有多条流水沿节理裂隙侵蚀而形成的竖向凹槽。在半山腰处可见平整岩面的流纹岩中发育的石泡构造,被当地人误认为是"蝌蚪文"。蝌蚪崖是受北东向断裂影响,在断裂切割、风化剥蚀、流水侵蚀和重力崩塌作用下形成的陡崖。

图 5-10　神仙居蝌蚪崖岩嶂

2. 顺层槽型岩嶂

顺层槽型岩嶂以表面发育与火山岩层面方向平行的凹槽为特征。顺层凹槽是火山多期活动的韵律层,由于岩层间岩性差异,在接触面上经差异风化作用,抗风化能力相对较弱的层位风化速度较快,形成凹槽。

顺层槽型岩嶂因物质组成不同主要分为两种:①第一种以雁荡山为代表,其物质组成主要为单一的流纹岩,成层性较好,流动构造发育,在长期风化作用下,形成了典型的水平凹槽条带,比如屏霞嶂、天冠峰岩嶂等。②另一种顺层槽型岩嶂主要是由于层间岩性差异形成。多期次喷发的火山岩成分与熔结程度有差异,造成抗风化能力不同。在长期的差异风化作用下,抗风化能力强的岩层相对凸出,抗风化能力弱的岩层相对凹进,从而形成顺层凹槽。这种类型的顺层凹槽岩嶂主要以神仙居为代表,如大岩背、逍遥谷等岩嶂。

1) 雁荡山屏霞嶂

屏霞嶂顶部海拔306m,崖面高差92m,宽385m,呈东西向展布。崖面由下部的球泡流纹岩和上部的层状流纹岩组成,其中层状流纹岩的流动构造在风化作用下形成密集的顺层凹槽(图5-11)。

图5-11 雁荡山屏霞嶂远景(左)与局部(右)(叶金涛摄)

2) 神仙居大岩背岩嶂

大岩背岩嶂最高处海拔865m,顶部平坦如背,略向东倾斜,故名大岩背。崖壁由北东向和近东西向两个崖面衔接而成,相对高差232m,岩嶂向官坑河谷方向突出约390m,两面总宽650m。大岩背主体岩性为多期火山活动形成的熔结凝灰岩、含石泡熔结凝灰岩和角砾凝灰岩,成层性较好。含石泡流纹质熔结凝灰岩由于不易风化往往突出,而不含石泡的层位则容易崩塌或风化成片状剥落,形成水平顺层凹槽条带(图5-12)。

3. 竖直槽型岩嶂

竖直槽型岩嶂以表面显著发育竖向凹槽为主要特征。当原始的火山岩平台受断层切割和流水侵蚀而解体后,受断层作用相对较弱的岩嶂,其局部构造环境相对更加稳定,崩塌较少,坡面水流沿火山岩节理裂隙长期侵蚀形成竖向凹槽。典型的竖直槽型岩嶂以神仙居五指峰岩嶂、雁荡山千佛岩叠嶂为代表。

图5-12 神仙居大岩背岩嶂

1）神仙居五指峰岩嶂

五指峰海拔836m，高差235m，嶂宽485m。在水流长期侵蚀作用下，崖面发育密集的纵向侵蚀凹槽。槽内环境往往较潮湿，生长藻类形成黑色条带，犹如泼墨，可称为"泼墨岩"（图5-13）。五指峰岩嶂与大岩背岩嶂一谷之隔，但大岩背岩嶂受断层影响较大，崖面以差异风化形成的顺层岩槽为主，并有局部崩塌，出露岩石整体较新，尚未受长期坡面流水作用而发育密集的纵向侵蚀凹槽。

图5-13 神仙居五指峰竖直槽型岩嶂（王华斌摄）

2）雁荡山千佛岩叠嶂

千佛岩叠嶂的第三级岩嶂竖直槽发育显著，其顶部海拔632m，高差141m，嶂宽459m。流水沿节理裂隙不断侵蚀，形成诸多纵向侵蚀凹槽。当密集的凹槽逐渐加深，槽两侧的岩石则相对突出于崖面。由于顶部棱角处风化速度较快，崖面形成很多象形的佛面像，故称"千佛岩"（图5-14）。相对于同类型的神仙居五指峰，千佛岩具有更高的侵蚀程度。

图5-14 雁荡山千佛岩竖直槽型岩嶂

当然，有些岩嶂垂直凹槽侵蚀切割深度较大，形成岩槽，如温岭方山岩槽（图 5-15）、天台后岸十里铁甲龙岩嶂（图 5-16），其岩槽深度较大，有些甚至形成"倒三角"或"倒挂金钟"状竖洞。

图 5-15　温岭方山竖直槽型岩嶂

图 5-16　天台后岸十里铁甲龙竖直槽型岩嶂

流纹质火山岩岩嶂往往同时发育有顺层槽和竖直槽，定名时取决于何种槽型处于优势地位、特征更为明显。

4. 洞穴型岩嶂

洞穴型岩嶂的崖壁上发育有各种类型的洞穴群，诸如蜂窝状洞穴群、壁龛洞穴群，或有顺层条带状洞穴群分布。①雁荡山三星洞附近的岩嶂发育大量洞穴[图 5-17(a)]，大者洞口直径十余米，小者几十厘米甚至几厘米，类型多样，有穹隆状剥蚀洞、套叠洞等。②神仙居雪洞岩嶂[图 5-17(b)]，在崖壁上可见大小不一的壁龛式孔洞，最小为 30cm，最大可达 2～3m。③缙云仙都虎迹岩岩嶂[图 5-17(c)]，在仙都小赤壁峭壁上一处形似猛虎足迹的岩壁，高差约 60m，小赤壁南端有许多大小不一的斑块洞穴,穴径小的40~50cm,大的1~2m,它们如槽如臼,穴缘线条流畅,远远望去,形如猛虎足迹,故称虎迹岩。④临海桃渚武坑岩嶂[图5-17(d)]虽高度不大,但是发育有大量蜂窝状洞穴群,洞大者数十厘米,小者几厘米。

(a)雁荡山三星洞岩嶂　　　　　　　　(b)神仙居雪洞崖壁洞穴群

(c)缙云仙都虎迹岩岩嶂　　　　　　　(d)临海桃渚武坑蜂窝状洞穴岩嶂

图5-17　洞穴型岩嶂实例

5. 复合型岩嶂

当岩嶂具有崩塌、垂直凹槽、顺层凹槽及洞穴中两种及以上特征时称复合型岩嶂。如雁荡山方洞岩嶂,发育有垂直凹槽、顺层凹槽及少量洞穴;神仙居神象嶂,顺层凹槽和垂直凹槽特征都较为显著。

1)雁荡山方洞岩嶂

方洞岩嶂(图5-18)位于方洞景区西侧入口与仰天湖之间,顶部海拔456m,高差152m,嶂宽441m。方洞岩嶂组成岩性自下而上依次为凝灰岩、流纹岩和熔结凝灰岩,流纹岩呈带状夹在两层火山碎屑岩之间,厚7~10m。熔结凝灰岩层内发育平卧洞穴,如方洞、梅花洞等,洞穴呈条带状顺层分布。崖面岩石纵向节理发育,在水流长期侵蚀作用下形成竖向岩槽,如金钟罩。

2)神仙居神象嶂

神象嶂(图5-19)位于神仙居逍遥谷东侧,顶部海拔743m,嶂宽901m,崖面高差238m,呈南北向转东南向延伸。崖面纵向节理发育,在流水长期侵蚀作用下形成竖向凹槽;同时,由于火山岩层间岩性差异,抗风化能力不同,在崖面水平方向上差异风化形成水平凹槽。

第五章 流纹质火山岩集中分布区典型地貌景观

图 5-18　雁荡山方洞岩嶂

图 5-19　神仙居神象嶂

6. 平整型岩嶂

平整型岩嶂表面相对平直，崩塌面、凹槽及洞穴等发育较少，一般由单一的流纹岩构成，多在海拔相对较低的 U 形嶂谷中分布。由于山体岩性较为均一，在被断层切割和流水侵蚀后形成的崖面，持续在沟谷内接受侵蚀和风化，使得岩壁平整如刀削斧劈。平整型岩嶂以雁荡山最为典型，代表性岩嶂如游丝嶂、铁城嶂、连云嶂等。

1）雁荡山游丝嶂

游丝嶂位于净名谷南侧，顶部海拔 208m，高差 106m，嶂宽 761m。崖壁陡峭直立，岩嶂上部为缓坡（图 5-20）。

2）雁荡山铁城嶂

铁城嶂位于净名谷北侧，顶部海拔 204m 左右，高差 108m，嶂宽 871m。铁城嶂与游丝嶂隔谷而立，下部几乎不发育缓坡，岩壁直插谷底（图 5-21）。

图 5-20 雁荡山游丝嶂

图 5-21 雁荡山铁城嶂

3）雁荡山连云嶂

连云嶂为千佛岩叠嶂下部第一级岩嶂，顶部海拔 412m，高差 114m，嶂宽 417m。岩嶂向东蜿蜒延伸至道松洞下方岩嶂，崖壁近直立（图 5-22）。

7. 叠嶂

岩嶂一层一层地叠置排列在一起，称为叠嶂。叠嶂地貌在雁荡山表现最为突出，徐霞客（1587—1641）考察雁荡山时便使用"叠嶂"二字，十分贴切。雁荡山的叠嶂均发育在多期火山喷溢形成的巨厚流纹岩层中，这些巨厚的流纹岩是多期次火山活动所成，而每次火山喷溢的岩流，其上下层位岩石结构有所差异：下部含角砾并发育不规则节理裂隙，中上部较为致密，发育

图 5-22　雁荡山连云嶂

竖向节理和近水平状的流动构造(陶奎元等,2008)。经侵蚀风化后,每个期次的流纹岩中竖向节理发育的坚硬致密层位形成陡立的岩嶂,其下不规则节理发育的层位形成缓坡,层层相叠,形成多级岩嶂。典型的叠嶂有凌霞嶂、紫霄嶂等。

1)雁荡山凌霞嶂叠嶂

凌霞嶂(图 5-23)自下而上为 2 个期次喷溢形成的流纹岩,每个期次的下部为含角砾流纹岩,上部为层状流纹岩。

图 5-23　雁荡山凌霞嶂叠嶂

凌霞嶂分为两层(图 5-24),一级岩嶂顶部海拔 278m,高差 103m;二级岩嶂顶部海拔 364m,高差 78m。两级岩嶂宽约 900m,底部均有缓坡过渡。一级嶂前有双笋峰矗立,峰体略高于嶂前缓坡。

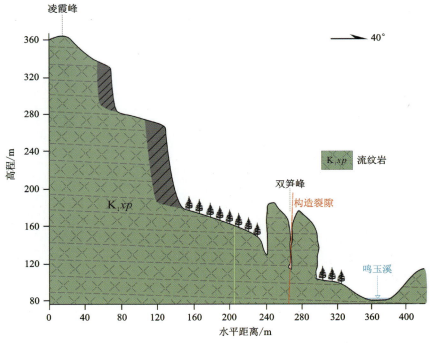

图 5-24　雁荡山凌霞嶂剖面图

2）雁荡山紫霄嶂叠嶂

紫霄嶂（图 5-25）位于显胜门东约 1km，上下可分为 2 级。一级岩嶂顶部海拔 355m，高差 78m，嶂宽 357m；二级岩嶂顶部海拔 722m，高差 171m，嶂宽 585m。两级岩嶂中间为斜坡相连，坡度 30°～40°。紫霄嶂上部岩性为流纹质晶玻屑熔结凝灰岩，下部为流纹岩。崖面岩石纵向节理较为发育，水流长期沿节理侵蚀形成纵向凹槽。

图 5-25　雁荡山紫霄嶂（叠嶂）（叶金涛摄）

第三节 石 门

一、形态特征

石门两岩屹立对峙，雄、奇、险，景色绝佳。石门是岩嶂进一步发展的产物，流水沿竖向节理或错断岩嶂的断层溯源侵蚀，将岩嶂切割，形成两侧陡立的孤峰或岩壁，相互对峙，如一扇敞开的巨门，一般分布于谷口。典型石门如雁荡山显胜门、石柱门、南天门、响岩门、龙虎门、神仙居西天门、神仙居东天门等。

对7处主要石门的宽度、高程、高差和高宽比（高度按两侧峰或嶂平均高度计）等地貌特征参数进行统计，结果见表5-4。显胜门由于两侧岩嶂间距较近，且顶部窄而中下部宽，高宽比最大可达19.7；龙虎门由于高差相对较小而宽度较大，高宽比为0.5。其他石门高宽比均在0.5以上。根据以上统计结果，取石门主要特征指标高宽比，将石门定义如下：

(1) 由两侧相近岩嶂或山峰共同组成。
(2) 石门高宽比 $(H/W) \geqslant 0.5$。

表 5-4 重点研究区主要石门发育特征一览表

研究区	序号	名称	石门组成	高程/m	高差/m	宽度/m	高宽比
雁荡山	1	显胜门	东北侧岩嶂	322	112	6～20	5.9～19.7
			西南侧岩嶂	334	124		
	2	朝天门	凌霞峰岩嶂	360	38	31	1.3
			犀牛峰岩嶂	364	43		
	3	石柱门	东侧岩嶂	253	139	32	4.2
			西侧岩嶂	210	132		
	4	龙虎门	青龙岩	161	56	179	0.5
			白虎岩	212	107		
	5	南天门	天柱峰	308	172	203	0.8
			展旗峰	290	139		
神仙居	1	西天门	挂板岩	619	320	164	1.9
			擎天柱	588	289		
	2	东天门	北侧岩嶂	668	200	163	1.4
			南侧岩嶂	698	249		

二、典型石门

1. 雁荡山显胜门

雁荡山显胜门（图 5-26）素有"崩岩对峙高千尺,显胜天下第一门"之称,由东北侧和西南侧两个岩嶂夹持而成。东北侧岩嶂高差 112m,西南侧岩嶂高差 124m,两门间隙中部较宽,上部和下部较窄,中下部宽 15～20m,顶部宽仅 6m。

由岩嶂向石门的演化发展历程中,由于地理环境不同,石门的形态特征不尽相同。显胜门宽度极窄,高宽比大,代表了溪流沿岩嶂竖向节理溯源侵蚀,岩嶂被溪流分割的初始阶段。岩嶂分开初期,由于其中下部受河流侵蚀作用强于顶部,因此可见显胜门上窄下宽的地貌特征。而雁荡山龙虎门（图 5-27）处于甸岭溪河谷,谷地平坦开阔,原始岩嶂侵蚀程度高,现存的石门高宽比小,代表了石门演化的消亡阶段。

图 5-26 雁荡山显胜门

图 5-27 雁荡山龙虎门

2. 神仙居西天门

西天门（图 5-28）是由南侧的擎天柱以及北侧的挂板岩对立形成的一道宽约 164m 的大门。南侧擎天柱海拔 588m,相对高差 289m,北侧挂板岩海拔 619m,相对高差 320m。石门中部向西延伸,形成摩天峡谷。

3. 神仙居东天门

东天门（图 5-29）气势雄伟,南北两嶂相距 163m,南侧岩嶂海拔 698m,相对高差 249m,北侧岩嶂海拔 668m,相对高差 200m。由于门中山谷呈北西-南东走向,日出之时可形成奇特的"双峦架日"奇观。

图 5-28 仙居神仙居西天门

图 5-29 仙居神仙居东天门

第四节 山 峰

一、形态特征

山峰是流纹质火山岩地貌中仅次于嶂的重要造景元素。由于岩层的产状、断裂的切割方式、岩性及不同岩石组合的差异等,造就了丰富多彩的流纹质火山岩山峰景观。从立体形态看,有锥状、柱状、堡状、屏状等类型,从平面投影看有近圆形、长条形、梭形(椭圆形)和不规则形等。不同类型的山峰群体组成峰丛,共同构成了流纹质火山地貌的重要景观。对 47 处山峰海拔、高差、长短轴长度、坡度等形态特征数据进行统计(山峰长短轴按平面投影数据计),并按形态特征进行分类,见表 5-5。

表 5-5 重点研究区主要山峰发育特征一览表

研究区	序号	名称	海拔/m	高差 H/m	长轴 a/m	短轴 b/m	坡度/(°)	高长比值	形态
雁荡山	1	碧霄峰	193	91	45	26	83	2.0	柱状
	2	金鸡峰	254	26	5	4	89	5.2	
	3	合掌峰	324	213	53	42	79	4.0	
	4	双笋峰	173	84	34	29	82	2.5	
	5		175	93	35	30	79	2.7	
	6	独秀峰	255	90	25	14	88	3.6	
	7	天柱峰	308	152	71	52	76	2.1	
	8	一支香	352	182	74	69	88	2.5	
	9	小剪刀峰	242	84	41	32	79	2.0	
	10	玉屏峰	401	48	14	12	88	3.4	
	11	老僧拜塔	312	24	8	6	86	3.0	
	12	含珠峰	153	61	20	16	72	3.1	
	13	剑岩	382	43	25	21	85	1.7	
	14	观音峰	916	166	146	51	83	1.1	锥状
	15	纱帽峰	825	236	214	74	85	1.1	
	16	宝冠峰	417	115	152	61	86	0.8	堡状
	17	九龙头	422	110	184	82	87	0.6	
	18	芙蓉峰	578	128	211	140	82	0.6	
	19	鸡冠岩	521	69	143	68	81	0.5	屏状
	20	天冠峰	212	96	175	43	83	0.6	
	21	菜刀岩	324	62	106	51	85	0.6	
	22	百丈岩	408	63	197	41	86	3.1	
神仙居	1	巨人鼻	828	226	88	40	81	2.6	柱状
	2	擎天柱	588	289	95	59	88	3.0	
	3	玉柱峰	674	182	58	40	83	3.1	
	4	公婆岩	597	110	98	44	87	1.1	
	5		546	66	67	32	86	1.0	
	6	旗杆岩	766	117	35	22	90	3.3	
	7	吊船岩	848	215	172	82	87	1.3	
	8	天柱峰	920	302	152	112	72	2.0	锥状
	9	火钳岩	730	117	73	39	83	1.6	
	10	梦笔生花	707	74	46	35	69	1.6	

续表 5-5

研究区	序号	名称	海拔/m	高差 H/m	长轴 a/m	短轴 b/m	坡度/(°)	高长比值	形态
神仙居	11	饭蒸岩	575	152	113	86	83	1.3	堡状
	12	天下粮仓	773	143	100	86	79	1.4	
	13	一帆风顺	649	159	195	49	85	0.8	屏状
	14	神舟峰	837	231	211	98	87	1.1	单面状
	15	佛祖峰	688	120	103	61	85	1.2	
	16	羊蹄岩	1042	164	87	32	80	1.9	
仙都	1	鼎湖峰	364	170	55	45	86	3.1	柱状
	2	婆媳岩	390	34	9	7	82	3.8	
	3		379	18	6	5	67	3.0	
	4	新妇轿岩	565	104	47	41	84	2.2	
	5	孔雀浴溪	191	24	8	6	86	3.0	锥状
	6	卓锡峰	196	29	5	4	85	5.8	
	7	花岩	520	127	201	64	78	0.6	屏状
桃渚	1	石柱峰	144	95	53	48	76	1.8	柱状
	2	七姐妹峰	65	26	31	21	79	0.8	
	3	玉壶岩	141	54	27	23	84	2.0	

根据以上统计数据,将流纹质火山岩山峰划分为锐峰、柱峰、堡峰、屏峰、单面峰。若山峰集群状分布,则根据基座是否被切割划分为峰丛和峰林。各山峰地貌类型及特征详见表5-6。

二、典型山峰

1. 锐峰

锐峰一般指由流纹质火山岩构成的山脊尖狭而高耸的山峰,以雁荡山观音峰、纱帽峰、神仙居天柱峰为典型代表。

锐峰按照分布位置不同可分为山顶型锐峰和沟谷型锐峰两类(胡小猛等,2008)。山顶型锐峰一般位于山体的顶部,其顶尖,规模大,敦厚粗壮,呈锥形。山顶型锐峰是早期区域构造抬升、沟谷下切过程中,竖直节理发育的流纹质火山岩岩嶂受断裂或节理切割,经历长时期崩塌,并同时受到劈理作用、风化剥蚀和流水侵蚀,最终形成的峭天耸立、峰顶尖棱的锐峰。徐霞客考察雁荡山作游记中所述,"危峰乱叠,如削如攒……山愈高、脊愈狭、两边夹立,如行刀背……又石片棱棱怒起,每过一脊,即一峭峰",这非常形象地描述了山顶型锐峰的形貌和气势(陶奎元等,2008)。沟谷型锐峰为岩嶂沿竖直节理侵蚀末期所残留的小型尖锐山峰,一般分布在沟谷的坡脚附近,少数位于谷地中央。形态上呈笔尖状,高挑清秀,一般集群形成峰林,单体规模要比山顶型锐峰小得多。典型的沟谷型锐峰有缙云仙都的斗岩三奇、五老峰等。

表 5-6 流纹质火山岩山峰地貌类型及特征汇总表（形态结构类型）

类型		地貌特征	成因	典型实例
山峰单体	锐峰	由陡崖围限的锥状山体，四壁陡立，顶部一般为尖顶，植被稀少或无植被。定义指标：坡度(a)>60°；峰体高差(H)>基座直径(长轴)(a)	流纹质火山岩受2组断层或节理切割后，沿坚直节理风化侵蚀，并伴随较强崩塌作用，形成顶部尖耸、周壁不甚规则的锥状山峰	山顶型锐峰：神仙居柱天峰、雁荡山观音峰、纱帽峰；沟合型锐峰：缙云仙都孔雀谷溪、卓锡峰
	柱峰	方形或圆形孤立石柱，呈圆柱、棱柱状，柱顶与基座长宽相当。顶部呈浑圆形或平顶，植被稀少或无植被。规模较小的可称为石柱，低矮者称为石礅。定义指标：周壁近直立，坡度(a)>80°；峰体高差/基座直径(长轴)(H/a)>1.5	流纹质火山岩受2或多组节理切割后进一步风化侵蚀，导致顶部分离而成分柱状山峰与原始峰分离而成	规模大者如仙都鼎湖峰、神仙居巨人鼻子，小者如雁荡山独秀峰、神仙居蟆杆岩
	堡峰	呈堡状、蒸笼状山峰，顶部浑圆、蘑菇状，植被茂密。崖壁孤形。崖壁多见垂直侵蚀凹槽。定义指标：周壁近直立，坡度(a)>60°；峰体直径(长轴)/基座直径(长轴)(H/a)<1.5	与柱峰相似，但节理切割同距较大或切割深度较小，从而保留了相对更大的顶面	神仙居天下粮仓、饭蒸岩、雁荡山芙蓉峰
	屏峰	山峰呈屏状。平面投影呈平扁的长条状椭圆形，长轴长度远大于短轴，同方位观之景观特征早显著，达到"移步换景"的奇特效果。定义指标：坡度(a/H)>1；平面投影长轴/短轴(a/b)>2	流纹质火山岩受2或多组近平行节理切割后进一步风化侵蚀的残留山峰	神仙居鸡冠岩、雁荡山菜刀岩、百丈岩
	单面峰	峰的一侧与台地或山体相连，崖壁较矮或无崖壁，而面朝沟谷一侧，崖壁高陡。形态上似锐峰，柱峰或堡峰，或两者结合体。定义指标：面朝沟谷崖壁高度/面朝台地或崖噌连接部高度(H/h)>1.5	多为岩峰上的岩槽侵蚀后退加深，相邻两个岩槽之间相对突出而成。有的为火山岩台地后退过程中，留下抗风化能力较强的部分	神仙居聚仙谷一带的峰、典型如神舟峰
山峰组合	峰丛	山峰的集群，其基座未被切割，基座高度大于山高的1/3	火山岩台地经风化、侵蚀和崩塌作用而形成的残留体	神仙居饭蒸岩峰丛、聚仙合峰丛、石盟垟峰丛、公盂峰
	峰林	山峰的集群，其基座已被切割，基座高度小于山高的1/3	峰丛进一步被侵蚀切割而成	缙云仙都鼎湖峰（斗岩三奇）峰林、五老峰峰林、铁城峰林

1)神仙居天柱峰(观音峰)

神仙居天柱峰又名观音峰(图 5-30),位于官坑溪以南,与蝌蚪崖对峙,海拔 920m,相对高差达 302m,因从大岩背方向观察山形酷似观音坐像而得名。山峰受北东向和北西向两组断裂影响,四周均为悬崖陡壁,其中南东侧岩壁尤其陡峭平直,与北东向断层方向平行。

图 5-30　神仙居天柱峰(周丽芳摄)

2)雁荡山观音峰

观音峰(图 5-31、图 5-32)位于上灵岩村北,海拔 916m,状如观音大士坐于莲台之上,是雁荡山典型的锐峰景观。峰顶与"莲花座"高差 166m,与"莲花座"下方河谷村庄高差可达 600 余米。从观音峰顶到观音峰"身"再到"莲花座"为雁荡山火山构成方洞一带叠嶂的巨厚流纹岩层形成之后,火山又一次爆发形成的凝灰岩层和巨厚熔结凝灰岩层。"莲花座"以下到上灵岩为雁荡山火山第二期喷发的巨厚层流纹岩,"莲花座"为第三期爆发的凝灰岩,其中夹有一层厚 2~10m 的流纹岩,"观音身"为第四期火山爆发的熔结凝灰岩。

图 5-31　雁荡山观音峰

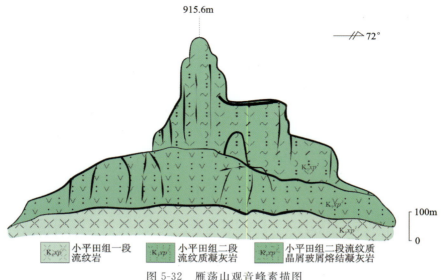

图 5-32 雁荡山观音峰素描图

3) 雁荡山纱帽峰

纱帽峰(图 5-33)顶部标高 825m,与下方方洞一带岩嶂高差 236m。其造型独特,形如纱帽,故名。

图 5-33 雁荡山纱帽峰

2. 柱峰

圆柱、棱柱状山峰,顶部呈浑圆状或平顶,植被稀少或无植被。规模较小的可称为石柱,低矮者可称石墩。柱峰多位于沟谷坡脚附近,或谷地与斜坡过渡地带,大多数都是紧靠岩嶂,其原先是岩嶂的一部分,后经断裂或节理切割而脱离岩嶂,并经流水侵蚀、风化剥蚀作用形成。如神仙居"巨人鼻子"柱峰与岩嶂之间即发育一巷谷,崖壁崩塌发育。少数柱峰独立出现于接近山脊的斜坡上,形成孤峰独柱。

1) 缙云仙都鼎湖峰

鼎湖峰（图 5-34、图 5-35）伫立于步虚山西坡山麓，好溪东岸，海拔 364m，高出溪面 170m，柱体长轴直径约 54m。峰顶长寿松古柏、龙须草，峰巅有鼎湖，位于峰顶南部，是一鸭蛋形石池，2m 见方，深 40cm，四季不枯，故称鼎湖峰。

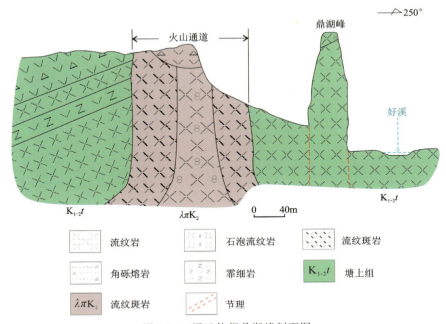

图 5-34　缙云仙都鼎湖峰剖面图

图 5-35　仙都鼎湖峰（仙都风景旅游区管理中心提供）

2) 神仙居"巨人鼻子"

"巨人鼻子"整体为一柱峰（图 5-36），顶部海拔 828m，高差约 226m，柱体长轴直径约 88m。峰顶呈圆弧状，四周为陡立岩壁，组成岩性为流纹质熔结凝灰岩。柱峰上节理裂隙发育，其外侧岩石产状为325°∠74°,这一组节理逐渐与后侧崖壁脱离,形成一形似巨人鼻子状的拟态石景观。

图 5-36　神仙居"巨人鼻子"柱峰（徐小凤摄）

3) 神仙居公盂岩旗杆岩

旗杆岩为公盂峰林中一柱峰（图5-37）,顶部海拔766m,长轴直径35m,高差117m,岩性为熔结凝灰岩。旗杆岩孤峰顶立,仰天高耸,规模较广东丹霞山"阳元石"（高28m,直径7m）更加宏大。

4) 雁荡山独秀峰

雁荡山独秀峰（图5-38）位于小龙湫瀑布东南约50m处,海拔255m,峰顶至谷底高差90m,柱体底部长轴直径约25m,向上渐细。柱体由流纹岩组成,上部具层状流动构造,底部发育球泡,部分球泡脱落使得峰体表面凹凸不平。

图 5-37　神仙居公盂旗杆岩　　　　图 5-38　雁荡山独秀峰（叶金涛摄）

3. 堡峰

堡峰整体呈堡状或蒸笼状,顶部浑圆,植被茂密。流纹质火山岩受2组或多组节理切割后进一步风化侵蚀,导致部分柱状山体与原始岩嶂分离,但节理切割间距较大或切割深度较小,从而保留了相对更大的顶面。堡峰受断层构造影响往往较小,崩塌作用较弱,因而保留了较为圆润的体态。

1) 神仙居"天下粮仓"

天下粮仓(图5-39)峰体呈浑圆状,海拔773m,相对高差143m,长轴直径100m,岩性为流纹质晶玻屑熔结凝灰岩。由于多个喷发期次之间抗风化能力不同,在差异风化作用下形成明显的分界线,形似储粮仓库,故称"天下粮仓"。其与北侧的堡峰之间有一纵向节理裂隙相隔,整体远观又形似一只骆驼。

图 5-39 神仙居"天下粮仓"堡峰

2) 神仙居饭蒸岩

饭蒸岩(图5-40)海拔575m,相对高差152m,长轴直径113m,高长比为1.3。按照堡峰定义,高长比小于1.5为堡峰,而柱峰该值大于1.5,因此饭蒸岩是堡峰向柱峰过渡的类型。峰体远观似宝塔,又如古时蒸饭的器皿,云雾缭绕之时尤其逼真,故名。饭蒸岩峰体可见4层近水平的清晰条带(含近峰顶1层),俗称"腰带",岩性为较为均匀的流纹质晶玻屑熔结凝灰岩,其中所含角砾或石泡较少,相比其他层位更易被风化而相对凹进。

4. 屏峰

山峰呈屏状,其最大的特点是山峰的平面投影呈扁平的长条状椭圆形(图5-41),长轴长度远大于短轴,比如神仙居鸡冠岩长短轴比值等于4.7,菜刀岩长短轴比

图 5-40 神仙居饭蒸岩堡峰

值等于 4.3。屏峰的最大特征是在不同方位观察，其景观效果差异极大，可呈现完全不同的景观特征，达到移步换景的奇妙意境。虽然有些地貌也会有移步换景的效果，但其错觉感不及屏峰强烈。典型的屏峰有神仙居鸡冠岩、剪刀峰和菜刀岩。

1）神仙居鸡冠岩（"一帆风顺"）

神仙居鸡冠岩屏峰位于神仙居景区中部，为一火山通道相岩石的屏状山峰（图 5-41）。峰体海拔 649m，陡立面高 159m，平面投影呈北东向延伸的纺锤状，长轴长度 195m，短轴长度仅 49m。该峰的神奇之处在于移步换景：自东北向西南方向看去似竹笋、毛笔尖，而其他角度望去却似风帆。

图 5-41　神仙居鸡冠岩屏峰及平面形态

由长轴方向和短轴方向的剖面可见（图 5-42），短轴方向的剖面呈锥状，而长轴方向剖面呈屏状，因此从多个角度观看鸡冠岩，该峰也就呈现出多种不同的形态，达到移步换景的效果（图 5-43）。

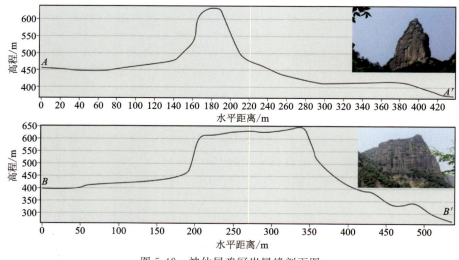

图 5-42　神仙居鸡冠岩屏峰剖面图

图 5-43　神仙居鸡冠岩屏峰之"移步换景"

2）雁荡山百丈岩屏峰

百丈岩位于一山顶之上，峰顶标高 408m，峰四周为一圈岩嶂，顶部较为平坦，岩嶂高差 80～110m。百丈岩组成岩性为流纹质晶玻屑熔结凝灰岩，崖面纵向节理发育，可见垂直凹槽或岩槽，中北部见一竖状穿洞。南侧发育一小型柱峰，顶部标高 342m，柱峰高差约 100m。不同方位观之，呈现完全不同的形态，正对屏峰平面投影的长轴观看，呈屏状或堡状，而正对短轴看，则为锐峰状（图 5-44），景观效果差异极大。

图 5-44　雁荡山百丈岩（来自网络——星云视界）

5. 单面峰

单面峰，顾名思义，就是峰体只有一面看起来是峰，另一面则并非正常意义上的山峰，故名。单面峰四周并非都是崖壁，而是有一侧与山体相连，而另一侧为直插坡脚的陡壁。单面峰多见于台地边缘的岩嶂，是岩嶂的组成部分。单面峰多为岩嶂上岩槽侵蚀后退过程中，相邻两个岩槽之间保留的相对突出的部分。随着岩嶂的进一步后退，单面峰可发育为锐峰或柱峰（图5-45）。单面峰在流纹质火山岩地貌中广泛发育，比较典型的单面峰如神仙居神舟峰、神仙居聚仙谷岩嶂发育的众多无名峰等。

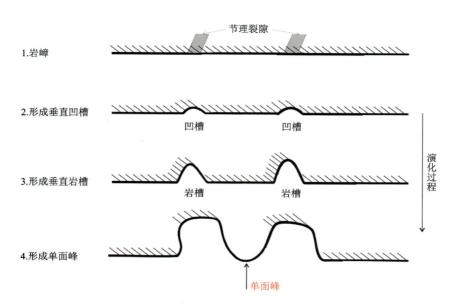

图 5-45　单面峰成因示意图（俯视角度）

1）神仙居神舟峰

神舟峰（图5-46）海拔837m，山峰临谷面高差231m，其东北侧与山体相连。峰体在竖直节理切割和风化作用下，呈现多个锥形柱体相捆绑的外形，酷似等待发射的神舟五号，故称"神舟峰"。随着风化作用的进行，未来神舟峰脱离山体后可向柱峰或锐峰类型发展。

2）神仙居聚仙谷火山岩峰丛发育的单面峰

神仙居聚仙谷火山岩丛（图5-47），就是一个主要由单面峰组成的峰丛。官坑口东望，自北向南延绵2.5km左右，群峰耸立，代表性的山峰和岩嶂有天柱岩、大岩背、蝌蚪崖、犁冲岩以及许多无名山峰等，山顶高程在780~870m范围内，山体均大致呈北东东走向。除天柱峰外，其余大多山峰为与岩嶂相接的单面峰（图5-48），此看为嶂，彼望为峰，正是"横看成岭侧成峰"的意境。

图 5-46　神仙居神舟峰

图 5-47 神仙居聚仙谷火山岩峰丛(主要由单面峰、锐峰组成)

图 5-48 仙居神仙居聚仙谷单面峰

6. 峰丛峰林

火山岩峰丛峰林地貌是锐峰、柱峰、堡峰等各种类型山峰的集合,具体可分为密集型、簇群型、疏散型等类型,构成了气势恢弘、形态各异、错落有致的绝妙自然景观。比较典型的有神仙居聚仙谷峰丛(图 5-47)、饭蒸岩峰丛(图 5-49)、石盟垟峰丛(图 5-50)、公盂岩峰林(图 5-51)、缙云铁城芙蓉峰林(图 5-52)、五老峰峰林、鼎湖峰峰林和桃渚芙蓉峰丛、雁荡山灵岩峰林等。

1) 神仙居聚仙谷峰丛

神仙居聚仙谷峰丛(图 5-47),从西往东望,皆为群峰耸立,主要由单面峰和锐峰组成,峰丛的一个突出特点是"峰"与"嶂"的有机结合,许多单面岩嶂山根与气候雄厚的山体连在一起,从侧面看,又成了嶂(如蝌蚪崖、大岩背等),形成了"横看成岭侧成峰"的奇特景象。

2)神仙居饭蒸岩峰丛

神仙居饭蒸岩峰丛(图 5-49)位于西罨寺北侧景区外围,从游客服务中心前往北入口的途中可见该处景点。饭蒸岩为一海拔 574.6m 的圆柱状山峰,柱峰直径 50~80m,相对高差 180m。其南侧有两座规模稍小的柱峰,分别为"饭公公"与"饭婆婆",合称为"公婆岩",加上西南侧鸡冠岩等数座山峰,共同组成一处典型的火山岩峰丛地貌景观,其基座高度与山高比值等于 0.65。

图 5-49　神仙居饭蒸岩火山岩峰丛

图 5-50　神仙居石盟垟火山岩峰丛(主要由锐峰、单面峰组成)

3)神仙居公盂岩峰林

公盂岩火山岩峰林(图 5-51)是省内首屈一指的峰林地貌景观,为包括公盂岩在内的一片规模巨大的火山岩峰林,峰林出露面积 10 余平方千米,发育大小孤峰 20 余座,其中有名称的有七八处,除公盂岩外,旁边还有旗杆岩、升平柱、吊船岩、火钳岩、羊蹄岩、膝盖岩等,均依象形而命名,一座座山峰奇异突兀,形态逼真,栩栩如生。早晨白雾缠绕峰柱,缥缈恍惚,傍晚夕阳夕照,余霞映照,均恍如人间仙境。

图 5-51　神仙居公盂岩火山岩峰林(主要由锐峰、柱峰组成)

4)缙云铁城芙蓉峰林

缙云铁城芙蓉峰林(图 5-52)发育于白岩山最东侧的岩栓,岩栓形成的塔状岩峰,经纵向垂直节理切割,形成峰丛地貌,数石峰簇拥而成,像出水芙蓉,亭亭玉立,故称"芙蓉峰"。岩塔高耸入云,四周为千仞峭壁,更显孤峰突起,为本区之最高峰。峰柱、石笋嶙峋,造型奇特,有"老翁垂钓""金龟朝""甲壳虫"等。

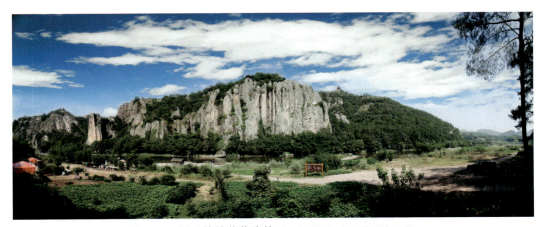

图 5-52　缙云铁城芙蓉峰林(主要由锐峰、小型单面峰组成)

第五节　洞　穴

一、形态特征

正所谓"无岩不洞,无洞不怪",受岩性、断裂、节理的影响和控制,研究区内发育了大量的洞穴,形态怪、成因独特,洞景配置和谐,秀丽幽奥。4 个重点研究区雁荡山洞穴分布最多,有"古洞奇穴遍雁荡"的说法,而神仙居则洞穴分布最少。本次调查共登录主要洞穴有 48 个

(表 5-7)。按照成因和总体形态划分,洞穴可分为以下几种类型:平卧洞、穿洞、直立洞、穹隆洞、套叠洞、倒石堆洞(崩积洞)和天生桥(石拱),以及由单个洞穴组成的洞穴群,包括蜂窝状洞群、壁龛式洞群和条带状洞群等(表 5-8)。平卧洞、直立洞是两种最为常见的洞穴,其成因模式见图 5-53。

表 5-7 研究区主要洞穴及特征一览表

编号	名称	研究区	类型	洞高/m	洞宽/m	洞深/m
1	碧霄洞		平卧洞	2～8.8	24	13
3	北斗洞		平卧洞	43	42	32～41
5	雪洞		平卧洞	13	6	3
6	古竹洞		平卧洞	11	29	4～8
7	响板洞		平卧洞	12	24	17
11	莲花洞		平卧洞	13	22	18
13	水帘洞		平卧洞	5～16	18～33	7
14	维摩洞		平卧洞	10.9	9.5	14.9
15	方洞		平卧洞	11	19	27
16	梅花洞		平卧洞	11	13	21
18	西石梁洞		平卧洞	18	24	8～12
19	仙岩洞		平卧洞	2～8	16	18
20	石佛洞		平卧洞	6～18	12～20	6～12
21	北石梁洞	雁荡山	平卧洞	30～35	56	25～30
23	东石梁洞		平卧洞	10	13～16	25
25	方山将军洞		平卧洞	7～8	17	8～10
2	将军洞		直立洞	48	16.5～22	38
4	观音洞		直立洞	115	10～19	71
9	龙鼻洞		直立洞	60	20	48
10	天聪洞		直立洞	33	2～10	35
24	羊角三洞		直立洞	15	6～10	12
26	牛鼻古洞		直立洞	13	6	15
27	羊角洞五洞		直立洞	5～10	40	8～12
8	朝阳洞		穹隆洞	29	42	5～9
12	三星洞		穹隆洞(套叠洞)	15	27.8	20.5
17	明阳洞		穹隆洞	5～12	14	13
22	仙姑洞		套叠洞	8～12	3～15	25
28	灵峰古洞		倒石堆积洞	35	8	20

续表 5-7

编号	名称	研究区	类型	洞高/m	洞宽/m	洞深/m
29	观音洞	仙居神仙居	平卧洞	6	15	13
30	雪洞		穹隆洞	3	3.5	15
31	财神洞		直立洞	5	10	8
32	镰刀洞		壁龛式洞穴	1.8	4~5	10
41	招隐洞	缙云仙都	平卧洞	2~5	8~20	5~10
42	情侣洞		平卧洞	3~10	1.5~7	6
34	倪翁洞		穹隆洞(侧蚀槽)	6	15	6
39	金龙洞		穹隆洞	2~10	10~15	10
35	读书洞		穹隆洞(侧蚀槽)	6	15	10
40	忘归洞		套叠洞	12	10~15	5~12
37	八仙洞		套叠洞	6	15	6
38	天堂洞		条带状洞穴群	4~5	2~5	6
36	青芝洞		倒石堆积洞	2~4	2~5	10
33	马鞍山冷气洞		倒石堆积洞(裂隙洞)	7	2.5	14
45	碧云洞	临海桃渚	平卧洞	4~6	13~15	10~12
46	雨花洞		平卧洞	25	34	30~35
47	白岩洞		平卧洞	8~10	20~27	10~12
49	白鹤洞		平卧洞	3~12	32	10
43	明霞洞		穿洞	4~9	30	15
44	龙女洞		海蚀洞	2.5	3	12
48	观音洞		海蚀洞	3~7	1.5~4	30

平卧式巨厚层流纹岩层内崩塌成因　　　　直立式或倾斜式裂隙成因

图 5-53　流纹质火山岩两种最典型的洞穴成因模式(据南京地质矿产研究所等,2004)

表 5-8 流纹质火山岩洞穴地貌类型及特征汇总表（形态结构类型）

类型		特征描述	成因	典型实例
大型单体洞穴（单个洞径大于5m）	平卧洞	通常沿着火山岩流动面发育，洞口呈矩形，上下壁平整，左右两壁呈弧形，洞穴发育处	平卧式巨厚流纹岩层内崩塌洞。巨厚流纹岩层不是一次喷溢，而是3～5次火山岩浆溢所成。每次喷溢的岩流其上、中、下各部位岩石结构有差异，上部发育近水平状的流纹，下部的岩石由于岩石结构不均一，小型节理或劈理和水的作用下发生重力崩析，出现大小不一的洞穴	雁荡山古竹洞，北斗洞，将军洞，维摩洞，神仙居观音洞，桃渚碧云洞，白岩洞，雨花洞等
	直立洞	直立或斜立式岩隙裂洞，洞口呈三角（锐角）形，高度远远大于宽度，洞壁较为规则，洞穴底部开阔，向上汇拢尖灭	两种成因：①以崩塌为主的成因：垂直或倾斜的断裂切割嶂岩，使岩石发生破裂，这些破碎的岩石块经过风化逐渐剥落，从而扩大成洞。②以流水侵蚀为主的成因：竖直槽形岩嶂上垂直凹槽，岩槽的根部向崖壁内部深度侵蚀的产物	雁荡观音洞，将军洞，方山岩嶂上发育洞穴群
	穹隆洞	洞口呈圆形或扁圆形，洞内四壁多有小凹洞发育，洞壁片状剥落明显	穹隆洞以洞顶呈上拱圆弧状为特征。当水流流经谷坑洼处时，部分水流沿凹坑上壁发散，随着面状水流的不断侵蚀，原本的凹坑不断扩大，逐渐形成穹隆状洞穴	雁荡山朝阳洞，仙都罄壁归洞
	穿洞（天生桥）	洞穴两端相互连通，穿洞高度大于洞顶厚度，则称为天生桥。天生桥是穿洞的一种特殊形式	沿着火山岩岩层风化、崩塌、顺层穿透山体	仙都月镜岩，临海桃诸明霞洞，雁荡山百丈岩洞，仙都罄洞，仙人桥
	崩积洞（倒石堆洞）	洞穴形态随机性大，极不规则	崖麓的巨大崩积岩块相互堆叠，架空堆积形成洞穴	仙都青芝洞，雁荡山灵峰古洞

续表 5-8

类型		特征描述	成因	典型实例
洞穴群	套叠洞	在洞穴内部,嵌套多个小洞穴,形成"洞中洞"的奇特景观,内洞多呈球形,洞壁圆润	角砾或气孔构造发育岩石中,岩壁水流沿脱落角砾或气孔的凹坑内壁发散而不断侵蚀,将回坑扩大加深,形成洞穴。洞穴岩壁内继续沿脱落角砾或气孔侵蚀风化,形成洞中洞	雁荡山三星洞,仙都八仙洞
	蜂窝状（气孔状）洞穴群	大小均匀,密集相连的微型洞穴群,状似蜂巢。单穴直径一般小于 10cm	两种成因：①球泡风化剥落,形成空腔,的洞穴群以神仙居山顶分布的为代表；②密集蜂窝,流纹岩气泡风化后的产物,以临海桃渚武景区为代表	临海桃渚武景区,神仙居山顶顶部崖壁
	壁龛式洞穴群	洞穴集群分布,这类洞穴到处可见,洞径大多小于 1m,洞穴形态各异	球泡风化剥落,流纹岩球泡空腔风化	雁荡山三星洞群、铁城峰洞洞穴群等,神仙居洞洞崖壁雪

二、典型洞穴

1. 平卧洞

由于流纹质火山岩层（巨厚流纹岩层）不是一次喷溢，而是多次火山岩浆喷溢所成。每次喷溢的岩流，其上、中、下各部位岩石结构有差异，不同岩层接触地带由于含角砾、不规则的裂缝、垂直节理、近水平状的流纹等，岩石结构不均一，小型节理或劈理和水的作用下发生重力崩塌形成平卧状洞穴。

1）雁荡山方洞

方洞（图 5-54、图 5-55）是位于金带嶂上部的一个侧洞，洞底所在标高 398m，洞口高 11m，宽 19m，洞深 27m，洞口朝向 196°。洞体组成岩性为熔结凝灰岩，洞壁两侧岩石节理发育，主要发育节理产状为 180°∠64°，98°∠81°，342°∠75°，前两组节理较为发育，尤以 98°∠81° 这组节理最为发育，呈弧面状，延伸至洞里侧，发育密度 15～25 条/m。

图 5-54　雁荡山方洞

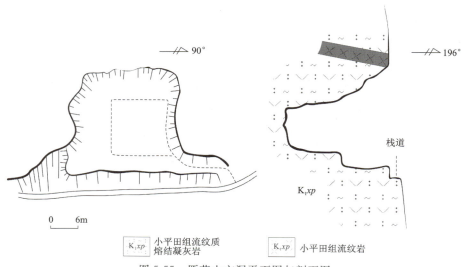

图 5-55　雁荡山方洞平面图与剖面图

2）雁荡山北斗洞

北斗洞（图5-56）所处标高141m，洞口朝向90°，洞高43m，洞宽42m，洞深32～41m，两边浅中间深。洞体岩性为下白垩统小平田组一段流纹岩，洞上部为层状流纹岩，下部为致密块状流纹岩，受断裂挤压，断层面较破碎，并伴有硅化，洞顶上部岩石厚度27m。

3）临海桃渚碧云洞

碧云洞[图5-57（a）]沿流纹岩层面发育，洞口朝向156°，走向66°，洞口宽13～15m，高差4～6m，洞深10～12m。碧云洞顶部为流纹岩水平层面发育，洞内侧壁垂直节理裂隙发育，洞西侧还发育有一个小洞，洞宽3.5m，洞深4.5m，洞壁岩石均发育水平、垂直两组节理。洞内部后缘发育有嵌套的剥蚀小洞[图5-57（b）、（c）]。

图5-56 雁荡山北斗洞

(a)外貌

(b)洞体后缘发育的小凹洞

(c)洞内后缘概貌

图5-57 临海桃渚碧云洞

4）神仙居观音洞

观音洞（图5-58）洞宽15m，高6m，深13m，岩壁主体为流纹质火山角砾岩，局部夹有火山集块岩、流纹质集块熔岩。洞穴形成原因为胶结松散的火山角砾岩及火山集块岩较上下的流纹岩更易风化松散,在重力的作用下垮塌崩落逐渐形成洞穴景观。

(a)观音洞外观　　(b)观音洞内壁(一)　　(c)观音洞内壁(二)

图 5-58　神仙居观音洞

5)仙都招隐洞

招隐洞(图 5-59)是一个天然而成的横卧崩塌岩洞,有两个向东敞开的洞口。南侧洞口较大,口呈狭长形,宽 20m,高 5m,洞深 10.2m。北侧岩洞较小,洞宽 8m,高仅 2m,深 5m,又名寻仙洞,内供有观音、八仙等塑像。洞所在山体岩性为流纹质角砾玻屑凝灰岩,岩石结构较为疏松,易于风化,故该岩层在自然风化及重力崩塌等作用下形成洞穴。

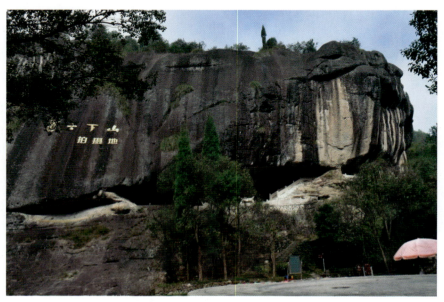

图 5-59　缙云仙都招隐洞

2. 穿洞

平卧洞穴沿着火山岩岩层进一步风化、崩塌，直至穿透山体，形成穿洞。有的穿洞由于发育在较薄岩壁处而呈孔洞状。

1) 仙都月镜岩

月镜岩（图5-60）所在峰岩相对高差约100m，薄如石屏，岩顶端峥嵘突兀。石屏中部近顶，天然形成一六角形孔洞，从初旸山顶初旸亭南望该穿洞，圆如明镜，故人称"月镜岩"。它与北边群玉山上的仙女峰（即仙女照镜岩）组成了仙女照镜的奇特景观。

图 5-60　缙云仙都月镜岩

2) 临海桃渚明霞洞

明霞洞（图5-61）组成岩性为紫红色流纹斑岩，该洞为流纹斑岩沿层面崩塌形成。洞口宽30m，高4~9m，洞深15m，洞口走向350°，控制洞形成的流纹岩层理面产状为236°∠15°，洞南北两侧已经贯通，实为一穿洞。

图 5-61　临海桃渚明霞洞

3)雁荡山百丈岩穿洞

该穿洞位于百丈岩中间(图5-62),为一竖状穿洞,是受纵向节理控制崩塌而成,穿洞呈纵向长条形,高约30m,宽约10m,洞深约16m。

图 5-62　雁荡山百丈岩穿洞

4)雁荡山仙人桥

若穿洞在横向上具有一定跨度且洞高大于顶板厚度,即称天生桥。区内发育的天生桥景观,典型代表是雁荡山仙人桥(图5-63)。仙人桥位于仙亭山与红岩山之间的山脊上,桥顶平坦,整体走向为55°,下部桥洞呈半圆弧形,桥长约37m,桥孔深约22m,高15~16m,桥宽5~8m。仙人桥组成岩性为含角砾集块流纹岩,上部角砾因风化剥落形成诸多凹穴,穴呈圆形,直径在5~30cm之间。仙人桥由流纹岩层内崩塌而致,两侧为断崖,一旦发生层内崩塌两侧穿通,则形成天生桥。

图 5-63　雁荡山仙人桥

3. 直立洞

垂直或倾斜的断裂切割嶂岩,使岩石发生破裂,局部发生强烈重力崩塌,这些破碎的岩石碎块经过风化逐渐剥落,从而扩大成洞。这种洞的形态总体上呈直立或呈倾斜,其高度远远大于宽度,洞壁较为规则。

1）雁荡山观音洞

观音洞（图 5-64～图 5-66）位于灵峰景区，是研究区内规模最大的裂隙洞，由一巨峰经一条直立的断裂与流纹岩层内崩塌所形成。洞高 115m，洞底宽 10～19m，洞深 71m，洞口朝向与断层带走向一致，为 95°。洞顶部为一个断层带，断层带内可见一透镜体，宽 1～3.5m。从洞底到洞顶有 403 级石蹬，依洞建筑有 9 层楼阁，建筑面积达 1000m²。凡宽阔建殿之处均经过较大崩塌作用，上殿与下殿之间宽仅有数尺余，进入洞内层层显殊景。

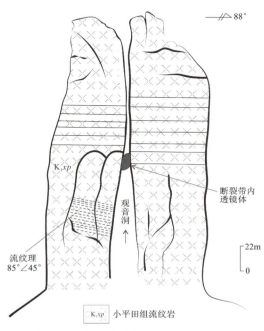

图 5-64　雁荡山合掌峰与观音洞素描图

图 5-65　雁荡山观音洞（左图由外向洞内看；右图由洞内向外看，远处小柱峰为双笋峰）

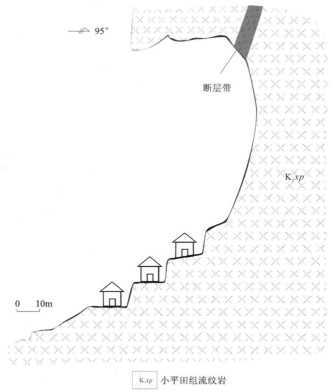

图 5-66　雁荡山观音洞纵剖面图

2）雁荡山将军洞

将军洞（图 5-67）底标高 196m，洞高 48m，洞底宽 16.5m，洞深 38m，洞内最宽处达 22m，洞口朝向 10°。将军洞沿两条断裂带发育，走向分别为 345°和 289°，第一条断裂带厚度约 2m。洞两侧出露岩性为下白垩统小平田组一段流纹岩。洞壁东侧受断裂带挤压，较为破碎，并伴有硅化。在岩嶂上类似将军洞的直立洞还有很多，通常是崖壁上垂直岩槽深度切割崖壁而成。

图 5-67　雁荡山将军洞

4. 穹隆洞

穹隆洞以洞顶呈上拱圆弧状为特征。当水流流经岩壁坑洼处时，部分水流沿凹坑上壁发散。随着面状水流的不断侵蚀，原本的凹坑不断扩大，逐渐形成穹隆状洞穴。大者如仙都忘归洞、雁荡山朝阳洞，小者如显胜门上的石佛洞等。

1）仙都忘归洞

忘归洞（图 5-68）为缙云山北麓一巨大火山岩洞，忘归洞洞口朝北，正对小龟山，故俗有忘归之称。洞口呈圆形，直径达 10m。洞深约 5m，洞内宽敞、平坦，内壁分布着呈蜂窝状的小孔。

2）雁荡山朝阳洞

朝阳洞（图 5-69）底所处标高 144m，洞口朝向 110°，洞高 29m，洞宽 42m 左右，洞深 5～9m，两侧浅，中部宽。洞体由流纹岩组成，岩石破劈理极为发育，劈理面呈曲面，致使洞口呈浑圆状，主要劈理面产状为 88°∠85°，350°∠88°，332°∠6°～10°。

图 5-68　仙都忘归洞

图 5-69　雁荡山朝阳洞

5. 崩积洞（倒石堆洞）

山体崖壁巨大，岩块在重力作用下崩塌，崩塌的岩块堆积在山脚坡率平缓地带，架空处即成为洞。崩积洞形态极不规则，通常有多个洞室，仙都青芝洞、雁荡山灵峰古洞为其典型代表。

1）仙都青芝洞

青芝洞（图5-70）为多块巨大崩落岩石堆积而成的洞穴。洞室内屈曲奇诡，迂回沟通，中空处形成3个洞室，且有两条小涧在洞内交汇，绕石而流，清莹明澈。延曲径进入洞中，3块巨大岩石叠置而成一弧形空间，洞体面积约为60m²。

2）雁荡山灵峰古洞

灵峰古洞为一倒石堆形成的古洞（图5-71），位于鸣玉溪畔，洞底所处标高128m。洞口最大的倒石长轴达30m，形成的洞口宽8m，洞水平深约20m，向下深约35m。倒石堆顶部标高155m，其上部为一岩嶂，岩嶂高差103m，崖面近直立，沿走向290°展布，延伸约120m。

图5-70　缙云仙都青芝洞

图5-71　雁荡山灵峰古洞

6. 套叠洞

洞中有洞，称套叠洞。流纹质火山岩中的套叠洞往往出现在含角砾或气孔构造发育的岩石中。降雨时，岩壁水流沿脱落角砾或气孔的凹坑内壁发散而不断侵蚀，将凹坑扩大加深，形成洞穴。当水流在洞穴内壁再遇凹坑，经过新一轮风化侵蚀形成次一级洞穴。典型的套叠洞如雁荡山三星洞和仙都八仙洞。

1）雁荡山三星洞

三星洞（图5-72）底所处标高118m，洞口朝向162°。组成岩性为下白垩统小平田组一段含角砾流纹岩，角砾大小一般为2~15cm，最大可达40cm。洞口宽27.8m，高15m，洞深20.5m，洞内宽度15m。洞内又形成两个近圆形的洞窟，直径约7m，两洞室之间被风化残存的岩壁所隔开。洞顶部岩面角砾风化剥落形成众多凹穴，直径一般为10～20cm，最大可达40cm左右。

图5-72　雁荡山三星洞（套叠洞）

2）仙都八仙洞

八仙洞（图5-73）为一天然形成的套叠洞。洞口朝西，洞口高为6m，宽15m，深6m，洞内壁套叠有8个洞窟，呈似蜂窝状，形状近似圆形，直径均在1m左右，内腔相通。洞内建有小庙，为清代大路口村民所建，庙内塑八仙群像。

图5-73　缙云仙都八仙洞（套叠洞）

7. 蜂窝状（气孔状）洞穴群

区内蜂窝状洞穴群，主要发育在临海桃渚武坑景区（图 5-74）。富含大量气体的岩浆处在内外压力均衡时，内部的气体基本保持不外逸，待岩浆缓慢冷却后，留下大量密集的蜂窝状孔洞，孔洞呈圆状或椭圆状，直径 2～8cm 不等，孔壁光滑。周围岩石岩性为塘上组第二段紫红色流纹斑岩。丹霞地貌中也发育有形态相近的蜂窝状洞穴，但其主要是由砂岩内盐分结晶产生的张力对岩石颗粒造成破坏而形成（陈留勤等，2018）。

图 5-74　临海桃渚蜂窝状洞穴群

8. 壁龛式洞穴群

流纹岩或凝灰岩中的角砾或球泡，经小型裂隙和流水侵蚀，岩石碎块逐步剥落而成的孔洞，由于形似壁龛且都成群出现，故名壁龛式洞群。此类洞穴群比较常见，比如雁荡山铁城嶂洞穴群[图 5-75(a)]、雁荡山三星洞附近岩嶂洞穴群[图 5-75(b)]等都是此类洞群。

(a) 雁荡山铁城嶂洞穴群　　(b) 雁荡山三星洞附近岩嶂洞穴群

图 5-75　壁龛式洞穴群实例

第六节　岩　槽

一、垂直岩槽

在雁荡山一些不高的岩嶂或最低一级的岩嶂上，可见比较多的垂直岩槽（图 5-76），它们是崖壁受垂直节理或裂隙控制,长期受水流冲蚀而成的沟槽,规模比垂直凹槽大(图 5-77)。岩槽的深度大于宽度,一般呈半圆柱状(图 5-76)。

"槽中槽"现象:"槽中槽"现象的形成过程主要有两个阶段。首先,在岩性较为单一、厚度巨大的流纹岩地层中长期缓慢的流水侵蚀作用下形成半圆柱状岩槽;然后,在早期岩槽的基础上,流水侵蚀作用加强,将原来的岩槽切穿,发育形成"槽中槽"。最为典型的"槽中槽"现象如雁荡山双珠瀑[图 5-76(c)]。

(a)雁荡山雪洞(半圆柱体状)

(b)雁荡山雪洞(半圆柱体状)　　　　　(c)雁荡山双珠瀑(槽中槽现象)

图 5-76　典型的垂直岩槽

"倒挂金钟"现象:有些岩槽内水量较丰富,流水侵蚀作用下,岩槽中上部因发育层内崩塌形成洞穴,形似倒挂的钟,如方洞金带嶂"倒挂金钩"(图 5-78),若下部岩槽崩塌速度较快,则形成倒置的喇叭形状,如温岭方山岩嶂上发育的倒喇叭状岩槽串等。

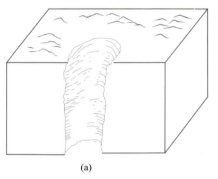 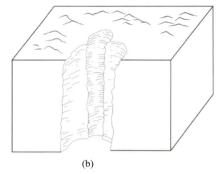

图 5-77　流纹岩地貌的"槽中槽"形成示意图

(a)为最先发育的垂直岩槽,是在岩性较为单一、厚度巨大的流纹岩地层中由长期缓慢的流水侵蚀作用形成的;(b)是在早期岩槽的基础上,流水侵蚀作用加强,将原来的岩槽切穿,发育而成的"槽中槽"。

 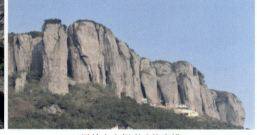

(a)雁荡山方洞金带嶂"倒挂金钟"　　　　(b)温岭方山倒喇叭状岩槽

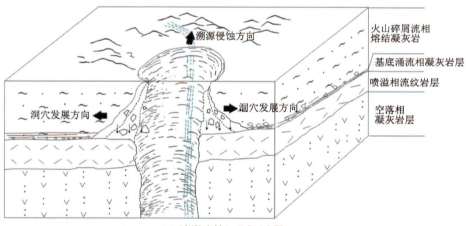

(c)"倒挂金钟"形成示意图

图 5-78　岩槽基础上发育形成的"倒挂金钟"和倒喇叭状岩槽及其示意图

流水侵蚀发育岩槽过程中,因中间流纹岩强度较大,且相对隔水,使得上部岩层尤其是较薄弱的基底涌流相凝灰岩层更快地向后退缩,逐渐形成开口小而中部大的形态,类似倒扣的金钟。

二、侧蚀槽

研究区内水系发育,沿溪流两侧有较多的河流侵蚀地貌发育。比如在仙居十三都溪、缙云仙都好溪均可见河流侧方侵蚀形成的凹槽,均发育在河流的凹岸,这些现象表明研究区所在的区域地壳存在间歇性抬升的特征,而现代地壳相对稳定,河流堆积作用加强,侵蚀作用以侧方侵蚀为主。

1. 仙都龙耕路侧蚀槽

龙耕路侧蚀槽(图5-79)横嵌在小赤壁山腰的悬崖陡壁上,长约400m,宽1～3m,高2～3m,距好溪现今水面高出约30m,远望如一条天然石廊。龙耕路顶如屋檐飞空,石乳外垂,险如虎口。顺岩凿石阶登入石廊,高处能直立,矮处则要俯身偃偻而过,其险无比,其趣无穷。

图 5-79 仙都龙耕路侧蚀槽及其形成示意图

2. 仙居下齐河流侵蚀凹槽

下齐所见的侧蚀槽(图5-80、图5-81)位于下齐村东北侧十三都坑河流对岸,凹槽高2～3m,侵蚀深度达1m以上,高出现在河床1～2m,高度与洪水位一致,为现代河流侵蚀槽。

图 5-80　仙居下齐河流侵蚀侧蚀槽

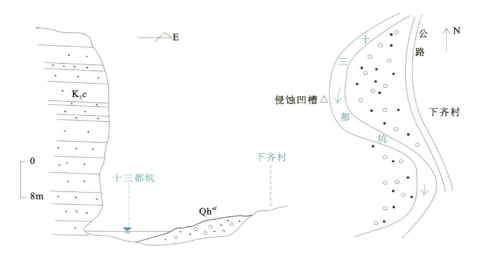

图 5-81　下齐河流侵蚀槽剖面与平面示意图

第七节　沟　谷

一、形态特征

火山岩往往经过区域性断裂切割形成沟谷，典型的有嶂谷、巷谷、V 形峡谷和宽谷等类型，在地貌景观上各有特色（表 5-9）。沟谷两侧峰峦叠、瀑布挂壁，且往往呈现出清楚的岩相剖面。

表 5-9　流水侵蚀成因地貌之沟谷地貌及特征（形态结构类型）

类型		特征描述	成因	典型实例
沟谷	嶂谷	谷两侧均为陡直高耸的岩嶂，成"箱形"峡谷，向下游一侧开口；谷深/谷宽大于 2，谷宽 10～30m；嶂谷内发育溪流，谷内裂点处往往形成瀑、潭景观。	构造断裂、流水侵蚀和重力崩塌	净名谷嶂谷、卧龙谷嶂谷、神仙居摩天峡谷嶂谷

续表 5-9

类型		特征描述	成因	典型实例
沟谷	巷谷	沿构造断裂发育的谷壁基本平行的深谷，一般两侧开口；谷深/谷宽大于10，谷宽1~10m	构造断裂	神仙居锯板岩巷谷、神象归谷一线天
	V形峡谷	谷深大于谷宽，谷底宽度大于10m的山谷；两侧谷坡陡峻，谷壁呈V形，谷底较平坦；谷坡上部多有岩嶂、单面山发育；峡谷内发育溪流，裂点处形成瀑、潭景观	受断裂控制、流水侵蚀形成的一种V形峡谷；V形峡谷进一步侵蚀，成为洞并伴随有溪潭	雁荡山筋竹溪峡谷、神仙居官坑峡谷
	宽谷	谷底宽度一般为数十米至百余米，两侧多为峰丛、峰林，有较大的河流流过	河流	缙云仙都九曲练溪、神仙居十三都溪、雁荡山龙西溪和仙溪

二、典型沟谷

1. 嶂谷

嶂谷两侧均为陡直高耸的岩嶂，如源头被岩坎瀑布封闭，则呈半封闭"箱形"。嶂谷向下游一侧开口，谷深大于谷宽，谷深/谷宽大于2。嶂谷通常是受断裂构造、流水侵蚀和重力崩塌控制所形成。谷内仰望天空如峨嵋初月，十分壮观、幽险。研究区内典型的嶂谷有雁荡山净名谷、卧龙谷、神仙居摩天峡谷等。

1）雁荡山净名谷

净名谷（图5-82、图5-83）整体呈290°方向延伸，延伸长约1km。谷宽50~80m，谷两侧发育岩嶂，分别为铁城嶂和游丝嶂，走向与峡谷走向近一致，延伸长约600m，高差达100m，拔地而起，高耸入云。岩嶂上部为含球泡流纹岩，下部为层状流纹岩，近谷底发育洞穴，典型的有莲花洞、维摩洞。

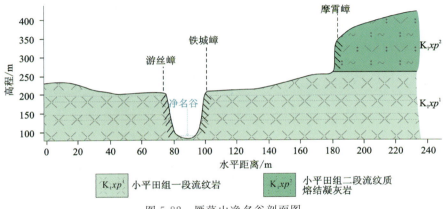

图5-82 雁荡山净名谷剖面图

2) 雁荡山卧龙谷

卧龙谷（图 5-84）走向 160°转 120°，谷宽约 30m，谷两侧为直立的岩嶂，高差在 80~100m 之间。卧龙谷西端尽头发育小龙湫瀑布，谷底堆积众多岩块，为两侧岩嶂崩塌所致，崖壁上部节理发育，并沿节理发育较大的纵向侵蚀凹槽，宽 2~3m。

图 5-83　雁荡山净名谷嶂谷　　　　　图 5-84　雁荡山卧龙谷嶂谷

3) 神仙居摩天峡谷

神仙居摩天峡谷又名西天门峡谷（图 5-85），是典型的构造成因嶂谷。峡谷长约 1600m，深约 200m，谷内碎裂构造发育，常可见碎石堆积。峡谷成因与断层相关，其后在水流强烈下切作用下，裂隙逐渐扩大，经地壳抬升，形成沟谷的雏形，随着侵蚀作用不断加强，逐渐出现 V 形峡谷地貌，上游较狭窄，下游趋于宽缓，总体表现为河流发育的早期阶段。

图 5-85　神仙居摩天峡谷嶂谷

该嶂谷与雁荡山发育的嶂谷有一定区别，其两侧岩嶂下部发育有规模较大的斜坡，因此，整个峡谷横剖面形态由窄 U 形向 V 形过渡，是嶂谷向 V 形峡谷的过渡阶段，是嶂谷进一步发展演化的结果，处于峡谷发育的幼年阶段。

2. 巷谷

巷谷一般是沿断裂构造发育的狭窄深谷,两侧谷壁基本平行,深谷两端为敞开式,谷深/谷宽大于10,谷宽1~10m。研究区内比较典型的巷谷有神仙居锯板岩巷谷(图5-86)、神象归谷一线天(图5-87)等。

图 5-86 神仙居锯板岩巷谷(王华斌摄)

图 5-87 神仙居神象归谷

3. V 形峡谷

V 形峡谷指受断裂控制、流水侵蚀的一种 V 字形峡谷。V 形峡谷进一步侵蚀,成为涧并伴随有溪潭。V 形峡谷谷深大于谷宽,谷底宽度一般大于 10m,两侧谷坡陡峻,谷壁呈 V 形。研究区内典型的 V 形峡谷有雁荡山筋竹溪峡谷、神仙居官坑峡谷等。

1)雁荡山筋竹溪 V 形峡谷

筋竹溪峡谷(图 5-88)位于雁荡山风景区的西南部,从能仁寺东南至东龙门,下入清江。筋竹溪发育于雁荡山火山早期爆发的低硅熔结凝灰岩,是在近北北西向的一条断裂基础上发育而成的。熔结凝灰岩也是多次爆发,成层叠置,每一层顶部和底部岩性有差异,形成了从上到下多级涧与潭的组合,是典型的 V 形谷。涧壁陡峭险峻,峰峦高低错落,植被茂密,水流清澈,涧中时有悬瀑、急流,时有浅滩、深潭。

图 5-88 雁荡山筋竹溪 V 形峡谷

2)神仙居官坑 V 形峡谷

官坑整体呈东西向延伸(图 5-89),源头直至沙坑以南,它向西汇入十三都坑。官坑溪沟宽 2.5~4m,水流较为湍急,上游发育多处瀑布跌水,发育有聚仙瀑、穿石瀑、朱雀瀑、神龙瀑等众多瀑布。沟谷两侧峰峦叠嶂,地表切割强烈,山高坡陡。南北两侧山峰标高主要在 740~850m 之间,最大标高为天柱岩东南侧山峰(899.8m)。北侧为蝌蚪崖、犁冲岩、火山岩柱峰等景观。上部均发育岩嶂,坡度在 75°以上,往下为山麓,坡度在 40°~60°之间,山体植被覆盖好,是典型的 V 形峡谷。

4. 宽谷

宽谷是山区谷地在河流侵蚀作用下,河床纵剖面坡度减小,侧蚀作用加强而形成的宽阔河谷。宽谷横剖面呈浅宽 U 形,谷中往往发育曲流和河漫滩。

1)神仙居十三都坑景观河道

神仙居十三都坑景观河道(图 5-90)总长大于 5km,呈 S 形南北向延伸,河床宽 100~400m,河道中凹岸发育河漫滩,呈半圆形,半径约 100m。河漫滩砾石磨圆度为次棱角至次圆状,粒径 2~60cm 不等,以 2~15cm 区间的居多。砾石岩性多样,有正长斑岩、熔结凝灰岩、流

图 5-89　神仙居官坑 V 形峡谷

纹岩、含角砾熔结凝灰岩等。河道内水质优良,伴随着两岸青山倒影,景色十分优美,是有名的风景河段。

图 5-90　神仙居十三都坑景观河道

2)仙都九曲练溪

九曲练溪(图 5-91)是一条贯穿仙都景区诸景点的风景河段。始于上章村芙蓉峡,止于周村婆媳岩,全长约 10km。它有九曲、九潭、九桥、九堰、九滩、九渡,自古就有"九曲练溪,十里画廊"之称,在溪内泛舟,如入仙境。

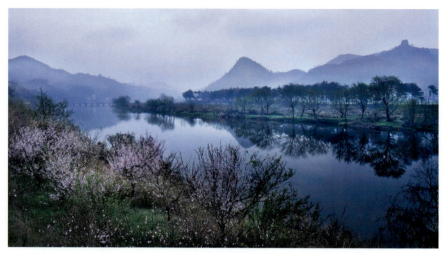

图 5-91　仙都九曲练溪

第八节　瀑、潭

　　静的山与动的水融合,才构成真正意义上的山水。研究区的水景(瀑、溪涧潭、穴)中,飞瀑为其精华所在。仅雁荡山,就有西石梁大瀑直泻中沟,大龙湫瀑布气势磅礴,梅雨瀑如霏青雨,小龙湫坦荡贴崖而下,散水瀑溅珠泼玉。一枝分叉的梯云瀑,上下合一的罗带瀑,二泉分流的燕尾瀑,一水三态的三折瀑,真是诸瀑千姿百态,变幻无穷,令人称绝。研究区内主要瀑布见表5-10。

一、瀑布

　　在研究区内水体景观中,瀑布景观极为发育,经统计,规模大小不等的瀑布共发育31处(表5-10),瀑布多沿崖壁节理面发育,直泻中沟,或壮观,或唯美,或兼而有之。

表 5-10　研究区主要瀑布一览表

序号	名称	位置	落差/m	类型
1	龙潭坑瀑布	仙居雪洞	120	常年
2	神龙瀑	仙居官坑	12	常年
3	飞天瀑	仙居西罨寺	100	季节
4	水帘寺瀑布	仙居景星岩	90	常年
5	象鼻瀑	仙居西罨寺	60	常年
6	天池飞瀑	仙居西罨寺	30	季节
7	穿石瀑	仙居官坑	15	常年
8	聚仙瀑	仙居官坑	3.5	常年
9	朱雀瀑	仙居官坑	8	常年

续表 5-10

序号	名称	位置	落差/m	类型
10	神龙瀑	仙居坪头	74	常年
11	大龙湫瀑布	雁荡山大龙湫景区	110	常年
12	小龙湫瀑布	雁荡山灵岩景区	52	常年
13	三折瀑	雁荡山净名谷	30	常年
14	西石梁大瀑	雁荡山雁湖西石梁	82	常年
15	罗带瀑	雁荡山雁湖西石梁	28	常年
16	梅雨瀑	雁荡山雁湖西石梁	75	季节
17	含羞瀑	雁荡山显胜门	80	季节
18	散水瀑	雁荡山龙西乡	40	常年
19	砩头瀑	雁荡山龙西乡	10	季节
20	龙溜瀑	雁荡山龙西乡	32	常年
21	百尖岩瀑布	雁荡山龙西乡	25	季节
22	燕尾瀑	雁荡山能仁寺	8	常年
23	龙潭坑瀑布	雁荡山筋竹溪	14	常年
24	玉女瀑	温岭方山	20	季节
25	情人瀑	温岭龙犟峡谷	6	常年
26	龙潭瀑	温岭龙犟峡谷	7	常年
27	金钟瀑	临海桃渚车头村	15	常年
28	千丈岩瀑布	临海桃渚大坶头	33	季节
29	百丈岩瀑布	缙云壶镇岩下村	50	常年
30	是旧瀑布	缙云壶镇是旧村	20	常年
31	龙潭瀑布	缙云新建镇雪峰村	117	常年

1. 雁荡山大龙湫瀑布

大龙湫瀑布(图 5-92)底部所处标高 300m,瀑布发育在下白垩统小平田组一段流纹岩组成的岩嶂面上。瀑布面朝向 190°,从瀑布上方出水口至下部潭,落差为 110m,岩嶂走向为 70°转 90°,延伸长约 150m。瀑布下方为一潭,长 65m,宽 38m,呈椭圆形。大龙湫顶部出水口位于锦溪分支尽端,整个汇水面积约 1.2km²。

2. 雁荡山小龙湫瀑布

小龙湫瀑布(图 5-93)位于卧龙谷内,瀑布沿岩嶂后缘岩壁发育,落差为 52m,崖壁宽 15~18m,崖面走向为 210°,与峡谷走向近垂直,水量约 5L/s(冬季),瀑布下方为一潭。

图 5-92 雁荡山大龙湫瀑布

图 5-93 雁荡山小龙湫瀑布

3. 雁荡山西石梁大瀑

西石梁大瀑(图 5-94)位于距雁湖西石梁景区入口以西约 1km 处,所处标高 170m。西石梁大瀑为一级瀑布,沿一岩嶂中间节理裂隙侵蚀发育。瀑布落差 82m,瀑面较窄,下部变宽,并形成较大的侵蚀凹穴,呈半圆形,直径约 6m,进深 2.5~3m。瀑布目前水量约 15L/s,上部汇水面积约 1.2km²。瀑布下方为一潭,呈扇形,最大直径约 11m,潭深约 0.6m,潭底堆积有小的岩块,呈次棱角状。

4. 神仙居象鼻瀑及十一泄瀑布群

神仙居象鼻瀑及十一泄瀑布群是神仙居地质公园最具代表的瀑布群,位于西罨寺景区,发育有 11 级瀑布和 13 处深潭,构成壮丽的瀑布群和深潭群。象鼻瀑(图 5-95)是十一泄飞瀑中的第一泄,瀑布左右两侧山体犹如两只大象把守着大门,在两条象鼻的交汇处有一高几十米的瀑布直泻而下,故称象鼻瀑,该瀑终年不枯,水势大时,轰鸣咆哮,如怒龙狂奔飞下。

第五章 流纹质火山岩集中分布区典型地貌景观

图 5-94 雁荡山西石梁大瀑

图 5-95 神仙居象鼻瀑及十一泄瀑布群

二、深潭

1. 神仙居元宝潭

神仙居元宝潭位于西罨寺景区南,为一 15m² 的风景水潭,水质清澈碧绿。潭形态别致,其中间较之两端向内凹陷,整体极似金元宝(图 5-96),因而得名元宝潭。形成原因为发育在岩石(岩性为流纹岩)中的两组节理(产状为 0°∠78°,110°∠76°)在其上瀑布水流长时间底蚀作用下发生错动,岩石发生破碎分离,局部被掏空形成水潭。

(a) 元宝潭(虚线表示节理迹线)

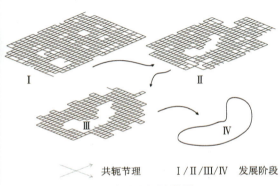

(b) 元宝潭形成过程简图

图 5-96 神仙居元宝潭及其成因示意图

2. 百丈龙潭

仙都百丈龙潭(图 5-97),是由三级瀑布相连而成的 3 个龙潭的总称。瀑布间由突兀巨石形成的水道相连,飞流折叠处均为深潭,称头潭、二潭、三潭。头潭最深形似覆锅,俗有"百丈龙潭通长澜湖"之说。二潭最险,在侧壁上观,但见瀑布飞泻,颇见声势。三潭距二潭数十米,水花飞泻散落,异常壮观。旁有石径壁立缛梯,沿途多石窍。

图 5-97　仙都百丈龙潭

第九节　其他典型景观

一、石墙

神仙居"鹿颈岩"石墙(图 5-98),顶部标高 683m,呈东北向延伸,走向为 60°,延伸长约 250m,石墙两侧均为陡立崖壁,崖壁高差 30~50m,石墙可以分为三级。石墙中发育有节理面裂隙,测得其产状为 85°∠73°。

图 5-98　神仙居"鹿颈岩"石墙

临海桃渚"峰墙穿崖"石墙(图5-99)从石柱峰向西南,沿山脊两侧分布着连续的石墙,宽10~13m,高差12m,整体沿268°方向延伸,延伸长约200m,构成了一道高大的天然屏障。组成为塘上组第二段,岩性主体为紫红色流纹斑岩、球泡流纹岩、条带状流纹岩,夹少量流纹质熔结凝灰岩。

图5-99 临海桃渚"峰墙穿崖"石墙

二、突岩

突岩主要表现为一些象形石、拟态石等,如仙居将军岩、羞女峰等。将军岩位于西罨寺景区中北部,为一酷似人侧脸肖像的石块,因其形象刚毅故命名将军岩(图5-100)。覆盖在岩石上的植物构成了人的头发及胡须等。由于受流纹理及节理控制,岩石(岩性主体为具近水平流纹构造、发育流纹理的流纹岩)经过断层节理错列、差异风化形成了人像的轮廓,惟妙惟肖。

图5-100 西罨寺景区将军岩及其成因

研究区内突岩景观还有羞女峰(图5-101)、婆媳岩、美女岩、小象迎宾、宋仕拜象等,经长期风化并受到流纹理、断层或节理的控制而形成。

图 5-101 神仙居羞女峰

三、柱状节理

柱状节理是岩浆或火山碎屑流喷出地表后冷却固化,体积缩小,在垂直于冷凝面方向上发生收缩拉张而形成的多边形网格状裂隙。岩石由于被裂隙分割而呈棱柱状。火山岩柱状节理在玄武岩中较为多见,而浙江流纹质火山岩地貌区也发育有典型的柱状节理,并形成地貌景观。20世纪90年代,徐松年(1995)首次报道了浙江省内的酸性火山岩柱状节理,修正了岩浆黏度制约柱状节理发育的传统理论。李全海和张环(2013)对象山县花岙岛"海上石林"碎斑熔岩柱状节理进行了研究,认识了火山岩产状与柱体形态间的关系。

研究区内临海大勘头和仙居淡竹等地发育有典型的火山岩柱状节理。

临海大勘头柱状节理发育于小雄组碎斑熔岩中,出露范围较大(图5-102)。大勘头火山口未经历塌陷或复活过程,现今保留的火山构造形态完整。当火山活动逐渐减弱至最终停息,岩浆冷却在火山口内,形成了小雄组碎斑熔岩中大规模的原生柱状节理。

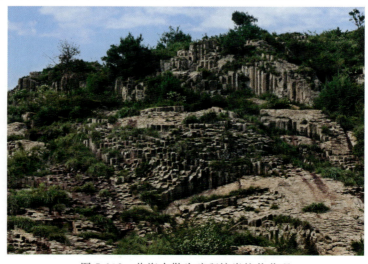

图 5-102 临海大勘头碎斑熔岩柱状节理

仙居淡竹的柱状节理发育在西山头组流纹质熔结凝灰岩（图 5-103）和茶湾组安山岩（图 5-104）中。前者柱体直径可达 0.8～1.2m，而后者多为 10～30cm，这是二者在形貌上最显著的差异。柱体形态均不甚规则，以五棱柱居多，夹杂四棱柱、六棱柱。

图 5-103　仙居淡竹流纹质熔结凝灰岩柱状节理

图 5-104　仙居淡竹安山岩柱状节理

在临海、仙居和乐清等地未经构造掀斜的流纹质火山岩地层中,均发育有倾斜甚至平卧的柱状节理(图5-105)。棱柱倾斜方向与岩浆冷却面方向有关(李全海和张环,2013)。在火山颈或临近火山口区域的斜坡上,岩浆冷却面方向与水平面斜交,形成倾斜甚至平卧柱状节理;在远离火山口一带,地形相对平缓,岩浆冷却面方向与水平面平行,形成竖向柱状节理。

浙江省内其他地区如象山花岙岛、椒江大陈镇洋旗上屿、衢江湖南镇等地,在酸性火山岩中也发育有典型的柱状节理。

图5-105　仙居淡竹倾斜柱状节理

花岙岛柱状节理岩性为碎斑熔岩,岛屿西部柱体大小均匀,直径以20~40cm为主,大部分区域仅见蜂窝状主体顶端;东部柱体直径变化大,直径为40~90cm,柱高大多为3~6m,少数可达10m(图5-106)。总体"东大西小、南大北小、下大上小"(李全海和张环,2013)。洋旗上屿柱状节理岩性为流纹质熔结凝灰岩,直径多为40~60cm,柱高一般在3~10m之间,局部位置可达10m。柱体完整,有的直插海面,有的矗立排列,有的似石柱瀑布(图5-107)。衢江湖南镇柱状节理岩性为流纹质熔结凝灰岩。大多呈直立状,小部分为倾斜状,偶有平卧状。柱体直径为35~80cm,少数可超过1m。柱体高度不等,短者几十厘米,长者达十数米(图5-108)。

图5-106　象山花岙岛柱状节理(倪胜炯摄)

第五章 流纹质火山岩集中分布区典型地貌景观

图 5-107　椒江大陈镇洋旗上屿柱状节理

图 5-108　衢江湖南镇柱状节理（陈文玉摄）

对比国内外以玄武岩为代表的柱状节理,浙江酸性火山岩中发育的柱状节理在同类岩石中具有典型性和稀缺性,是不可多得的自然景观遗迹,对于研究西太平洋中生代火山活动历史具有重要价值。

参考文献

陈留勤,李馨敏,郭福生,等,2018.丹霞山世界地质公园蜂窝状洞穴特征及成因分析[J].地质论评,64(4):895-904.

胡小猛,许红根,陈美君,等,2008.雁荡山流纹岩地貌景观特征及其形成发育规律[J].地理学报,63(3):270-279.

李全海,张环,2013.象山县花岙岛柱状节理群特征及成因初探[J].资源环境与工程,27(5):640-642.

南京地质矿产研究所,等,2014.拟建中国雁荡山世界地质公园综合考察报告[R].南京:南京地质矿产研究所.

陶奎元,沈加林,姜杨,等,2008.试论雁荡山岩石地貌[J].岩石学报,24(11):2647-2656.

徐松年,1995.浙江中生代酸性火山岩柱状节理构造的发现及其地质意义[J].岩石学报(3):325-332.

第六章 流纹质火山岩地貌形成的内外动力作用

浙江省流纹质火山岩地貌是下白垩统流纹质火山岩在地球内动力和外动力共同作用下形成的。其中,内动力作用主要指地壳抬升作用,外动力主要指流水侵蚀、重力崩塌、风化作用和海水侵蚀等地质作用。

第一节 形成流纹质火山岩地貌的内动力作用

在第三章中阐述的火山构造、断裂构造、节理与裂隙等,都是地球内动力作用的表现形式,这里不再一一赘述。本章所指的内动力作用主要指地壳的抬升运动。因为只有地壳抬升运动,才能把下白垩统火山岩抬升到距离当地侵蚀基准面一定的高度,使岩体具备一定位能(势能)条件,进行物理、化学和生物风化,发生崩塌、溶蚀等作用,流水也具备更好的下切侵蚀、剥蚀能力,从而形成各种各样的火山岩地貌。而多级夷平面是地壳间歇性上升运动的表现形式,是地壳间歇性上升运动遗留的证据。

一、区域夷平作用

新构造运动时期的差异性和间歇性地壳抬升是流纹质火山岩地貌形成的主要内动力地质作用,多期次间歇性抬升间期处于相对稳定时期,隆起的高山头会被"均夷平",并在区域上形成多级夷平面。夷平面是抬升的准平原,它代表了过去曾经长期存在过的稳定基面,其高度代表了新构造的抬升量,而其空间分布规律多与断块运动密切相关,它是构造运动由稳定到活动的表现,多级夷平面反映了多个稳定-活动的构造旋回。夷平面的尺度较大,地貌敏感性较低,形成时代较为古老,溯及的新构造历史较长。因此,夷平面是研究新构造运动、划分新构造旋回和新构造发展阶段的重要地貌现象。

夷平面形成的时代与相关沉积的地层时代存在良好的对应关系(崔之久等,1996a),每一个夷平面反映着一个相对静止的阶段,至少是上升阶段中一个相对较长的稳定时期。夷平面是一个极其有效的恢复古地貌的工具。确凿的夷平面及其可信的时代、高度、性质等是唯一国际公认的判断陆地抬升幅度的证据(崔之久等,1998)。崔之久等(1996b)指出青藏高原夷平面形成的时代、性质和原始高度是解决隆升问题的关键。因此,对浙江地区夷平面的形成、分布情况、发育状况、形成年代及高度等方面进行研究,是区域流纹质火山岩地貌演化和新构造运动研究的重要途径和手段。

浙江的流纹质火山岩地貌骨架,奠定于燕山运动晚期。至古近纪,在地壳上升运动的背景下地势高低分异日趋明显,大部分白垩纪盆地遭受侵蚀。进入第四纪后,构造升降运动明显地控制了全省地形的形成以及侵蚀和堆积作用的分化与强度。首先表现在大幅度上升,如在浙西和浙南地区上升量达 750~850m,最强烈地段可达 1000m 以上。在地壳活动相对稳定时期,全省山地广泛经历了准平原化,之后又经历了大规模的地壳抬升,如此反复,全省区域上形成了二至三级夷平面,由于后期破坏,使这类地质遗迹分布零星(表 6-1)。

表 6-1　浙江省夷平面分布一览表

地区	分布标高	分布范围
浙西北	1100~1200m	东、西天目山周围,千亩田、千倾塘一带以及平溪谷地、相向坪等地
浙西北	650~750m	临安与安吉二县(市)交界的市岭一带,安吉的金竹坪、烂田坞、陈落山、铜锣山尖,临安的火焰山、大洋坞、眉山一带
浙东北	850~1000m	四明山、扑船山、三尖山、会稽山、苍山
浙东北	700~800m	雪窦山、四明山仰天湖、南部莲花一带
浙东南	1000~1200m	白马山、百山祖、横坑头、九龙山、关塘、景宁、中堡、雁荡山、括苍山、大盘山
浙东南	650~750m	荷地、雅梅、仕阳、根竹口、治岭头、海溪、磨石山一带
浙东南	400~450m	方山、大荆、仙居狮子岩一带

区域上最高一级夷平面切割的最新地层为下白垩统,在此之前的地层都遭到了削蚀夷平作用(徐柔远,1995)。而分布在这级夷平面外围的晚白垩世红盆沉积粒度变细,由山麓洪积相发育成河湖相堆积,代表着最高一级夷平面的夷平期。根据杭州湾、杭嘉湖等盆地内的长河组沉积特征,在盆地中由于拉张沉陷,在被掀斜的白垩纪地层之上,平整地覆盖着始新世、渐新世地层。两者之间的不整合面,显然是一个准平原面,推测该夷平期可能延续至始新世早期。长河组二、三段之间的角度不整合接触(约在中始新世)则反映了准平原的解体和最高一级夷平面的抬升。

长河组三、四段可能是区域上第二级夷平面夷平时的相关沉积,在渐新世之后,包括长河盆地在内的浙北大部分地区再次抬升,长河盆地的沉积结束。除此之外,长河盆地内长河组的轻微褶皱、断裂代表了新一期构造运动的开始,也标志着第二次夷平作用的结束及第二级准平原面的解体和抬升,杭州湾长河坳陷始新世—渐新世长河组即是该时期的沉积。因此第二级夷平面形成的时代大致在长河组上部地层形成或稍后的时间,应为渐新世末—中新世初。

在新昌—嵊州地区,既有夷平面,又有古宽谷面,而且还有上新世玄武岩的喷发,这为地貌年龄的确定提供了十分有利的条件。无论在岩性坚硬的早白垩世火山岩区,还是在岩性软弱的晚白垩世红岩区,于 400 余米海拔高度上,有数目众多、成群分布的山峰,有的还残留平坦山顶,可以确定这是区域上的第三级夷平面。杨金豹(2015)在广泛收集资料的基础上,指出新昌—嵊州地区碱性玄武岩的钾—氩法同位素年龄在 3~21Ma 之间,主要是中新世的产物。宽谷面的时代近似于上覆玄武岩的时代,为上新世晚期。前人也有对该夷平面时代的研究,在新嵊盆地,有由玄武岩及中上新世沉积层组成的第三级夷平面。故而第三级夷平面形成时代的下限应是上新世,推测形成于古近纪末—第四纪初(徐柔远,1995)。

二、重点研究区夷平作用对地貌的影响

本次流纹质火山岩地貌重点研究的4个区主要集中在浙东南,根据目前的资料与野外调查分析,可以判定重点研究区内的夷平面为三级,与区域上相吻合。雁荡山Ⅰ级夷平面(1000～1100m):以羊角岩、板张岩、雁湖岗、雁湖大尖、百岗尖为代表;Ⅱ级夷平面(650～750m):以纱帽峰、仰天斗、显胜门两侧平顶山峰山脊为代表,向东北延伸高度逐渐降低;Ⅲ级夷平面(400～450m):以东部的方山为典型代表(图6-1)。

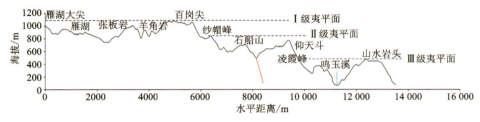

图6-1 雁荡山三级夷平面地貌剖面图

神仙居重点研究区内,熔岩平台极为发育(图6-2),其中公盂岩海拔最高,约1100m,与浙东南最高一级夷平面一致;景星岩、大岩背、蝌蚪崖、西岩、老虎岩一带顶部标高700～800m,与区域上Ⅱ级夷平面基本一致;狮子岩所在的平台高度为400～500m,与区域上Ⅲ级夷平面高程相近。

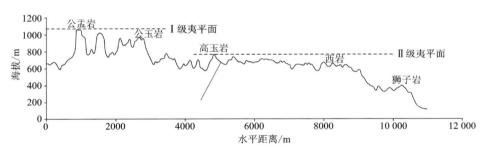

图6-2 神仙居两级夷平面地貌剖面图

第二节 形成流纹质火山岩地貌的外动力作用

一、流水侵蚀的作用

1. 面流地质作用

面流是指沿斜坡无固定水道的面状流水,其特点是水层薄、速度慢、网状分布,作用的时间短,作用的范围通常在上坡或高处,距离水的源头不远。面流受地面粗糙度影响大,常不依最大的坡度流动,时分时合,织成网状,没有固定的流路,这些特点都说明面流是水流发展的初期阶段,具有分散的特点。

面流的侵蚀强度主要受降雨量、降雨强度、地形坡度、节理裂隙、坡面组成物质和植被等的影响。在一定的地形条件下,如果地表物质疏松、植被稀疏、降水多且强度大,面流的侵蚀作用就强烈。地形坡度的陡缓直接影响到面流的速度,坡度变陡流速加快,冲刷作用加强。从坡形

而言,凸坡一般较直坡、凹坡易受侵蚀。坡向也与侵蚀有关,迎雨坡的侵蚀强度一般较大,背雨坡则小。

在研究区内,面流的侵蚀作用在陡直的崖面极为发育,当降雨量增大时,平缓的山顶形成的面流易沿着崖面发育的纵向节理裂隙侵蚀冲刷,长期下来,崖面上便形成了竖条带状向内凹进的纹沟,若凹进深度较大,便形成了侵蚀凹槽,如遇降雨量较大的时候,还能形成瀑布景观,如神仙居大岩背、五指峰崖面,雁荡山雪洞一带崖面以及双珠谷内均有发育(图6-3)。

(a)神仙居大岩背冲刷纹沟　　　　(b)神仙居五指峰冲刷纹沟

(c)雁荡山雪洞上部侵蚀凹槽　　　　(d)雁荡山双珠谷侵蚀凹槽

图6-3　流水侵蚀作用之面流作用

2. 河流地质作用

河流自形成之时起,即对地表进行削高填低。由于河水是一种流体,动能大,因此主要表现为机械的侵蚀作用,同时也有化学的溶蚀作用。按侵蚀作用的方向,河流侵蚀作用可分为下蚀作用和侧蚀作用。

1)河流下蚀作用

水流长期冲刷沟谷或河谷底部,沟槽和河床向纵深发展的现象称为河流的下蚀作用。河水在流动过程中,河水及其搬运的沙和砾石撞击、摩擦河床基岩,使基岩受侵蚀和磨蚀而逐渐破坏,这就是机械的下蚀作用。河流下蚀作用的大小是由多种因素决定的,如河床岩石的软硬、河流含沙量的多少等,但更重要的因素是河水的流速。在相同的条件下,流速快,河水施加在河床上的冲力和上举力也大,因此下蚀作用强;否则,下蚀作用弱。地面坡降大的地区河水流速快,河流下蚀作用也相对强烈。此外,受地壳运动间歇上升的影响也会表现出不同的下蚀作用强度与速度。

在河流下蚀作用下,河谷被不断加深,尤其是山区河流下蚀作用强烈,河谷深而窄,横剖面形态呈 V 字形,故称 V 形峡谷,如雁荡山筋竹溪峡谷[图 6-4(a)],谷宽 20~30m,谷深达 300~350m,最陡的谷坡在 70°以上。此外还有神仙居摩天峡谷[图 6-4(b)],峡谷长约 1600m,深约 200m。同时,受断裂作用影响,河谷两侧均发育陡立的岩嶂,谷底宽阔平直,便形成了典型的箱形嶂谷,如雁荡山鸣玉溪谷、螺旋谷,神仙居逍遥谷、梦幻谷等[图 6-4(c)~图 6-4(f)]。

(a)筋竹溪峡谷　　(b)神仙居摩天峡谷
(c)雁荡山鸣玉溪峡谷　　(d)雁荡山螺旋谷峡谷
(e)神仙居逍遥谷峡谷　　(f)神仙居梦幻谷峡谷

图 6-4　河流下蚀作用形成的峡谷

[(a)~(d)由温州市雁荡山风景旅游管理委员会提供;(e)、(f)由浙江神仙居旅游集团有限公司提供。]

河流下蚀作用过程中，往往在河床上形成急流和瀑布。瀑布是一种明显的跌水现象，其成因多样。在河流下蚀河床过程中，组成河床的岩性随时随地可变，在坚硬岩石河段濒临软弱岩石河段处常形成瀑布，当坚硬抗蚀岩石流纹岩出露地表，而其底下的软弱流纹质熔结凝灰岩被快速地侵蚀而形成瀑布（图6-5）。

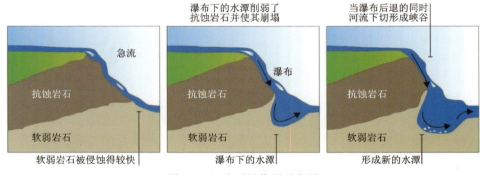

图 6-5　河流下蚀作用示意图

（引自 https://www.chegg.com/flashcards/landforms-of-river-processes-e0cfbdf5-438c-4cf9-8824-26963ff11cdb/deck。）

在常年瀑布水流的强烈冲蚀作用下，其底部还会形成一个近似椭圆形的壶穴深潭，规模较大的要数雁荡山大龙湫瀑布及潭［图6-6(a)、(b)］、神仙居象鼻瀑及潭、神龙瀑及潭［图6-6(c)、(d)］。由于瀑布有较大的水位差，位能转为动能也大，因此河流下蚀作用在此最为明显。通过瀑布跌水的俯冲，瀑布底下的河床被掏深，瀑布跌落后翻起的水流冲向瀑布陡崖的基部，使基部岩石掏空，导致上部岩石崩落，于是瀑布向上游方向退移。经过多次阶段性后退，在其下方可形成串珠状线形分布的系列壶穴，这在雁荡山西石梁瀑布下方、中雁荡八折瀑可见到［图6-6(e)、(f)］。

(a)雁荡山大龙湫瀑布　　　　　　　(b)大龙湫下部潭

(c)神仙居象鼻瀑及潭　　　　　(d)神仙居神龙瀑及潭（坪头）

(e)雁荡山西石梁瀑及壶穴　　　(f)中雁荡八折瀑及壶穴

图 6-6　河流下蚀作用形成瀑布、壶穴和深潭

[(a)～(e)由叶金涛摄、温州市雁荡山风景旅游管理委员会提供；(f)摘自网络 lazylady 的博客。]

2）河流侧蚀作用

河水以自身的动力并以其搬运的泥沙、砾石侵蚀河床的两侧或谷坡，促使河床左右迁移或谷坡后退的作用称为河流的侧蚀作用。对于整个河流而言，侧蚀作用的结果使河床左右摆动以至弯曲，引起河谷谷底加宽。河流之所以能发生侧蚀作用，是因河水流动不是直线水流，河水哪怕有一个微小的弯曲或转折，它就在惯性力（即离心力）驱使之下向圆周运动的弧外方向偏离,即偏向弯道的凹岸,从而产生单向环流。此外,由于山崩、滑坡、支流注入等原因,往往在河床的一侧有碎屑物沉积,它们迫使直线型河流变为弯道型河流,从而产生侧蚀作用。侧蚀作用使谷坡遭受侵蚀而后退,从而加宽了河谷。由于侧蚀作用方向时而指向河流左岸,时而又指向河流右岸,因而使河谷弯曲。河谷的凹岸在河水不断侵蚀之下,河岸向外侧和下游逐渐迁移。凹岸上泥沙被水流冲刷下来后,颗粒粗大的沉积在河床上,能被水流携带走的被运送到凸岸沉积。凹岸不断后退,凸岸不断前伸,河道的曲率逐渐增加,河曲位置逐渐下移,便形成曲流。

缙云仙都的九曲练溪便是研究区最为典型的曲流。九曲练溪是一条贯穿仙都景区诸景点的风景河段,始于上章村芙蓉峡,止于周村婆媳岩,全长约 10km。它有九曲、九潭、九桥、九堰、九滩、九渡,自古就有"九曲练溪,十里画廊"之称(图 6-7)。九曲练溪"凹岸侵蚀、凸岸堆积"地貌特征十分明显,在凸岸河流堆积平地上村庄聚集,而凹岸则由于河流对流纹岩熔岩台地的侵蚀,沿岸形成大量嶂、柱峰、锐峰等流纹质火山岩地貌景观,著名的鼎湖峰就位于凹岸处。

图 6-7　曲流之缙云仙都九曲练溪

河流发育过程中,开始阶段河水强烈磨蚀基岩河床,属于幼年期阶段。随着流水侵蚀均夷作用的进行,湖泊、沼泽消失,河谷加深,河床坡降逐渐减缓,河流发育进入青年时期。往后,泛滥平原逐渐发育,河谷进一步拓宽,干流显现均衡的河流特征,河流接近壮年期阶段。随着侧蚀的不断进行,泛滥平原带扩大,形成冲积性准平原,曲流河型形成,河流地貌发育进入相对成熟期。随着对凹岸的不断侵蚀掏蚀,在侧岸还会形成近水平条带状的侵蚀凹槽,后经地壳抬升作用,高出现代河床 1~2m,这在仙居下齐、缙云好溪一带尤为发育(图 6-8)。

二、重力崩塌作用

崩塌是指位于陡峻山崖或山坡的岩块,在重力作用下突然脱离母体崩落、滚动、堆积在坡脚或沟谷。主要由于物理风化作用强烈,位于陡峻悬崖面上的岩石裂隙不断扩大,岩块松动,使之处于不稳定状态,当受地震或暴雨等因素影响时,极易触发形成崩塌。形成崩塌的基本条

第六章 流纹质火山岩地貌形成的内外动力作用

图 6-8 河流侵蚀作用形成侵蚀槽
[(b)源自缙云县文化和广电旅游体育局。]

件主要有地形、地质和气候条件等。地形条件包括坡度和坡地相对高度。坡度对崩塌的影响最明显,一般说来,由松散碎屑组成的坡地,当坡度超过它的休止角时则可出现崩塌。由坚硬岩石组成的坡地,坡度一般要在50°以上时才能出现崩塌。崩塌发生的最佳地形坡度是45°~60°。崩塌通常发生在雨季,很多崩塌发生在暴雨期间或暴雨之后不久,暴雨增加了岩体负荷,破坏了岩体结构,软化了黏土层夹层,减低了岩体之间的聚结力,加大下滑力并使上覆岩块失去支撑而引起崩塌。

重力崩塌引起崖壁后退主要有3种模式:①在节理和断层发育的山坡上,岩石破碎,极易发生崩塌[图6-9(a)、(b)];②崖壁存在软硬岩性的地层呈互层时,较软岩层易受风化,形成洞穴或负地形,坚硬岩层形成陡壁或突出成悬崖,容易发生崩塌;③由于河流、湖浪、海浪侵蚀,掏空陡崖底部,形成侵蚀槽、海蚀洞穴等负地形,使岩体失稳,在重力作用下岩体极易发生岩崩[图6-9(c)、(d)]。其中,②和③的模式类型类似,都是形成负地形(洞穴、侵蚀凹槽等)后引起上部崖壁失稳产生崩塌。

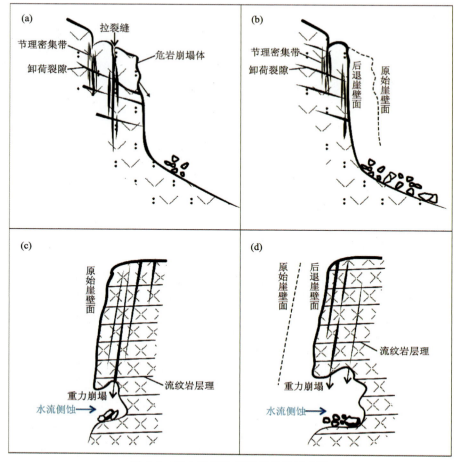

图 6-9 重力崩塌致使崖壁后退示意图
(a)、(b)受节理裂隙控制崩塌示意图(据骆银辉等,2008 改编);
(c)、(d)水平掏蚀作用导致失稳崩塌示意图(据梁诗经等,2008 改编)

1. 因断层、节理作用导致的崖壁后退

由于流纹岩、流纹质熔结凝灰岩岩性坚硬,在历次的构造运动中受到侧向挤压,在岩层承受的挤压应力聚集和应力释放过程中产生的波动效应(或振荡效应)使岩层中的节理在一定间隔内相对密集成带,形成节理密集带。节理密集带的宽度可从几十厘米到几米,甚至十几米。由于节理密集,岩石更加破碎,使之成为抗蚀能力较差的软弱带,易受重力作用发生崩塌[图 6-10(a)、(b)],神仙居发育的很多岩嶂均属这种类型[图 6-10(a)~(g)]。

一些大型的崩塌型岩嶂比如蝌蚪崖、景星岩和公盂岩等岩嶂,均遗留有大型崩塌面[图 6-10(a)~(d)],崩塌面长度可达上百米。崖壁崩塌后退的演化速度很快,野外还可以观察到许多崩塌隐患点,比如神仙居夫妻峰一线天崖壁崩塌隐患点[图 6-10(e)],岩体已经疏松,在强降雨等极端条件下极易发生崩塌;象鼻瀑上方崖壁近年曾发生崩塌灾害,为保护游客安全,管理部门已设置安全防护网进行地质灾害治理[图 6-10(f)、(g)]。

2. 因水平掏蚀作用导致的崖壁后退

在非节理密集带,崖壁岩石的重力崩塌则更多地受外营力作用影响,如河流、海浪等对崖

第六章 流纹质火山岩地貌形成的内外动力作用

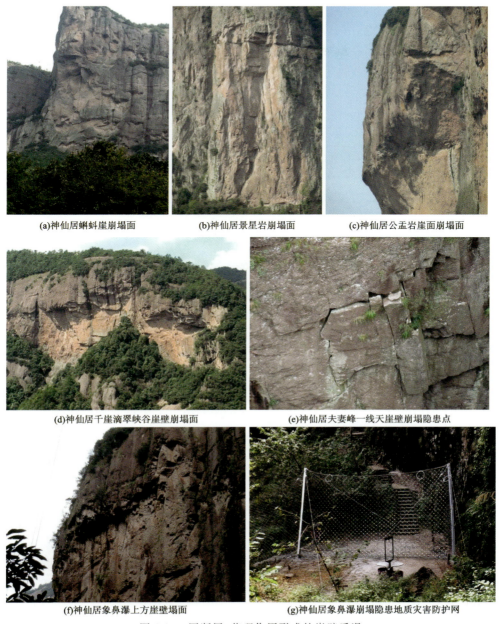

(a)神仙居蝌蚪崖崩塌面　(b)神仙居景星岩崩塌面　(c)神仙居公盂岩面崩塌面

(d)神仙居千崖滴翠峡谷崖壁崩塌面　(e)神仙居夫妻峰一线天崖壁崩塌隐患点

(f)神仙居象鼻瀑上方崖壁塌面　(g)神仙居象鼻瀑崩塌隐患地质灾害防护网

图 6-10　因断层、节理作用形成的崖壁后退

壁底部软弱层的水平掏蚀作用,引起上部岩体失稳崩落。外营力首先从崖壁底部软弱岩层段开始,沿着近于水平的方向,向内逐渐掏蚀,形成岩廊或岩洞。紧靠其上的上覆岩层像悬臂梁一样承受起自重及其上部上百米厚岩层的压力。随着掏蚀程度的不断加深,其承受之压力(或称负载)也不断增加,当掏蚀深度(水平方向)达到一定数值时,上部岩层开始卸荷塌落。导致上部岩体卸荷塌落的掏蚀深度(水平方向)所达到的最大值为山体卸荷崩塌阈值,即当水平掏蚀深度超过崩落阈值时,便产生整个崖壁的后退运动,在这一过程中,岩石节理的发育起到了更多的促进作用(陈利江等,2011)。

塌落的方式包括错落和崩塌。错落指整个岩块沿节理面整体塌落,但塌落的岩体整体性并未遭到破坏,其直接导致陡崖后退,即一次性快速完成卸荷塌落;而崩塌指岩块在塌落过程中解体,崩解成更小的岩块或碎石并形成倒石堆,它可以一次性快速完成卸荷塌落,也可以逐次缓慢完成卸荷塌落。其中逐次缓慢卸荷塌落,岩体在沿崖面由下向上逐次崩落的过程中,逐步向内、向上形成反阶梯状塌落面,最终造成整个崖壁的后退。研究区发育有许多该类型陡崖,崖壁底部均发育崩塌型洞穴,如雁荡山的古竹洞、水帘洞、虎口洞、北斗洞等,临海桃渚的碧云洞、雨花洞、白岩洞等,神仙居的观音洞等,缙云仙都的招隐洞、天台洞等,这些洞穴均为水平层状崩塌洞穴,洞穴上方为陡立的崖壁(图6-11)。

(a)雁荡山水帘洞上方崖壁崩塌　　　　(b)雁荡山北斗洞上方崖壁崩塌面

(c)雁荡山古竹洞上方崖壁崩塌面　　　　(d)神仙居观音洞崩塌面

(e)临海桃渚雨花洞　　　　(f)临海桃渚白岩洞

图6-11　因水平掏蚀作用导致的崖壁后退

　　岩崩时,岩块坠落速度接近自由落体的速度,下落的巨大岩块大部分破碎成较小的碎块,在坡脚形成倒石堆。由于倒石堆是一种倾卸式的急剧堆积,所以它的结构多松散、杂乱、多孔隙、大小混杂而无层理。倒石堆块体的大小从堆底到堆尖逐渐减小,先崩塌的岩土块堆积在下面,后崩塌的盖在上面。倒石堆有时会形成崩积洞穴景观,典型的火山岩倒石堆积洞穴有缙云仙都的青芝洞、雁荡山的灵峰古洞等洞穴。

三、风化作用

1. 物理风化作用

1）温差作用

根据任文秀(2008)的研究表明,浙江晚中新世年平均气温 9.91～19.74℃,气温年较差 18.31～30.68℃,最冷月均温-3.2～5.19℃,最热月均温 16.73～26.44℃,年极端最高气温 27.99～37.41℃,年极端最低气温-20.16～-6.56℃。由于昼夜温差变化,加之岩石的导热性差,白天接受太阳辐射,岩石表层迅速升温膨胀,而岩石内部升温很慢,体积基本不变,故而会产生平行于岩石表面的微裂隙;夜间岩石表层降温较快,产生收缩,而岩石内部降温较慢,基本没有收缩,故而产生垂直于岩石表面的微裂隙。如此日积月累,岩石循环反复膨胀、收缩,就会由表及里逐渐崩解破坏,出现层状剥落[图 6-12(a)]等现象。此外,岩石往往由多种矿物组成,不同矿物之间存在差异性膨胀与收缩,使得矿物之间的结合力被削弱,如此反复,便会出现单矿物掉落等现象。

(a)斜坡、陡崖表面劈理

(b)坡脚掉落的岩石碎块

图 6-12 温度作用下的物理风化

2）冰劈作用

若遇寒冷潮湿气候,气温在冰点上下反复波动,会使得岩石裂隙中的水反复结冰、融化,造成岩石裂隙不断增大,从而导致岩石崩解。当气温降到冰点以下,岩石裂隙中填充的水结冰、体积增大,会对岩壁产生远超出岩石抗张强度的压力(约 108kg/cm^2),导致岩石裂隙扩大;当气温高于冰点时,岩石裂隙中的冰便会融化,体积减小,又会有水渗入填满岩石裂隙(杨伦等,1998)。如此反复结冰、融化,使岩石裂隙逐渐扩大,最终导致岩石崩解。

冰劈作用是温差作用的一种特殊方式,它是温差极端变化下对地貌演化最直接的作用方式,流纹质火山岩节理发育,区内降水丰富,对冰劈作用十分有利。研究区内崖壁随处可见层状剥落现象,坡脚堆积的碎块石都较为"新鲜"[图6-12(b)],说明冰劈作用导致崖壁岩石剥落正在发生。对于冰劈作用的具体方式、每年或万年冰劈的规模大小以及对斜坡演化的影响等,都有待进一步研究。

2. 化学风化作用

地表环境中,大气中含有水分,水溶液中富含游离氧、CO_2和部分矿物质,CO_2溶于水会生成H_2CO_3,具有侵蚀性。水溶液作用于岩石表面或渗入到岩石的孔隙中,会与岩石发生缓慢的反应。自然界中大部分矿物是离子晶体,当其与水接触时会不同程度地被溶解。岩石中可溶性矿物被水溶解,随水流走,岩石的空隙增大,硬度降低。硅酸盐矿物和铝硅酸盐矿物主要是通过水解作用分解破坏的(钾长石高岭土化),水解作用的结果导致矿物的分解和岩石的破坏。由于硅酸盐矿物和铝硅酸盐矿物多为弱电解质,其水解作用在地表条件下是极其缓慢的,但是当水中含有丰富的CO_2时,水解作用则会加速进行。

为进一步探讨研究区内矿物风化过程中元素迁移规律,本书在对光薄片作喷碳处理后,选择易风化的斜长石、钾长石等矿物在电子探针仪器中作定量分析和线性分析,根据分析结果,了解各矿物在微观化学风化作用下物质组分的变化规律,从而进一步探讨风化作用发展过程中的物质运移机理。本次实验分析在国家海洋局第二海洋研究所海底科学重点实验室完成,分析按照《硅酸盐矿物的电子探针定量分析方法》(GB/T 15617—2002)进行,所用仪器型号为Jeol JXA-8100型电子探针,并辅助使用4道波谱仪(5B-92U),仪器工作条件加速电压15kV,探针束流20nA,束斑大小5μm。

从电子探针分析的结果来看(表6-2),斜长石在经历风化作用后发生大量绢云母化(图6-13),电子探针测定其成分为白云母[式(6-1)],SiO_2含量从风化前的68.77%降低到风化后的52.06%,Na_2O含量从风化前的11.11%降低到风化后的0.58%,而Al_2O_3从风化前的19.23%上升至风化后的26.22%,K_2O从风化前的0.13%上升至风化后的10.24%。此外,从斜长石到绢云母的线性分析结果中可以看出,Si、Na含量呈明显的下降趋势,而K、Al含量表现为上升趋势,这说明斜长石在风化生成绢云母的过程中以Na和Si的流失以及Al和K的富集为特征(图6-14)。

表6-2 雁荡山流纹质火山岩蚀变矿物成分电子探针分析平均结果 单位:%

矿物	斜长石	绢云母	钾长石	方解石
SiO_2	68.77	52.06	64.63	0.44
TiO_2	0.02	0.11	0.01	0
Al_2O_3	19.23	26.22	17.83	0.08
MgO	0.03	1.68	0.03	0.07
CaO	0.33	0.14	0.02	61.3
FeO	0.03	2.26	0.04	0.02
MnO	0.02	0.33	0.04	0.53
K_2O	0.13	10.24	16.33	0.16
Na_2O	11.11	0.58	0.34	0.05
Cr_2O_3	0.02	0.04	0.04	0.05
NiO	0.03	0.03	0.02	0.02
Total	99.73	93.68	99.34	62.72

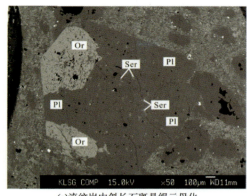

(a) 流纹岩中斜长石斑晶绢云母化　　(b) 碎裂状流纹质角砾凝灰岩中斜长石斑晶绢云母化

图 6-13　雁荡山流纹质火山岩电子探针扫描电镜照片

Or. 钾长石；Pl. 斜长石；Ser. 绢云母；Q. 石英。

$$3NaAlSi_3O_8 + 2H^+ + K^+ = KAl_3Si_3O_{10}(OH)_2 + 3Na^+ + 6SiO_2 \tag{6-1}$$

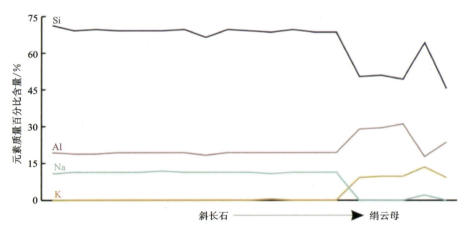

图 6-14　斜长石绢云母化过程中主要化学组分（Si、Al、Na、K）的变化特征

（斜长石包括 14 个颗粒数据，绢云母包括 5 个颗粒数据。）

通过野外调查发现，流纹质火山岩地貌中形成的岩嶂、洞穴外壁均见发育有密集的挤压型破劈理（图 6-15），流纹岩、流纹质熔结凝灰岩样品在显微镜下观察，岩石碎裂化明显，常见网状裂隙，与区内发生的较为强烈的压性、压扭性断裂作用相一致，断裂带中劈理发育，密集成带分布，破碎带内岩石受挤压成片状、长条状、小透镜体状，透水性与含水性较好，为岩石发生强烈的水岩作用（如斜长石绢云母化等）提供了良好的条件。

在水岩化学作用下，原岩矿物的风化分解以及新矿物的生成，这一过程使岩石的矿物组分与微观结构发生了质的变化，从而改变了岩石的物理性质。元素流失特征可以导致岩石孔隙度增加，降低原有岩石的密度，从而降低其原有的力学强度。化学反应变化过程中，物质的交换作用也会促进原岩次生孔隙的形成。

同时，流纹质熔结凝灰岩中的玻璃质在脱玻化形成矿物时体积会缩小，从而形成微孔隙，并且脱玻化后形成的硅铝酸盐矿物在酸性流体的作用下会发生溶蚀，又产生新孔隙，这些微孔隙统称为脱玻化孔，其对孔隙度的贡献也是可观的。

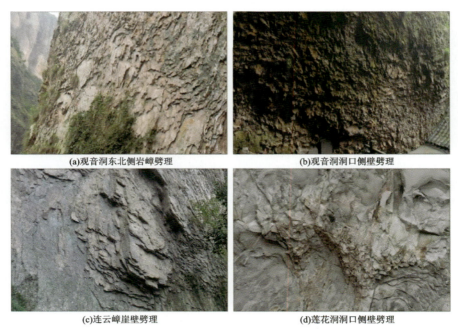

图 6-15 崖壁等地密集发育的劈理

次生孔隙的生成会直接引起岩石物理性质的变化。随着孔隙率的增加,岩石内摩擦角、黏聚力等抗剪强度参数呈递减趋势。实验表明,岩石抗压强度也会随岩石水岩化学作用的增强而呈减小趋势(汤连生等,1999)。岩石水岩风化作用在微观上表现为物质组分变化、产生次生孔隙等,而在宏观上则表现为岩石物理力学强度降低,引起岩石片状剥落、剥蚀断裂、重力崩塌等现象(图 6-16)。

图 6-16 岩石片状剥落、剥蚀断裂、重力崩塌等现象

3. 生物风化作用

生物风化作用是生物的生命活动引起的地表岩石的分解破坏作用,包括生物物理风化和生物化学风化作用。生物物理风化作用是生物活动导致岩石机械破坏的作用,如植物的根劈作用,是指生长在岩石缝隙中的植物,随着植物的生长,其根系也不断伸长变粗,植物根系的生长会对围岩产生 $10\sim15kg/cm^2$ 的压力,促使岩石缝隙增大,最终导致岩石崩解(图6-17,杨伦等,1998)。此外,穴居动物的挖掘作用,虫蚁、蚯蚓的筑巢翻土等都会引起岩石的破坏。生物化学风化作用是生物在新陈代谢过程中的分泌物和生物死亡后的遗体腐烂形成腐殖质作用于岩石,使岩石分解破坏的作用。植物和细菌在新陈代谢中常常产生有机酸、硝酸、碳酸、亚硝酸和氢氧化铵等溶液而腐蚀岩石。生物(尤其是微生物)的化学风化作用十分强烈,并广泛分布。据统计,每克土壤中可含几百万个微生物,它们都在不停地制造各种酸,从而对岩石产生强烈的破坏作用。

图 6-17 植物根劈作用

风化作用的差异性,是形成各种地貌微观特征的主要原因。岩性、构造、坡向、植被等因素都可能影响风化的速度。

四、海水侵蚀作用

1. 海浪侵蚀形成海蚀火山岩地貌

在波浪及其他海洋动力的作用下,海岸发生侵蚀过程,形成海蚀地貌。海蚀地貌的基本形态大都是由暴风浪产生的,普通波浪对地貌则起着经常性的修饰作用。海浪对海岸的侵蚀,首先是波浪水体直接拍打海岸,即冲蚀作用。波浪以巨大的能量冲击海岸时,水体本身的压力和被其压缩的空气对海岸产生强烈的破坏,这种力量可达到 $37t/m^2$,甚至达到 $60t/m^2$(左建,2001)。而浙东南沿海属于我国主要强潮区,海域水深在 20m 以上,直接濒海,海浪未受到削减直接到达较陡的岩岸,可见海岸带海浪、潮汐等侵蚀作用强烈,这一特征使临海沿海及其南北外围诸小岛遭受强烈的海浪侵蚀,海蚀地貌发育,形成海蚀崖、海蚀穴等地貌景观。

海蚀崖的成因有3种。第一种是由于海蚀作用,在海平面附近形成海蚀凹槽,海蚀凹槽在波浪冲蚀下不断扩大,其上方的岩石在重力作用下发生崩塌,形成海蚀崖,海岸因此而后退;第二种是海岸岩石结构面发育,海浪和潮汐水体的巨大压力及被其压缩的空气沿岩石裂隙产生强烈的破坏,岩体沿结构面发生裂解,产生崩塌,形成海蚀崖,崖面主要为构造面;第三种是上述两种因素共同作用的结果(图6-18)。

海蚀穴是在海蚀崖坡脚处形成的凹槽,深度较大者则称海蚀洞,它们是长期海水侵蚀和水中岩屑砂砾研磨的结果(图6-19)。由于海流携带的岩屑和砂砾长期对基岩海岸侵蚀和研磨,尤其是在岩石结构脆弱带,如岩石节理面,侵蚀作用更加明显、强烈,在海平面附近形成大小不一的凹穴,纵向凹穴越扩越大,便形成海蚀穴,由于后期地壳迅速抬升或海平面下降,导致海蚀

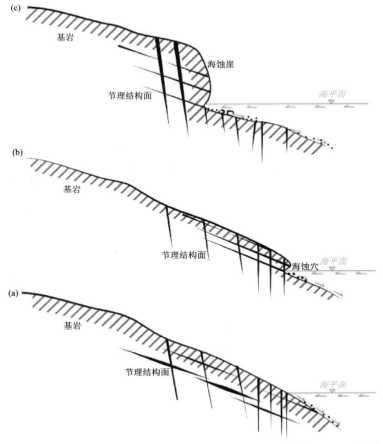

(a)原始海岸；(b)海蚀初期海岸,发育海蚀穴；(c)海蚀作用中期海岸地貌,发育海蚀洞穴、海蚀崖

图 6-18 海蚀崖形成示意图

穴高于海平面,则形成古海蚀穴。

2. 海平面的变化

作为外动力地质作用,海平面升降对海岸地貌的影响主要表现在以下两方面:

(1)造成海岸线的进退以及海岸物质的重新运动或沉积,引起海岸剖面的重新塑造。海面上升,会使水下岸坡深度增大,从而增大到达岸边的波浪能量,海岸因此而遭受侵蚀,被蚀物质被带到水下岸坡下方堆积。海面下降,会使水下岸坡变浅。在堆积海岸,若原来的水下岸坡处于平衡状态,则水下岸坡的中间大部分会受蚀变深,被蚀物质大部分向岸移动并沉积在岸边,物质相对较粗,小部分较细物质则向水下斜坡基部移动并沉积下来。在基岩海岸,随着海面上升,原海面以上的部分不断受蚀,水边线向岸移动。由于水深较大,海蚀产物在水中扩散,岸坡下的堆积不明显。因此,基岩海岸的海蚀剖面仅上部受改造,下部仍保持原有形态。

(2)海平面变化将形成古海岸遗迹。当海面下降时,原形成的堆积地貌或海蚀地貌将相对抬升出露海面之上,形成海上海蚀阶地或海积阶地,若海平面间歇式地下降,可能形成多级阶地。相反,当海平面上升时,原先形成的海蚀地貌或海积地貌将被淹没水下,新的海岸带将继续进行堆积或侵蚀,形成水下阶地。

第六章 流纹质火山岩地貌形成的内外动力作用

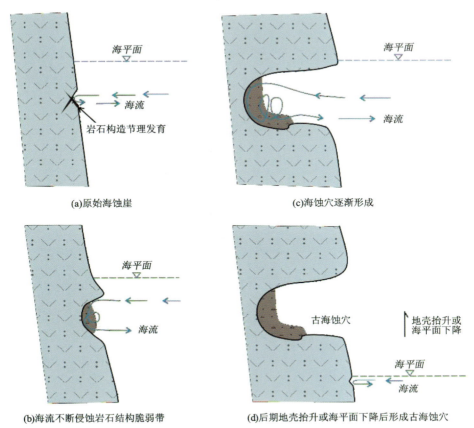

图 6-19 海蚀穴形成示意图

1) 中国东部海平面变化

影响海蚀作用极其重要的一个动力因素是海平面的变动、海岸相对升降，引起海岸线的进退，进而影响海岸的侵蚀过程以及海岸地貌的发育和演化。沈明洁等（2002）通过近年来中国东部海平面变化研究，获得了较为准确的海平面变化曲线（图 6-20）。中国东部沿海进入全新世以来，海面呈现持续上升和波动起伏的特点，大体能以 6500a BP 为界分为两个阶段：①6500a BP 之前，海面在波动中急剧上升，经历了 9750～9500a BP、7750～7500a BP、6750～6500a BP 等 3 个海面波峰期，海面波动幅度较大，但均未达到如今的海平面高度；②6500a BP 以来，海面波动呈现出上升和下降交替进行的特点，但海面已超过如今的海面高度，约为 2m，经历了 6000～5750a BP、4000～3750a BP、3500～3000a BP、2750～2500a BP、2000～1750a BP、1500～1000a BP 等 6 个海面波动波峰期，但波动幅度较小，在 -2～2m 之间，波动速率较缓和。

2) 临海一带海平面变化

临海一带自第四纪以来，东部滨海平原与温黄平原一样，至少有 3 次大范围的海侵活动。受原始地形及古地理环境影响，各处海陆交互的旋回次数不相等。图 6-21 中 44 号钻孔表明临海上盘一带曾有 4 次海侵、海退活动，但在临海四岔附近局部地段仅见两次。全新世以来的海侵活动是临海幅规模最大的一次，因而分布面积和厚度最大。中—上更新世的海侵活动除规模略小于全新世外，其他情况基本相同。

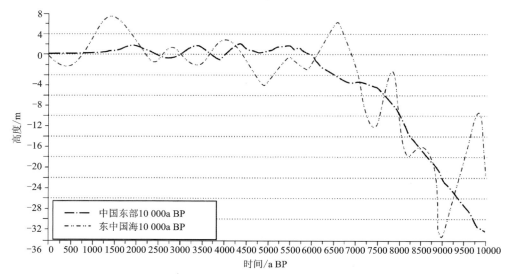

图 6-20　中国东部海平面变化的统计曲线比较图(据沈明洁等,2002 修改)

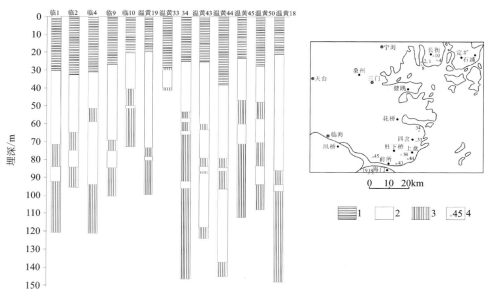

1.Q_4^m(或间夹Q_4^{m-l})海积(或间夹海-湖积)相；2.Q_{2-3}^m(或间夹Q_{2-3}^{m-l})海积(或间夹海-湖积)相；
3.Q_{2-3}^{al-pl}(或间夹Q_{2-3}^{dl-pl})冲-洪积(或间夹坡-洪积)相；4.钻孔及编号。

图 6-21　临海幅东部沿海第四系主要钻孔岩相示意图(据浙江省区域地质调查大队,1980 修改)

参考文献

陈利江,徐全洪,赵燕霞,等,2011.嶂石岩地貌的演化特点与地貌年龄[J].地理科学,31(8):964-968.

崔之久,高全洲,刘耕年,等,1996a.夷平面,古岩溶与青藏高原隆升[J].中国科学(D 辑:地球化学),26(4):378-384.

崔之久,高全洲,刘耕年,等,1996b.青藏高原夷平面与岩溶时代及其起始高度[J].科学通报,41(15):1402-1406.

崔之久,李德文,伍永秋,等,1998.关于夷平面[J].科学通报,43(17):1974-1805.

梁诗经,文斐成,陈斯盾,2008.福建泰宁丹霞地貌中的洞穴类型及成因浅析[J].福建地质,27(3):296-307.

骆银辉,胡斌,朱荣华,等,2008.崩塌的形成机理与防治方法[J].西部探矿工程(12):1-3.

任文秀,2008.浙东白垩纪和新近纪松柏类化石与古环境重建[D].兰州:兰州大学.

沈明洁,谢志仁,朱诚,2002.中国东部全新世以来海面波动特征探讨[J].地球科学进展,17(6):886-894.

汤连生,王思敬,张鹏程,等,1999.水-岩土化学作用与地质灾害防治[J].中国地质灾害与防治学报,10(3):62-70.

王人镜,杨淑荣,1987.浙江嵊县—新昌新生代玄武岩及包体的研究[J].地球科学,12(3):241-248.

徐柔远,1995.钱塘江水系的形成和变迁[J].浙江地质,11(2):40-48.

杨金豹,2015.浙闽地区新生代玄武岩和地幔捕房体岩石学与地球化学[D].北京:中国地质大学(北京).

杨伦,刘少峰,王家生,1998.普通地质学简明教程[M].武汉:中国地质大学出版社.

浙江省区域地质调查大队,1980.区域地质调查报告(临海幅、渔山列岛幅,1:200 000)[R].杭州:浙江省地质局.

左建,2001.地质地貌学[M].北京:中国水利水电出版社.

第七章 流纹质火山岩地貌的演化

第一节 流纹质火山岩地貌旋回演化过程

一、地貌发育的重要理论

不同学者在不同研究环境下对地貌演化的理解有所不同,长期以来也形成了不同的地貌形成演化模式。有些学者认为地貌演化是在一定的演化序列中进行,按地貌组合变化可将其分为不同阶段;另一些学者则认为整个陆地表面是自我调整的,这种自我调整与发生在斜坡上及河道中的过程相适应,也与自然界一般规律相适应,当某个因素改变,其他因素通过自我调整,这样尽管地表发生了物质、能量的变化,但总的地貌形态及坡度不改变。这两种观点促成了地貌发育的两种模式:其一是序列演化方式的地貌组合变化,以 Davis、Penck 和 King 的学说最具影响力;其二是动力平衡或稳定平衡理论,以 Hack 为代表。此外,与地貌发育的相关理论还有 Mapko 提出的地貌水准面学说;Strahler、Chorley 等建立的地貌系统论;Schumm 和 Lichty 提出的地貌发育的 3 个时间尺度理论,该理论同时包括了地貌序列演化理论和动力平衡理论;Schumm 又提出了流域系统中的地貌阈及复杂反应理论等(吴正,1999)。

综合浙江省流纹质火山岩地貌的序列演化方式及形态组合特征,对比几种主流的地貌发育重要理论,认为流纹质火山岩地貌坡地形态、演化方式与 King 的理论较为一致。

King 的理论认为地球上最典型的坡地形态由 4 部分组成:上部的凸形坡、自由面、下部直线坡(搬运坡)、凹形坡(基坡),如图 7-1 所示(潘保田等,2002)。其对比前人研究最重要的突破就是自由面的提出,并暗示没有自由面的坡地是不活跃的,自由面的平行后退是导致坡地后退的主要因素。麓原的扩展和联合过程称为麓原化,其所造成的地形称为山麓侵蚀面平原或联合麓原。从对形成过程的描述中可见,所有的麓原和山麓侵蚀面平原都具有穿时性(即这些地貌并非都是同一年代所形成的)。山麓侵蚀面平原的主要特征是凹坡剖面,而其上发育的侵蚀残余丘则具有陡峭的周缘边坡(吴正,1999)。

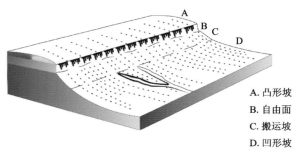

图 7-1 King 的坡地模式形态示意图(据潘保田等,2002)

A. 凸形坡
B. 自由面
C. 搬运坡
D. 凹形坡

二、坡地形态演化过程

参考 King 的理论可将流纹质火山岩地貌坡地的形态按照演化过程分为 3 种：陡壁形态、完整 King 模式形态和丘陵坡地，三者分别对应流纹质火山岩地貌演化过程的早期、中期和晚期。对应的坡地演化方式以坡地退行和坡地取代为主。

1. 陡壁形态（青年期）

流纹质火山岩地貌发育的早期阶段，由于地表剧烈抬升，流水沿节理带及断层面下切形成一线天和巷谷，此时因谷地较窄，流水相对集中，外力作用以河流下切为主，侵蚀作用大于堆积作用，早期的崩塌产物及风化产物难以在谷底留存。

这个阶段流纹质火山岩山体呈现为被沟谷切割的夷平面，一线天、巷谷是该阶段的主要景观，而坡地往往存在于一线天、巷谷的两侧，仅表现为单一的陡崖形态，自由面、搬运坡及凹形坡均不发育。这在雁荡山的净名谷、灵峰、大龙湫、灵岩景区，神仙居的神象归谷，缙云仙都的芙蓉峡谷等地极为典型。

2. 完整 King 模式形态（壮年期）

由于风化、蠕动和雨滴击溅等作用，陡壁的顶部棱角逐渐被剥蚀，山体开始浑圆化，凸形坡开始形成。由于自由面经常性地崩塌，凸形坡极易遭受破坏而不易留存，凸形坡与自由面之间的界线因此会随着崩塌作用而不断消长。雁荡山仙溪、龙西溪一带，神仙居梦幻谷、逍遥谷一带的流纹质火山岩地貌自由面比较发育，尤其是神仙居梦幻谷山体的浑圆化比较明显，佛祖峰、鲸鱼岩、天下粮仓等景观所在处就是最明显的例子。

自由面和搬运坡的形成主要借助于重力崩塌和片状剥落作用。不同于土质坡地，由于白垩纪流纹岩、流纹质熔结凝灰岩硬度较高，流纹质火山岩地貌坡地可保持较大的坡度和高度而不致崩塌，如雁荡山的铁城嶂、摩霄嶂、紫霄嶂，神仙居的蝌蚪崖岩嶂、公盂岩岩嶂、大岩背岩嶂等，崖壁垂直高差 $100\sim260\,\mathrm{m}$，坡度基本都在 $80°$ 以上。崩塌作用在早期主要由节理裂隙或侧蚀形成的自由面底侧的洞穴崩塌导致，且往往规模较大。在搬运受限的情况下，搬运坡开始形成，溪流逐渐与自由面相隔离，这时自由面的崩塌主要由风化作用所产生的岩穴所导致，在规模和发生频率上要小于前一阶段。

随着河流谷地的拓宽，当自由面后退速度大于河流的迁移速度时，坡地自由面与河流之间的距离不断增加，凹形坡由于坡面流水携带泥沙的淤积作用也开始形成并不断扩大，完整的 King 模式坡地序列开始形成。从雁荡山仙岩至龙西溪的范围即为此阶段坡地的典型代表。

堆积物的逐渐抬高使其下的基岩免遭剥蚀，因此崩塌作用在形成堆积缓坡的同时也促使了基岩缓坡面的形成，两者共同组成了搬运坡，在搬运受限的持续作用下，搬运坡将逐渐抬高。这时的演化模式即为坡地替代，反之，搬运坡将与自由面同时作平行后退。

3. 丘陵坡地形态（老年期）

当流纹质火山岩地貌坡地由平行后退演化为坡地取代时，搬运坡开始逐渐抬高，同时自由面基底的高程也逐渐增高，自由面的相对高度逐渐变小，并趋于消亡。与此同时，顶部夷平面（分水面）也逐渐消失并演化为线状分水岭或点状山峰，整个流纹质火山岩地貌坡地在坡度上变缓，山体表现为普通的丘陵形状，此时流纹质火山岩地貌的坡地上发育了大量的细沟、切沟，地形变得崎岖。临海桃渚武坑一带的地貌已进入了丘陵坡地阶段。

自由面消亡之后,当构造运动继续保持稳定时,流纹质火山岩地貌也就失去了其特殊的景观。这时坡面变得低缓,表面被风化壳所覆盖,植被覆盖率较高,坡面流水作用替代物理风化和崩塌而成为坡面演化的主导作用,坡面的演化不再是平行后退的 King 模式,而是在高度上逐渐降低的 Davis 模式,并逐渐演化为夷平面。坡面的演化也就此终止,一次侵蚀夷平的循环也就此完成。

三、流纹质火山岩地貌旋回演化过程

自古近纪后期的喜马拉雅运动以来,由于区域阶段性构造抬升,区域这级夷平面开始逐渐解体,在内动力和外动力共同作用下,地表流纹质火山岩地貌形态朝着一定方向发生变化,根据地貌形态组合特征,可将其分为幼年期、青年期、壮年期和老年期4个演化阶段(表 7-1,图 7-2)。

表 7-1　流纹质火山岩地貌演化旋回各阶段特征

类型	指标依据	地貌特征
幼年期	保持原始顶面(台地)或夷平面(>60%),侵蚀量<20%	台地-峡谷型地貌组合,上部保持大面积原始顶面(熔岩平台)或夷平面,属于地壳抬升-流水下切-巷谷、峡谷发育阶段。原始低洼河谷开始下切,或沿断裂破碎带切割发育幼年峡谷
青年期	台地顶部逐渐分离并缩小,原始顶面(30%～60%),侵蚀量 20%～40%	台地原始顶面进一步切割、缩小,山体原始顶面保持 30%～60%;整体呈峰丛-嶂-峡谷式地貌组合,发育沟谷型柱峰、一线天等地貌,台地顶部切割发育出堡峰等地貌,台地内部及周边瀑布发育。负地貌多为巷谷、嶂谷和深切 V 形峡谷,主河谷逐步发育成宽谷,接近侵蚀基准面,局部有河漫滩发育
壮年期	台地顶部离散,原始顶面进一步萎缩(<30%),侵蚀量 40%～70%	山顶仅残留部分古夷平面,小于 30%,山体因长期侵蚀而逐步降低;河谷为宽谷-峡谷-巷谷相间分布,主河谷达到侵蚀基准面,主要支谷接近侵蚀基准面,河流以侧蚀为主,主河谷多宽谷。地貌呈嶂-峰-门-洞-谷-瀑-潭的完整流纹岩地貌组合序列,高大的岩嶂和山顶型锐峰尤其发育。地表最崎岖,高差最大
老年期	原始顶部夷平面消失,准平原化,侵蚀量>70%	原始顶部夷平面(分水面)消失,山顶面进一步降低,晚期则为波状起伏的准平原面。主河谷为宽谷,主河谷和主要支谷达到侵蚀基准面,有些发育曲流。地貌呈河谷平原(滨海平原)-峰林-孤峰-孤丘或孤石组合,近河谷平原局部保留小范围残留峰林、孤峰(柱峰)

第七章 流纹质火山岩地貌的演化

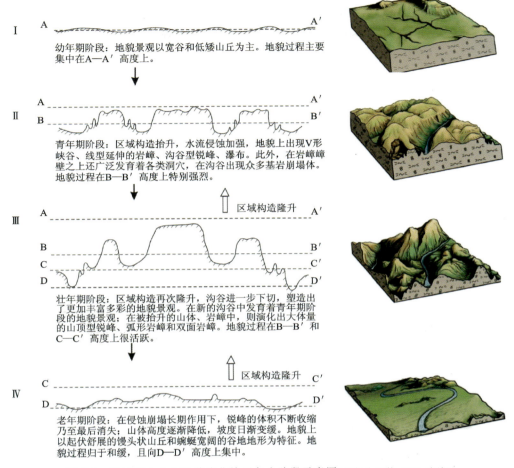

图 7-2 流纹质火山岩地貌演化旋回各个阶段示意图（据胡小猛等，2008 改编）

1. 第 Ⅰ 阶段（幼年期）

原始台地顶面或夷平面抬升后，地表坡降加大，流水侵蚀作用增强，夷平面边缘地带表现得尤其显著；夷平面内部，侵蚀作用仍然较弱。这一时期地表仍保持着宽谷和低矮山丘状的形态。雁荡山雁湖岗的宽浅谷地地形就处在这个发育阶段。

2. 第 Ⅱ 阶段（青年期）

起始于古近纪始新世，主要发育于古近纪末至第四纪初。由于新构造运动，地壳抬升，引起前期的断裂活化，产生了北东向、北西向、东西向以及南北向的断裂、节理或裂隙，形成区内网格状构造。在距今 533 万～258 万年的上新世，已形成的白垩纪火山构造被抬升至侵蚀基准面之上。由于流纹质火山岩属刚性岩类，区域上褶皱构造并不发育，区域构造以断裂为主，形成密集的断裂带。

随着地壳的快速上升、溯源侵蚀作用不断发展，负地貌沿着线谷→巷谷→嶂谷→深切Ⅴ形峡谷方向发展。流水沿着前期形成的断裂和垂直节理下切侵蚀，原始台地顶面或夷平面逐渐被分割解体，形成狭窄的深沟和"一线天"式的线谷或巷谷；随着深沟和线谷中流水下切侵蚀作用的继续发展，伴随着沿谷壁垂直节理的崩塌作用，线谷进一步加深扩大，形成更宽、更深切

· 179 ·

的嶂谷。当嶂谷中的流水下切到一定深度时,若遇到下伏硬岩层,或接近于局部侵蚀基准面时,水流则改为以侧向侵蚀为主,对谷壁的基部进行侧蚀,使得上部岩石临空,在重力作用下,嶂谷两侧的岩嶂易产生与边坡平行的张性垂直裂隙,经长期的流水、风化等作用,裂隙的宽度和深度将不断增大,致使岩嶂上部岩石沿垂直裂隙逐步崩塌,并形成雄伟的岩嶂地貌,嶂谷逐步拓宽形成 V 形峡谷,两侧谷坡附近形成沟谷型柱峰、锐峰、单面峰等地貌景观。在原始顶面或台地的顶部,由于下切作用没有峡谷那么强烈,仍保留着较大面积的侵蚀顶面,则会形成山顶浑圆、相对高差较小的堡峰(方山)等地貌,如神仙居的天下粮仓等景观。

青年期流纹质火山岩地貌的典型代表有雁荡山大龙湫沟谷、小龙湫沟谷和鸣玉溪沟谷等,神仙居西罨寺一带的摩天峡谷、逍遥谷(梦幻谷)以及南部的官坑峡谷等地,都可以看到典型的青年期流纹质火山岩地貌景观。

3. 第Ⅲ阶段(壮年期)

构造运动渐趋宁静,气候转向温湿,风化、面流侵蚀作用使陡壁的顶部棱角逐渐被剥蚀,山体浑圆化,凸形坡很容易遭到破坏而不易保存,凸形坡与自由面之间的界线因此会随着崩塌作用而不断消长。中国东南部地区山体自由面比较发育,故凸形坡比较常见。自由面下方由于流水侵蚀软弱岩层形成的洞穴是导致本阶段早期崩塌的主要原因,此时自由面上方的岩穴也易随陡壁崩落而破坏,从而难以进一步扩大形成岩洞。因搬运作用受限,下部堆积坡开始形成,溪流逐渐远离自由面,此时的自由面崩塌主要受风化作用产生的岩穴控制,其在规模上和发生数量上均小于前一阶段。故流纹质火山岩地貌陡坡地的崩塌作用具有阶段性。在软弱岩层不发育地段,自由面后退主要借助于风化和重力作用产生的片状剥落作用。

蜿蜒曲折的主河谷达到或接近区域侵蚀基准面时,沿着侵蚀基准面缓慢地流淌。这为物理风化、流水冲蚀、侧蚀、谷壁拓宽等创造了条件,随着河流谷地的拓宽,当自由面后退速度大于河流的迁移速度时,陡坡地自由面与河流之间距离不断增大,凹形坡由于坡面流水携带泥沙,淤积作用也开始形成并不断扩大,自由面形成雄伟高大的岩嶂景观,完整的流纹质火山岩地貌坡地形态"凸形坡—自由面—搬运坡—凹形坡"的序列开始形成。此阶段在离河较近处山顶呈弧面,发育方山、石柱、峰丛等正地貌和线谷、巷谷、峡谷及深切曲流等负地貌。近河谷地带形成密集型峰林,远离河谷地带则发育峰丛,地表崎岖。

区域新的一次构造隆升导致侵蚀基准面相对下降,新一轮沟谷的下切和溯源侵蚀会使沟床的高度降低,原先的老沟谷及其中所发育的锐峰和岩嶂也被相对抬升,新的流水切割和溯源侵蚀开始。多次抬升、侵蚀形成叠嶂景观,这在雁荡山表现最为明显。抬升后的锐峰随着后期不断地侵蚀和崩塌,逐渐萎缩乃至最终消亡,只有少数仍残存,形成小体量的山顶型锐峰。抬升后的岩嶂不断崩塌后退会使其所包围的基岩山体逐渐缩小,并最终形成大体量的山顶型锐峰(方山)景观,如雁荡山方山、观音峰、纱帽峰等山峰,神仙居观音峰。岩嶂的不断崩塌后退,也会导致在一些山脊上形成双面岩嶂地形,如神仙居公盂岩、景星岩等。

研究区内的雁荡山灵岩、大龙湫、显胜门、龙西溪的流纹质火山岩地貌,神仙居十三都坑、沙坑一带的流纹质火山岩地貌,均属于壮年期流纹质火山岩地貌。

4. 第Ⅳ阶段(老年期)

构造运动进一步趋于宁静,气候冷暖、干湿交替,蜿蜒曲折的主河谷已下切至区域侵蚀基准面,沿着侵蚀基准面缓慢地流淌,此时,流水侵蚀以侧蚀为主,伴随物理风化剥落、崖壁崩塌作用,壮年期崖壁在这一阶段进一步后退,山体逐渐缩小。当流纹质火山岩陡坡由平行后退演化为缓坡地时,搬运坡渐渐增高,同时坡面的相对高度逐渐变小,并趋于消亡,与此同时分水面(顶部夷平面)也渐渐消失,演化为线状分水峰(岭),整个流纹质火山岩坡地变缓,山体表现为普通的低缓丘陵地貌。在侵蚀崩塌作用下,处在高海拔的山顶型锐峰,其体积也不断收缩,乃至最后消失,比如雁荡山菜刀岩、方山景区的剑岩等都是山顶型锐峰的残余。而在丘陵的顶部,也会有孤峰残留,比如临海的七姐妹峰、孔雀岩等孤峰、突岩。

自由面(陡崖面)消亡之后,当新构造运动持续保持稳定时,流纹质火山岩地貌也就失去了其特殊的景观。这时山坡面变得低缓,表面被风化壳所代替,植被覆盖率高,坡面流水作用代替了风化崩塌作用而成为坡面演化的主导作用,并逐渐平面化,坡面的演化也就此终止,一次侵蚀-夷平面循环完成。形成以河谷平原、孤峰残石、低缓谷坡、矮小浑圆残丘、准平原化为特征的老年期流纹质火山岩地貌。如缙云仙都好溪两侧、临海桃渚武坑一带便是流纹质火山岩地貌老年期典型代表。

四、典型流纹质火山岩地区演化阶段

从地貌发育演化规律的角度看,研究区流纹质火山岩地貌最显著的特征在于地貌景观具有垂直分带性,从现代沟谷谷底至山顶的地貌形态及其组合变化可以分别代表地貌演化的不同阶段,即在同一个地区会同时存在多个地貌演化阶段。

例如,雁荡山有代表幼年期的夷平面,代表青年期的巷谷、嶂谷,代表壮年期的完整流纹质火山岩地貌序列景观;神仙居有代表幼年期的台地原始顶面,代表青年期的线谷、巷谷,代表壮年期的山顶型锐峰、高大的岩嶂、宽谷等地貌。但总体而言,每个典型地区可大致归入其中一个演化阶段,如神仙居是青年期的典型代表,雁荡山是壮年期的典型代表,而临海桃渚和缙云仙都则是老年期的代表。典型区代表性地貌景观三维遥感影像见图7-3。

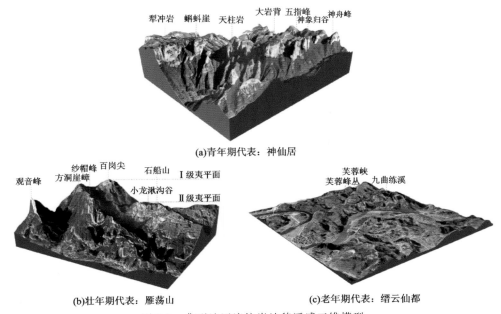

图7-3 典型地区流纹岩地貌遥感三维模型

第二节　流纹质火山岩地貌发育定量测算

一、地貌测年方法综述

新生代地貌演化的主要动力作用源自新构造运动,因此,可以通过新构造运动及事件的年龄来间接获取地貌演化的年龄。新构造运动事件的定量或半定量研究很大程度上依赖于对地层序列及其时间标尺的确立,获取相对精确的地层年龄和事件的发生年龄是决定新构造定量研究程度的最主要因素。根据田婷婷等(2013)的统计,目前至少有 27 种定年技术能够应用于沉积物定年和晚新生代的变形测定,这些技术方法可以分为数值定年法、相对定年法和校正定年法。数值定年法可获得某一地层或事件的绝对年龄,因此最为常用,但应用范围受限于测试物质或对象,故准确定年还需结合相对定年法或校正定年法。相对定年法应用范围较为广泛,但其缺乏足够的精确性,需标准化后使用。校正定年法仅在部分情况下适用,其适用性取决于对已知地质事件的认可度,如火山爆发或磁极倒转。不同的定年方法都有其特定的使用条件和适用范围,且可能受到各种因素干扰而产生误差,如在数值定年过程中可能会出现一些非分析性错误。因此使用上述定年法测得的新生代地貌年龄的可靠性,还需综合沉积物的地貌-地层相对时序、不同定年方法比较或相同方法在地层上的时序一致性等来进一步评估。

随着现有定年方法的持续发展和改良,新生代地貌及新构造运动定年精度和定量化研究程度有了极大提升,尤其是 ^{14}C、光释光、U 系、宇宙成因核素(^{10}Be、^{36}Cl 和 ^{26}Al 等)和热年代学等常用定年方法为地貌演化定量研究提供了重要的年代学手段和依据(表 7-2)。

表 7-2　地貌演化研究中常用的定年方法

测年方法	测年范围/a	测试对象	主要应用	样品要求
放射性 ^{14}C 法	$<5\times10^4$	含碳物质(木头、泥炭、黏土、珊瑚、贝壳、洞穴沉积物等)	构造抬升、沉积等变形与古地震	取有效含碳样品,且防止碳污染
K-Ar 法	$10^4\sim10^9$	云母、长石、玄武岩、富钾矿物	年轻火成岩、断层定年	富钾矿物
U 系法	$10^2\sim5\times10^5$	碳酸盐矿物	珊瑚、年轻火山岩及断层定年,构造变形及速率	U 封闭体系
宇宙成因核素法	$n\times10^5\sim5\times10^6$	陨石、岩石、矿物	岩石风化、河流侵蚀和搬运、冰川等构造地貌演化的定年、变形幅度及速率	暴露采样,在最初构造作用面
(U-Th)/He	$10^2\sim10^6$	磷灰石、锆石等矿物	造山带抬升剥露、河流侵蚀的时代和速度、盆地热史及古地形研究等近地表的构造活动	U 封闭体系

续表 7-2

测年方法	测年范围/a	测试对象	主要应用	样品要求
释光测年	$n×10^2 \sim 10^5$	石英、长石矿物	沉积物及断层物质最后一次曝光后的埋藏年龄	避光采样
FT法	$10^2 \sim 2×10^6$	磷灰石、锆石等矿物	构造隆升、剥蚀时代,断层活动定年及活动速率	径迹完全退火
ESR法	$n×10^3 \sim 2×10^6$	石英沉积物、碳酸盐类和断层物质	沉积物及断层物质最后一次曝光后的埋藏年龄	样品经充分光晒退,信号完全归零
古地磁测年法	$10^2 \sim 10^7$	火成岩、沉积岩等	恢复板块或块体的古地理位置,探讨块体间分离、拼合时代,辅助定年	

其中,放射性 ^{14}C 法是目前第四纪定年中精度最高、用途最广且最成熟的一种同位素定年法,一直被广泛应用于新构造与活动构造、古环境与古气候演变、考古等方面的定年研究,但其测年范围小于 50 000a,而本研究的地貌年龄推测在第四纪以前,因此并不适用。K-Ar 法一直是年轻地质体系年代学研究中年轻火成岩定年的重要方法,但它所测的是岩石、矿物形成的结晶年龄,要远远老于本研究所需的地貌年龄。不平衡 U 系定年法是以天然放射性系列(主要是铀系)中母体与子体处于不平衡状态及子体的过剩或不足为前提,测定年轻地质样品年龄的一种同位素定年方法。与其他方法相比,U 系法具有一定的优越性,且填补了 ^{14}C 和 Ar 同位素法之间的年龄空隙,成为测定近百万年内地质体及地质事件年龄的重要方法。但 U 系测年的主要对象为碳酸盐物质,而本书的研究对象主要为酸性火山岩。释光是硅酸盐矿物晶体接受电离辐射作用累积起来的能量在受热或光激发时重新以光的形式释放出能量的一种物理现象。释光测年法是在地质定年和辐射剂量测定的基础上应运而生的,包括热释光(TL)测年法和光释光(OSL)测年法。释光测年的测试对象是沉积物中广泛存在的石英和长石矿物,经野外调查,研究区内未找到较适宜的取样沉积剖面。ESR 法是在热释光(TL)测年的基础上逐步发展起来的,基本原理与释光测年类似,其测年物质同样主要为含石英沉积物、碳酸盐类和断层物质等。古地磁学是介于地质学和地球物理学之间的边缘科学,它的基本出发点是通过火成岩和沉积岩的天然剩磁推算出相关地质时期的地磁场,恢复岩石地层中记录的古地磁场信息。

宇宙成因核素定年法在研究陨石中宇宙成因核素的基础上发展而来,自 20 世纪 80 年代以来,随着加速器质谱的问世及技术的不断改进,已逐渐成为定量解决许多地貌形成与演化问题的最重要手段。(U-Th)/He 同位素定年法是 20 多年来低温热年代学领域中快速发展起来的一种新的高精度定年方法,它主要基于矿物颗粒中 U、Th(及其他锕系元素)发生 α 衰变生成 ^{4}He,通过测量矿物样品中放射性子体同位素 ^{4}He 以及母体同位素 ^{238}U、^{235}U 和 ^{232}Th 的含量来获得(U-Th)/He 的年龄。与其他技术相比,(U-Th)/He 体系的封闭温度较其他已有同位素定年体系的封闭温度更低(如磷灰石的 He 封闭温度仅 75℃),使得对岩石的低温热演化研究范围得以扩大,因而可应用于古地形演变、沉积盆地热演化、造山带抬升、剥露时代和速率及年轻样品高精度定年等多方面的应用与研究。裂变径迹(fission track,FT)法是近年来迅速发展起来的一种低温热年代统计学定年法,它利用地层岩石中含铀矿物衰变产生的径迹密度来确定年龄,测年范围通常在100Ma以内。近年来,FT技术的迅速发展为研究造山带隆升过程以及缺乏有效沉积记录地区的低温构造演化分析提供了有效的热年代学工具。利用裂变径迹技术可对构造隆升与剥蚀的开始和结束时间、隆升及剥蚀幅度和速率等进行估算或限定,特别通过分析同一构造区不同部位的隆升、剥蚀幅度及速率,可获得对构造区的构造活动时间、样式及相对活动强度等的认识。相对于宇宙成因核素定年法和(U-Th)/He同位素定年法,目前国内的裂变径迹实验技术更为成熟,因此,本研究最终选定了磷灰石裂变径迹定年法来测定地貌演化年龄。

二、裂变径迹定年原理及方法

岩石的剥露作用是指埋于地壳深部的岩石在地壳表层风化或构造剥蚀机制的控制下相对于地面运动,并逐渐出露于地表的过程。应用低温热年代学数据反演区域岩体剥露速率及其演化历史是目前地质学当中已被成熟利用的定量限定岩石剥露过程的技术方法。经过30多年的逐步发展与完善,应用包括磷灰石裂变径迹(AFT)、磷灰石(U-Th)/He(AHe)等低温热年代学技术定量约束岩石剥露历史的理论基础已被普遍认同,相关的应用技术手段也日臻成熟,在构造地质学、古地貌重建、造山带演化等领域都取得了一定的成果。

1. 裂变径迹形成过程

铀在自然界中主要由 ^{235}U 和 ^{238}U 两种同位素组成,并主要通过 α 和 β^- 的衰变方式,最后生成稳定同位素铅。但这种衰变方式极其缓慢,^{235}U 的半衰期约为 $7.13 \times 10^8 a$,^{238}U 的半衰期约为 $4.51 \times 10^9 a$(与地球的年龄相当)。此外,^{235}U 是自然界仅有的能由热中子引起裂变的核素,可是它只占天然铀的 0.7%,而占天然铀 99.3% 的 ^{238}U 只能由快中子诱发裂变。在一定条件下,铀原子核亦可自发裂变,^{235}U 和 ^{238}U 的自发裂变半衰期分别为 $1.8 \times 10^{17} a$ 和 $1.0 \times 10^{16} a$,其速度比 α 和 β^- 衰变速度更慢(刘顺生等,1984)。当铀裂变产生的荷能离子穿过物质时,会在极短的时间内把相当数量的能量转移给沿路径的靶物质的电子与核,同时引发一个复杂的过程,并且可能在有限的空间内形成永久性的结构改变,即产生潜径迹(刘顺生等,1984;侯明东等,2002)。潜径迹的形成是一种普遍现象,在很多材料中都能观察到。构成潜径迹的缺陷可以是点缺陷、缺陷团,也可以是局部非晶化或相变。潜径迹的形态可能是孤立的球形缺陷、椭球形缺陷、不连续的圆柱形缺陷或连续的圆柱形缺陷(乔建新等,2012)。图7-4示意了Fleischer等在1975年提出的用于解释裂变径迹形成的"离子爆发穿刺"模型。该模型认为,介质中的重核[图7-4(a)]中的暗点分裂出的带电裂变碎片在经过非传导性固体介质时[图7-4(b)],沿其路径会诱发电离产生一排带正电的晶格离子,这些离子在损伤处互相排斥最终导致了晶格缺陷的出现[图7-4(c)]。

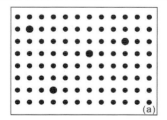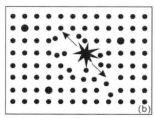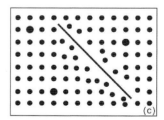

图7-4　裂变径迹形成的理论模型(据常远和周祖翼,2010)

2. 裂变径迹定年

利用裂变径迹方法定年时,子体同位素含量全为裂变产物,其初始值为零,可通过测量自发裂变径迹密度来确定。母体同位素含量通过诱发裂变径迹密度来确定,诱发裂变径迹密度与 ^{235}U 的含量和中子通量成正比。若已知热中子所致裂变 ^{235}U 的裂变截面和中子通量,则可用诱发裂变径迹密度计算出母体同位素的含量,从而可进一步计算出年龄值。裂变径迹定年的一般公式如下:

$$t = \frac{1}{\lambda_D} \cdot \ln\left(1 + \frac{\rho_s}{\rho_i} \cdot \frac{\lambda_D}{\lambda_f} \cdot \sigma \cdot I \cdot \phi\right) \tag{7-1}$$

式中,λ_D 和 λ_f 分别为 ^{238}U 的总衰变常数和自发裂变衰变常数,$\lambda_D \approx 1.55 \times 10^{-10}/a$;$\sigma$ 为 ^{235}U 的热中子诱发裂变截面;I 为 ^{235}U 和 ^{238}U 的天然同位素丰度比;ρ_s 和 ρ_i 分别为 ^{238}U 自发裂变径迹密度和 ^{235}U 诱发裂变径迹密度;ϕ 为热中子通量。定年方程的具体推导过程可参考乔建新等(2012)。

自然界中可用于裂变径迹法测定年代的矿物有很多,但因各种条件限制,目前常用的矿物有锆石、磷灰石和榍石。裂变径迹年龄的测定有多种不同的方法,包括直接测定法、等时线法及 Zeta 常数校准法等。因直接测定法测定的年龄误差较大(主要由于 λ_f 的数值不统一、热中子通量 ϕ 的测定困难等),如今主要采用 Zeta 常数校准法测定年龄,该方法避开了上述问题,定年的准确度会大幅提高。

Zeta 常数校准法会使用年龄标准样品和标准铀玻璃对所采用的定年程序进行多次刻度测定 Zeta 校准常数,由此得到裂变径迹年龄(Hurford and Green,1983;丁林,1997;张志诚和王雪松,2004),其计算公式如下:

$$t_{\text{UNK}} = \frac{1}{\lambda_d} \cdot \ln\left(1 + \frac{\rho_s}{\rho_i} \cdot \lambda_d \cdot \rho_d \cdot \xi\right) \tag{7-2}$$

$$\xi = \frac{e^{\lambda_D t_{\text{STD}}} - 1}{\lambda_d \cdot \left(\frac{\rho_s}{\rho_i}\right)_{\text{STD}} \cdot \rho_d} \tag{7-3}$$

式中,ξ 为 Zeta 校准常数;ρ_d 为标准铀玻璃的云母外探测器上的诱发裂变径迹密度;t_{UNK} 为未知样品年龄;$(\rho_s/\rho_i)_{\text{STD}}$ 为标准裂变径迹矿物年龄,标准裂变径迹矿物自发与诱发裂变径迹密度比值。

3. 几种常用的裂变径迹年龄值

1)绝对年龄和 Zeta 年龄

采用直接测定法确定的裂变径迹年龄称为绝对年龄,即由式(7-1)计算得到的年龄;而采用 Zeta 校准常数法确定的裂变径迹年龄称为 Zeta 年龄,即由式(7-2)计算得到的年龄。

2)组合年龄和平均年龄

首先应用 χ^2 统计检验颗粒年龄是否服从泊松分布,即所有颗粒是否属于同一组分;若样品的单颗粒年龄能通过 χ^2 检验[$P(\chi^2) > 5\%$],则表明样品年龄分布服从泊松分布,属于同一年龄组分,可计算出组合年龄,即用总自发径迹密度比总诱发径迹密度;若样品的单颗粒年龄未能通过 χ^2 检验[$P(\chi^2) < 5\%$],则表明样品年龄分布不服从泊松,为非单一组分,组合年龄没有意义,只能计算平均年龄(张志诚和王雪松,2004;Galbraith and Green,1990)。

3)中值年龄

中值年龄可以更精确评估 $P(\chi^2) < 5\%$ 样品的年龄变化。中值年龄是单颗粒年龄对数值的加权平均值,并能给出标准偏差(Galbraith and Laslett,1993)。

4. 裂变径迹的退火作用

裂变径迹定年的关键点是长径迹与任意选择的切面相交的概率大于短径迹的概率,其年龄解释的重要基础是径迹形成以后在存在的过程中是稳定的。裂变径迹定年依据是测量径迹与面的交点的数量,故样品中径迹较长时会获得较老的年龄,径迹较短时会获得较新的年龄。自然界中的自发裂变径迹主要是由 ^{238}U 产生的。研究表明,富含 ^{238}U 的天然矿物,如磷灰石、锆石、榍石等的裂变径迹仅在某一临界温度(称为封闭温度)以下才能保存,并且具有随温度升高和受热时间增长,径迹密度减小、长度变短直至完全消失的特性,这一特性称为退火作用(丁林,1997;沈传波等,2005;焦若鸿等,2011)。裂变径迹的退火会导致密度的减少和径迹长度的缩短。不同的矿物封闭温度不同,锆石和磷灰石裂变径迹封闭温度一般为 $(210±40)$℃ 和 $(100±20)$℃(Wagner and Van Den Haute,1992;吴中海和吴珍汉,1999),这就意味着锆石和磷灰石裂变径迹年龄是分别可记录矿物冷却到低于 210℃ 和 100℃ 时的年龄,称之为冷却年龄。研究表明,裂变径迹退火只与温度和时间有关,而与压力、pH 值及 Eh 值等其他物理化学条件没有明显的关系,因而可以把裂变径迹退火程度视为温度和时间的函数。

三、样品采集及测试

1. 野外岩石样品采集

综合考虑野外实地调查成果与室内数据分析结果,本研究对雁荡山百岗尖和仙居神仙居淡竹出露的石英正长岩、微细粒二长岩、细粒正长岩岩体进行岩石样品采集,作为磷灰石裂变径迹测年样品,取样高程从 250m 至 1107m,垂直高程每间隔 10～20m 取样(图 7-5、图 7-6),每个采样点均使用便携式 GPS 和气压计进行定位、标高,以便于后期采用年龄-高程法计算岩体剥露速率。同一高程水平间隔取 3 块岩石样品,每件岩样 2～3kg,从最大程度上减少年龄计算误差。采样工作于 2016 年 4 月完成,共计采集 75 件岩石样品。

2. 磷灰石测年样品处理及测试结果

采集的 75 件样品(表 7-3)先后送至化工地质矿山第十八实验室和廊坊市诚信地质服务有限公司进行碎样和挑样。挑样是在双目显微镜下手工挑选合适的磷灰石晶体,每件样品中挑选的磷灰石颗粒大于 500 颗,晶体最短轴直径大于 $75\mu m$,均为自形晶。

2016 年 5 月底,将挑选的磷灰石颗粒送至核工业北京地质研究院分析测试研究中心进行裂变径迹试验。因本次样品采集的高程过于密集,本书将结合测试结果的合理性,适当挑选样品用于本次分析,样品编号及测试结果详见表 7-4 和表 7-5。

用于本次分析的样品在测试过程中所选磷灰石单颗粒数均在 20 颗左右,$P(\chi^2)$ 卡方检验值均大于 5%,说明样品的年龄分布服从泊松分布,属于同一年龄组分。裂变径迹组合年龄(pooled age)主要分布在 30～50Ma 之间,远小于岩体的形成年龄,说明样品都经历了完全退火,径迹年龄表征后期构造隆升过程。

第七章 流纹质火山岩地貌的演化

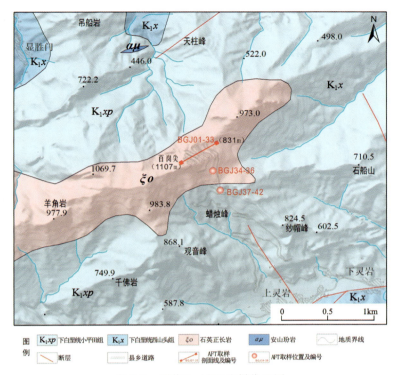

图 7-5 雁荡山 AFT 取样位置图

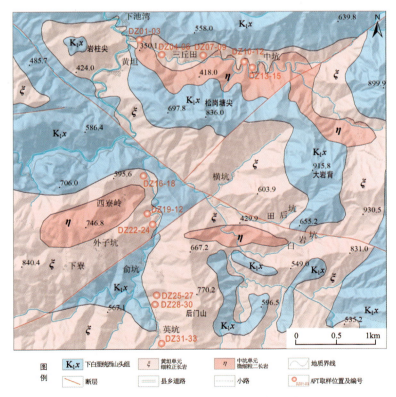

图 7-6 仙居神仙居 AFT 取样位置图

表 7-3 磷灰石裂变径迹测年样品单

野外编号	标高	磷灰石颗粒数	野外编号	标高	磷灰石颗粒数
DZ01	252m	10mg	BGJ06	1072m	20mg
DZ02	252m	大于1000粒	BGJ07	1054m	2000粒
DZ03	252m	大于1000粒	BGJ08	1054m	大于500粒
DZ04	272m	大于2000粒	BGJ09	1054m	大于1000粒
DZ05	272m	22mg	BGJ10	1034m	大于2000粒
DZ06	272m	40mg	BGJ11	1034m	大于2000粒
DZ07	288m	大于2000粒	BGJ12	1034m	10mg
DZ08	288m	10mg	BGJ13	1013m	大于2000粒
DZ09	288m	10mg	BGJ14	1013m	10mg
DZ10	290m	大于2000粒	BGJ15	1013m	大于1000粒
DZ11	290m	1000粒	BGJ16	993m	大于2000粒
DZ12	290m	20mg	BGJ17	993m	大于1000粒
DZ13	257m	20mg	BGJ18	993m	10mg
DZ14	257m	20mg	BGJ19	972m	10mg
DZ15	257m	大于1000粒	BGJ20	972m	大于2000粒
DZ16	290m	大于2000粒	BGJ21	972m	大于2000粒
DZ17	290m	20mg	BGJ22	951m	大于2000粒
DZ18	290m	20mg	BGJ23	951m	2000粒
DZ19	329m	20mg	BGJ24	951m	20mg
DZ20	329m	20mg	BGJ25	930m	大于2000粒
DZ21	329m	大于500粒	BGJ26	930m	大于1000粒
DZ22	346m	大于2000粒	BGJ27	930m	大于500粒
DZ23	346m	10mg	BGJ28	909m	大于2000粒
DZ24	346m	20mg	BGJ29	909m	大于1000粒
DZ25	460m	10mg	BGJ30	909m	10mg
DZ26	460m	20mg	BGJ31	888m	大于3000粒
DZ27	460m	大于1000粒	BGJ32	888m	10mg
DZ28	481m	大于2000粒	BGJ33	888m	大于1000粒
DZ29	481m	大于1000粒	BGJ34	867m	大于2000粒
DZ30	481m	20mg	BGJ35	867m	10mg
DZ31	522m	10mg	BGJ36	867m	10mg
DZ32	522m	500粒	BGJ37	840m	2000粒

续表7-3

野外编号	标高	磷灰石颗粒数	野外编号	标高	磷灰石颗粒数
DZ33	522m	大于500粒	BGJ38	840m	大于1000粒
BGJ01	1107m	大于2000粒	BGJ39	840m	大于1000粒
BGJ02	1107m	10mg	BGJ40	831m	大于2000粒
BGJ03	1107m	大于1000粒	BGJ41	831m	大于500粒
BGJ04	1072m	大于2000粒	BGJ42	831m	10mg
BGJ05	1072m	10mg			

表7-4 雁荡山百岗尖岩体裂变径迹测试结果

样号	高程/m	N_c	$\rho_s/(10^5 \cdot cm^{-2})$ (N_s)	$\rho_i/(10^5 \cdot cm^{-2})$ (N_i)	$\rho_d/(10^5 \cdot cm^{-2})$ (N_d)	$P(\chi^2)/$%	径迹年龄/Ma±1σ	径迹长度/μm±1σ
BGJ09	1054	20	0.538 (43)	0.938 (75)	7.981 (6385)	99.96	42.9±8.8	12.50±0.37
BGJ17	993	23	0.586 (60)	1.075 (110)	8.459 (6767)	99.96	43.2±7.7	—
BGJ30	909	21	0.652 (53)	1.021 (83)	0.166 (830)	99.98	42.8±8.6	13.05±1.75
BGJ32	888	21	0.716 (43)	1.215 (73)	0.167 (836)	99.92	39.8±8.5	12.43±0.52
BGJ40	831	20	0.992 (43)	1.661 (72)	0.172 (862)	99.94	41.6±8.9	—

表7-5 仙居神仙居淡竹黄坦岩体裂变径迹测试结果

样号	高程/m	N_c	$\rho_s/(10^5 \cdot cm^{-2})$ (N_s)	$\rho_i/(10^5 \cdot cm^{-2})$ (N_i)	$\rho_d/(10^5 \cdot cm^{-2})$ (N_d)	$P(\chi^2)/$%	径迹年龄/Ma±1σ	径迹长度/μm±1σ
DZ06	272	21	0.528 (109)	1.226 (253)	51.605 (1066)	99.7	30.3±4.6	13.02±1.05
DZ08	288	20	0.336 (66)	0.651 (128)	52.148 (1091)	99.74	36.6±6.6	12.63±1.04
DZ13	257	21	0.339 (70)	0.659 (136)	53.504 (1152)	99.96	37.5±6.7	13.09±1.45
DZ25	460	20	0.638 (42)	0.941 (62)	56.759 (1300)	99.99	52.3±11.7	12.11±0.73
DZ30	481	21	0.710 (40)	1.243 (70)	7.264 (5811)	100	38.9±8.3	12.77±1.02

注:N_c为年龄测试所选磷灰石颗粒数,ρ_s为自发径迹密度,N_s为自发径迹总条数,ρ_i为诱发径迹总密度,N_i为诱发径迹总条数,ρ_d为内插法计算的标准铀玻璃总密度,N_d为内插法计算的标准铀玻璃诱发径迹总条数,$P(\chi^2)$为卡方检测结果。

四、热史模拟

磷灰石裂变径迹的部分退火带(partial annealing zone)温度范围为 60℃ ~ (110±10)℃ (Fitzgerald et al.,1995)。当岩石温度高于部分退火带的上限温度时,矿物会完全退火,没有径迹;当岩石的温度随着埋藏深度的变浅而逐渐降低,至部分退火带内时,裂变径迹开始积累,径迹有生成也有消失;当冷却至下限温度内时,新径迹不断生成。若此后岩石再次经历热事件,则已生成的径迹会逐渐退火消失。

现运用 HeFTy 软件(Ketcham,2005)对磷灰石样品进行热史(时间 t-温度 T)模拟,采用 Mont Carlo 逼近算法进行拟合,退火模式选用多组分退火模型(Ketcham et al.,2007),模拟次数设定为 10 000 次。此外,模拟过程还设定了如下限定条件:模拟温度上限取高于封闭温度 20℃,现今地表温度取 20℃;年龄起始点采用磷灰石单颗粒的最大年龄;在测得裂变径迹组合年龄范围内,温度限定为封闭温度区间(110±10)℃。通过 GOF 检验值来衡量反演的结果可信度,GOF 检验值表示径迹年龄模拟值与实测值的吻合程度。如果 GOF 检验值大于0.05,说明此时模拟结果是"可接受的";如果 GOF 检验值大于 0.5,则说明模拟结果是"高质量"的(Ketcham,2005),当出现这种结果时通常认为模拟结果与实测结果非常接近,可以较准确地代表样品所经历的构造热演化过程。

1. 雁荡山研究区热史模拟

雁荡山百岗尖岩体裂变径迹测试结果见表 7-4,可知样品 BGJ09、BGJ17、BGJ30、BGJ32 和 BGJ40 均经历持续冷却过程。据此测试结果,采用 HeFTy 软件制作各样品磷灰石裂变径迹时间 t-温度 T 热历史模拟图,结果如图 7-7 所示。各样品年龄 GOF 检验值均为 1,说明模拟结果质量很高。根据时间 t-温度 T 模拟结果,各样品均经历了统一的热历史过程。

(1)BGJ09 样品点模拟结果:在 65~55Ma 期间冷却缓慢,从 123℃降至 121℃,降温幅度 2℃,冷却速率为 0.20℃/Ma;在 55~35Ma 期间冷却速率明显加快,从 121℃穿越部分退火带冷却至 40℃,降温幅度 81℃,冷却速率为 4.05℃/Ma;35Ma 之后冷却速率逐渐减缓,从 40℃降温至地表温度,降温幅度 20℃,冷却速率为 0.57℃/Ma。

(2)BGJ17 样品点模拟结果:在 65~50Ma 期间几乎没有冷却,长时间保持在 120℃左右;在 50~38Ma 期间冷却速率陡然加快,从 120℃穿越部分退火带冷却至 58℃,降温幅度 62℃,冷却速率为 5.17℃/Ma;38Ma 之后冷却速率稍减缓,以相对均匀的速度从 58℃降温至地表温度,降温幅度 38℃,冷却速率为 1.00℃/Ma。

(3)BGJ30 样品点模拟结果:在 65~51Ma 期间几乎没有冷却,长时间保持在 120℃左右;在 51~29Ma 期间冷却速率陡然加快,从 120℃穿越部分退火带冷却至 30℃,降温幅度 90℃,冷却速率为 4.09℃/Ma;29Ma 之后冷却速率减缓,从 30℃降温至地表温度,降温幅度 10℃,冷却速率为 0.34℃/Ma。

(4)BGJ32 样品点模拟结果:在 60~44Ma 期间先经历短暂小幅冷却,而后保持平稳,总体降温幅度 15℃,冷却速率为 0.94℃/Ma;在 44~32Ma 期间冷却速率陡然加快,从 119℃穿越部分退火带冷却至 50℃,降温幅度 69℃,冷却速率为 5.75℃/Ma;32Ma 之后冷却速率减缓,以相对均匀的速度从 50℃降温至地表温度,降温幅度 30℃,冷却速率为 0.94℃/Ma。

(5)BGJ40 样品点模拟结果:在 64~48Ma 期间经历小幅冷却,总体降温幅度 10℃,冷却速率为 0.63℃/Ma;在 48~35Ma 期间冷却速率陡然加快,从 117℃穿越部分退火带冷却至 50℃,

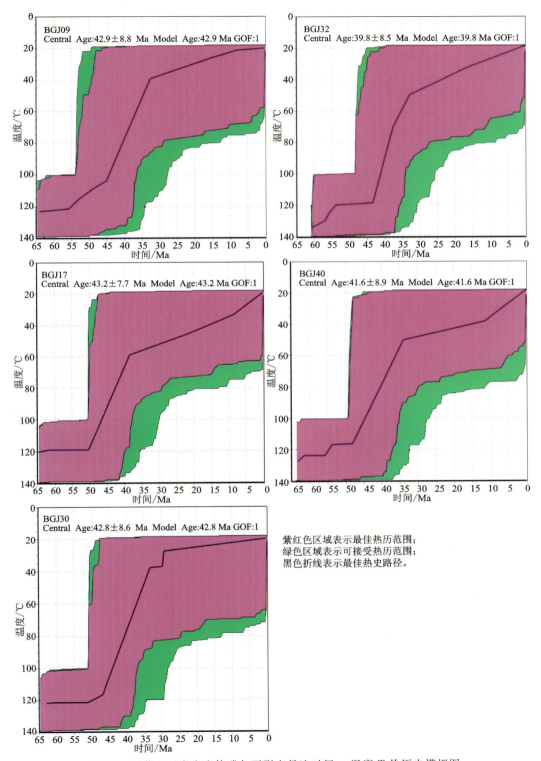

图 7-7 雁荡山百岗尖岩体磷灰石裂变径迹时间 t -温度 T 热历史模拟图

降温幅度 67℃,冷却速率为 5.15℃/Ma;35Ma 之后冷却速率减缓,逐渐从 50℃ 降温至地表温度,降温幅度 30℃,冷却速率为 0.86℃/Ma。

由图 7-7 可知,雁荡山地区 65Ma 左右以来的热历史过程可分为 3 个阶段(表 7-6)。

表 7-6　雁荡山研究区构造隆升活动年代划分

样号	阶段 1(相对稳定)	阶段 2(快速隆升)	阶段 3(缓慢隆升)
BGJ09	65～55Ma	55～35Ma	35Ma 以来
BGJ17	65～50Ma	50～38Ma	38Ma 以来
BGJ30	65～51Ma	51～29Ma	29Ma 以来
BGJ32	60～44Ma	44～32Ma	32Ma 以来
BGJ40	64～48Ma	48～35Ma	35Ma 以来

阶段 1:65～50Ma,构造相对稳定。

阶段 2:50～35Ma,快速隆升剥蚀阶段,温度迅速穿过部分退火带。

阶段 3:35Ma 以来,以稍缓的速率继续隆升剥蚀。

这反映了岩体进入新生代后,经历始新世的快速构造抬升和渐新世以来稍缓的持续构造抬升。

2. 仙居神仙居研究区热史模拟

仙居神仙居黄坦岩体裂变径迹测试结果见表 7-5,可知样品 DZ06、DZ08、DZ13、DZ25 和 DZ30 均经历持续冷却过程。据此测试结果,采用 HeFTy 软件制作各样品磷灰石裂变径迹时间 t-温度 T 热历史模拟图,结果如图 7-8 所示。模拟结果各样品年龄 GOF 检验值均为 1,说明模拟结果质量很高。

(1)DZ06 样品点模拟结果:在 50～30Ma 期间整体冷却较快,从 125℃ 穿越部分退火带冷却至 50℃,降温幅度 75℃,冷却速率为 3.75℃/Ma;在 30～6Ma 期间冷却速率极缓,从 50℃ 冷却至 48℃,降温幅度 2℃,冷却速率为 0.08℃/Ma;6Ma 之后冷却速率加快,从 48℃ 降温至地表温度,冷却速率为 4.67℃/Ma。

(2)DZ08 样品点模拟结果:在 70～40Ma 期间冷却较慢,从 130℃ 降至 104℃,降温幅度 26℃,冷却速率为 0.87℃/Ma;在 40～25Ma 期间冷却速率较快,从 104℃ 穿越部分退火带冷却至 30℃,降温幅度 74℃,冷却速率为 4.93℃/Ma;在 25～5Ma 期间冷却速率再次减缓,从 30℃ 冷却至 24℃,降温幅度 6℃,冷却速率为 0.30℃/Ma;5Ma 之后冷却速率有所增加,从 24℃ 降温至地表温度,冷却速率为 0.80℃/Ma。

(3)DZ13 样品点模拟结果:在 72～45Ma 期间冷却较慢,从 126℃ 降至 123℃,降温幅度 3℃,冷却速率为 0.11℃/Ma;在 45～35Ma 期间冷却速率较快,从 123℃ 穿越部分退火带冷却至 34℃,降温幅度 89℃,冷却速率为 8.90℃/Ma;在 35～8Ma 期间冷却速率再次减缓,从 34℃ 冷却至 30℃,降温幅度 4℃,冷却速率为 0.15℃/Ma;8Ma 之后冷却速率有所增加,从 30℃ 降温至地表温度,冷却速率为 1.25℃/Ma。

(4)DZ25 样品点模拟结果:在 115～59Ma 期间冷却较慢,从 125℃ 降至 105℃,降温幅度 20℃,冷却速率为 0.36℃/Ma;在 59～32Ma 期间冷却速率较快,从 105℃ 穿越部分退火带冷

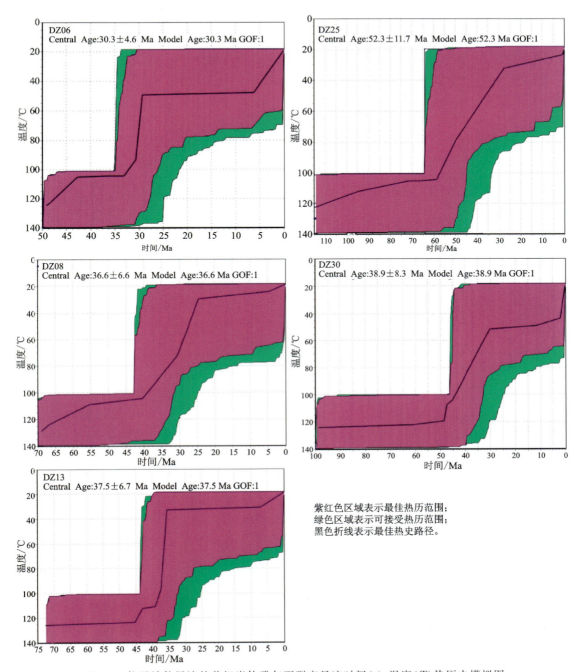

图 7-8 仙居神仙居淡竹黄坦岩体磷灰石裂变径迹时间(t)-温度(T)热历史模拟图

却至 33℃,降温幅度 72℃,冷却速率为 2.67℃/Ma;在 32~2Ma 期间冷却速率再次减缓,从 33℃冷却至 24℃,降温幅度 9℃,冷却速率为 0.30℃/Ma;2Ma 之后冷却速率明显转折增大,从 24℃降温至地表温度,冷却速率为 2.00℃/Ma。

(5)DZ30 样品点模拟结果:在 100~50Ma 期间冷却较慢,从 124℃降至 120℃,降温幅度 4℃,冷却速率为 0.08℃/Ma;在 50~30Ma 期间冷却速率较快,从 120℃穿越部分退火带冷却至 52℃,降温幅度 68℃,冷却速率为 3.40℃/Ma;在 30~4Ma 期间冷却速率再次减缓,从 52℃

冷却至45℃,降温幅度7℃,冷却速率为0.27℃/Ma;4Ma之后冷却速率明显转折增大,从45℃降温至地表温度,冷却速率为6.25℃/Ma。

根据时间t-温度T模拟结果,各样品经历的时间阶段略有不同,但均有统一的热历史过程。根据样品记录情况,可将仙居神仙居地区110Ma左右以来的热历史过程分为4个阶段(表7-7)。

表7-7 仙居神仙居研究区构造隆升活动年代划分

样号	阶段1(相对稳定)	阶段2(快速隆升)	阶段3(相对稳定)	阶段4(加速隆升)
DZ06	—	50～30Ma	30～6Ma	6Ma以来
DZ08	70～40Ma	40～25Ma	25～5Ma	5Ma以来
DZ13	72～45Ma	45～35Ma	35～8Ma	8Ma以来
DZ25	115～59Ma	59～32Ma	32～2Ma	2Ma以来
DZ30	100～50Ma	50～30Ma	30～4Ma	4Ma以来

阶段1:110～50Ma,构造相对稳定。
阶段2:50～30Ma,快速隆升剥蚀阶段,温度迅速穿过部分退火带。
阶段3:30～5Ma,构造相对稳定,隆升剥露速率缓慢。
阶段4:5Ma以来,隆升剥露速率明显加快。
这反映了岩体进入新生代后,经历了始新世和上新世两次快速构造抬升。

五、地貌年龄定量估算

1. 岩石剥露速率的限定

通过上述时间t-温度T热史模拟,得出了雁荡山和神仙居地区在不同时间段内岩体的冷却速率变化规律。其热年龄值即为样品通过封闭温度至今(或某个时间点)的时间。因此,在已知样品热年龄值及其封闭温度的情况下,假定地温梯度为一定值就可以计算出岩体的平均隆升剥蚀率(常远和周祖翼,2010)。年龄-封闭温度法为直观评价区域平均剥露状态提供了数据支持,并被广泛应用于造山带剥露研究中。

$$\text{隆升剥蚀率} = (\text{封闭温度} - \text{地表温度}) \div \text{地温梯度} \div \text{年龄值} \tag{7-4}$$

式中,年龄值指热年龄值,即年龄差值,可从时间t-温度T热历史模拟图中读取。封闭温度也可从时间t-温度T热历史模拟图中读取。地表温度一般指现今的地表温度,取20℃;若计算热历史中某一段时间内的隆升速率,则地表温度可从时间t-温度T热历史模拟图中读取。地温梯度可分为现今的地温梯度和古地温梯度两种,现今的地温梯度可通过钻井实测大地热流值和地温场数据获得,根据已有研究成果现今的地温梯度为20～30℃/km(王钧,1985;阮万才等,1994);古地温梯度则需借助镜质体反射率来计算(蒋国豪等,2001),该指标在区域油气勘探过程中有积累。温州凹陷包裹体测温资料显示始新世时期区域古地温梯度为54℃/km(赵力彬等,2005);丽水凹陷包裹体测温资料显示始新世区域平均古地温梯度为40～45℃/km(姜正龙等,2006)。由此可见,浙江地区的古地温梯度自古近纪至今发生了明显的降低。

对于50～30Ma的隆升过程,现取地温梯度为48℃/km;对于5Ma左右以来的隆升过程,取地温梯度为25℃/km。

1)雁荡山研究区岩石剥露速率和剥蚀量

根据雁荡山研究区样品热史模拟结果显示,该地区有两次较为明显的隆升剥蚀过程(图7-7),分别是:始新世50~35Ma的快速隆升过程和渐新世以来的持续缓慢隆升。这两次隆升剥露速率平均分别为0.101km/Ma和0.030km/Ma(表7-8),剥蚀量平均分别为1.538km和1.024km。而自始新世构造抬升以来整体的平均剥露速率在0.051km/Ma左右。

表7-8 雁荡山研究区隆升剥蚀量和剥露速率统计表

阶段	样品编号	时间	温度差/℃	地温梯度/℃	年龄值/Ma	隆升剥露速率/(km·Ma^{-1})	剥蚀量/km
第一阶段:始新世喜马拉雅运动以来	BGJ09	55~35Ma	81	48	20	0.084	1.688
	BGJ17	50~38Ma	62	48	12	0.108	1.292
	BGJ30	51~29Ma	90	48	22	0.085	1.875
	BGJ32	44~32Ma	69	48	12	0.120	1.438
	BGJ40	48~35Ma	67	48	13	0.107	1.396
	平均		73.8	48	15.8	0.101	1.538
第二阶段:渐新世以来	BGJ09	35Ma以来	20	25	35	0.023	0.800
	BGJ17	38Ma以来	38	25	38	0.040	1.520
	BGJ30	29Ma以来	10	25	29	0.014	0.400
	BGJ32	32Ma以来	30	25	32	0.038	1.200
	BGJ40	35Ma以来	30	25	35	0.034	1.200
	平均		25.6	25	33.8	0.030	1.024

2)仙居神仙居研究区岩石剥露速率和剥蚀量

根据仙居神仙居研究区样品热史模拟结果显示,该地区有两次较为明显的隆升剥蚀过程(图7-8),分别是:始新世50Ma±~30Ma±和上新世5Ma±至今。这两次隆升剥露速率平均分别为0.080km/Ma和0.120km/Ma,剥蚀量平均分别为1.575km和0.568km(表7-9)。而自始新世构造抬升以来至今整体的平均剥露速率在0.043km/Ma左右。

表7-9 仙居神仙居研究区隆升剥蚀量和剥露速率统计表

阶段	样品编号	时间	温度差/℃	地温梯度/℃	年龄值/Ma	隆升剥露速率/(km/Ma)	剥蚀量/km
第一阶段:始新世喜马拉雅运动以来	DZ06	50~30Ma	75	48	20	0.078	1.563
	DZ08	40~25Ma	74	48	15	0.103	1.542
	DZ13	45~35Ma	89	48	20	0.093	1.854
	DZ25	59~32Ma	72	48	27	0.056	1.500
	DZ30	50~30Ma	68	48	20	0.071	1.417
	平均		75.6	48	20.4	0.080	1.575

续表 7-9

阶段	样品编号	时间	温度差/℃	地温梯度/℃	年龄值/Ma	隆升剥露速率/(km/Ma)	剥蚀量/km
第二阶段：新近纪上新世以来	DZ06	6Ma 以来	28	25	6	0.187	1.120
	DZ08	5Ma 以来	4	25	5	0.032	0.160
	DZ13	8Ma 以来	10	25	8	0.050	0.400
	DZ25	2Ma 以来	4	25	2	0.080	0.160
	DZ30	4Ma 以来	25	25	4	0.250	1.000
	平均		14.2	25	5	0.120	0.568

2. 坡地退行速度与地貌年龄估算

同属于岩石地貌，流纹质火山岩地貌的坡地退行模式与丹霞地貌类似，故本书将采用黄进（2004）提出的丹霞地貌坡地退行速度和地貌年龄测算方法来计算研究区重要流纹质火山岩地貌单体的坡地退行速度与地貌年龄，其计算公式分别见式(7-5)和式(7-6)。

$$D_{v退} = \frac{B/2}{H/D_{v升}} \tag{7-5}$$

式中，$D_{v退}$ 为岩壁的坡地退行速度($m/10^4 a$)；B 为谷地两侧岩壁上缘之间的宽度(即自由面之间的宽度，m)；H 为岩壁上缘至谷底河流平水期水面的相对高度(m)；$D_{v升}$ 为地壳上升速度($m/10^4 a$)，此处以仙居地区新近纪上新世以来隆升剥露速率平均值即 0.120km/Ma，作为区内地壳上升速度值。

$$D_{龄} = \frac{H}{D_{v升}} \tag{7-6}$$

式中，$D_{龄}$ 为地貌年龄(Ma)；H 为地貌相对高度(m)；$D_{v升}$ 同上。

选择雁荡山和仙居神仙居较大规模的岩嶂作为研究对象，对地貌体各参数进行统计计算，得到各岩壁坡地退行速度，见表 7-10。

表 7-10 雁荡山和仙居神仙居地区流纹质火山岩坡地退行速度

地点	岩性	崖壁上缘之间宽度(B/2)/m	崖壁上缘至谷底相对高度(H)/m	地壳抬升速度($D_{v升}$)/($m/10^4 a$)	退行速度($D_{v退}$)/($m/10^4 a$)
五马回槽岩嶂	流纹岩	190	149	1.2	1.53
朝阳嶂	流纹岩	100	70	1.2	1.71
铁城嶂	流纹岩	45	108	1.2	0.50
方洞岩嶂	流纹质熔结凝灰岩、流纹岩	450	306	1.2	1.76
连云嶂	流纹岩	100	150	1.2	0.80
紫霄嶂	流纹质熔结凝灰岩	575	520	1.2	1.33

续表 7-10

地点	岩性	崖壁上缘之间宽度 $(B/2)$/m	崖壁上缘至谷底相对高度 (H)/m	地壳抬升速度 $(D_{v升})$/(m/10^4a)	退行速度 $(D_{v退})$/(m/10^4a)
仙岩岩嶂	流纹岩	460	308	1.2	1.79
仙人洞岩嶂	流纹岩	680	426	1.2	1.92
方山岩嶂	流纹岩	800	222	1.2	4.32
雁荡山岩壁平均退行速度					1.74
大岩背岩嶂	流纹质熔结凝灰岩	380	500	1.2	0.91
五指峰岩嶂	流纹质熔结凝灰岩	280	390	1.2	0.86
神象归谷岩嶂	流纹质熔结凝灰岩	250	350	1.2	0.86
蝌蚪崖岩嶂	流纹质熔结凝灰岩	660	600	1.2	1.32
逍遥嶂	流纹质熔结凝灰岩	200	283	1.2	0.85
保将岩岩嶂	流纹质熔结凝灰岩	580	427	1.2	1.63
景星岩岩嶂	流纹质熔结凝灰岩	1350	492	1.2	3.29
公盂岩岩嶂	流纹质熔结凝灰岩	1980	847	1.2	2.81
仙居神仙居岩壁平均退行速度					1.57

由表 7-10 可知,尽管流纹质火山岩地貌坡地的自由面相当发育,但相对于现代坡地退行速度 (10~200)m/10^4a 而言(高善坤等,2004),其退行的平均速度还是相当缓慢的,神仙居地区岩壁平均退行速度为 1.74m/10^4a,雁荡山地区岩壁平均退行速度为 1.57m/10^4a。流纹质火山岩地貌区受新构造运动影响,一般处于构造抬升区,在强烈抬升期,河流以下切为主,从而提升了地貌区的相对高度,限制了河流侧蚀和坡地的退行。因此,抬升间歇期是坡地后退的主要时段,相对于整个坡地的发育时间要少得多,所以构造运动是控制流纹质火山岩坡地退行平均速度的重要因素。

据式(7-6),计算得到神仙居天柱峰地貌年龄为 6Ma,雁荡山观音峰年龄为 6.33Ma。

参考文献

常远,周祖翼,2010.利用低温热年代学数据计算剥露速率的基本方法[J].科技导报,28(21):86-94.

丁林,1997.裂变径迹定年方法的进展及应用[J].第四纪研究,17(3):272-280.

高善坤,竺国强,董传万,等,2004.丹霞地貌的坡地形态演化:以浙江新昌丹霞地貌为例[J].热带地理,24(2):131-135.

侯明东,刘杰,张庆祥,2002.电子能损的潜径迹形成机制及理论模型的新进展[J].核技术,25(7):481-486.

胡小猛,许红根,陈美君,等,2008.雁荡山流纹岩地貌景观特征及其形成发育规律[J].地理学报,63(3):271-279.

黄进,2004.丹霞地貌发育几个重要问题的定量测算[J].热带地理,24(2):127-130.

姜正龙,张为民,肖毓祥,2006.东海陆架盆地台北坳陷烟囱构造特征[J].石油学报,27(1):34-36,41.

蒋国豪,胡瑞忠,方维萱,2001.镜质体反射率(R_o)推算古地温研究进展[J].地质地球化学,29(1):40-45.

焦若鸿,许长海,张向涛,等,2011.锆石裂变径迹(ZFT)年代学:进展与应用[J].地球科学进展,26(2):171-182.

刘顺生,张峰,胡瑞英,等,1984.裂变径迹年龄测定——方法、技术、原理[M].北京:地质出版社.

潘保田,高红山,李吉均,2002.关于夷平面的科学问题——兼论青藏高原夷平面[J].地理科学,22(5):520-526.

乔建新,赵红格,王海然,2012.裂变径迹热年代学方法、应用及其研究展望[J].地质与资源,21(3):308-312.

阮万才,钟朝旸,蒋维三,等,1994.浙江省最新大地热流数据报道[J].科学通报,39(10):920-923.

沈传波,梅廉夫,凡元芳,等,2005.磷灰石裂变径迹热年代学研究的进展与展望[J].地质科技情报,24(2):57-63.

田婷婷,吴中海,张克旗,等,2013.第四纪主要定年方法及其在新构造与活动构造研究中的应用综述[J].地质力学学报,19(3):242-266.

王钧,1985.东南沿海地区地温场的形成及其分布规律[J].地震地质,7(1):49-58.

吴正,1999.地貌学导论[M].广州:广东高等教育出版社.

吴中海,吴珍汉,1999.裂变径迹法在研究造山带隆升过程中的应用介绍[J].地质科技情报,18(4):27-32.

张志诚,王雪松,2004.裂变径迹定年资料应用中的问题及其地质意义[J].北京大学学报(自然科学版),40(60):898-905.

赵力彬,黄志龙,李君,等,2005.包裹体测温法在剥蚀厚度恢复中的应用[J].新疆石油地质,26(5):122-125.

FITZGERALD P G, SORKHABI R B, REDFIELD T F, et al., 1995. Uplift and denudation of the central Alaska Range: A case study in the use of apatite fission track thermos chronology to determine absolute uplift parameters[J]. Journal of Geophysical Research, 100 (B10): 20175-20191.

GALBRAITH R F, GREENP F, 1990. Estimating the component ages in a finite mixture [J]. Nuclear Tracks and Radiation Measurement, 17(3): 197-206.

GALBRAITH R F, LASLETT G M, 1993. Statistical-models for mixed fission track ages[J]. Nuclear Tracks and Radiation Measurement, 21(4): 459-470.

HURFORD A J, GREEN P F, 1983. The zeta age calibration of fission-track dating[J]. Chemical Geology (Isotope Geo-Science Section), 41(4): 285-317.

KETCHAM R A, 2005. Forward and inverse modeling of low-temperature thermochronometry data[J]. Reviews in Mineralogy & Geochemistry, 58(1): 275-314.

KETCHAM R A, CARTER A, DONELICK R A, et al., 2007. Improved modeling of fission-track annealing in apatite[J]. American Mineralogist, 92(5-6): 799-810.

WAGNER G A, VAN DEN HAUTE P, 1992. Fission track dating[M]. Netherlands: Kluwer Academic Publisher.

第八章　流纹质火山岩地貌景观评价与国际对比

第一节　浙江省流纹质火山岩地貌景观评价

一、评价原则及方法

根据《国家地质公园规划编制技术要求》《浙江省地质遗迹调查与评价技术要求（试行）》等技术规范对调查的地质遗迹进行评价。评价工作遵循全面、系统、客观的原则，采用定性与定量相结合的评价方法，从科学价值、美学价值、科普教育价值、旅游开发价值等主要评价指标入手，采用评分赋值的方法，对研究区内的各处地质遗迹进行逐一评分。具体每项指标赋分标准见表8-1。

表 8-1　地质遗迹评价指标赋分标准

指标		评价依据	赋分
科学价值	典型性	类型、特征、规模等具有国际或全国性对比意义	15～12
		类型、特征、规模等具有区域性或全省性对比意义	11～9
		类型、特征、规模等具有较重要的地学意义	<9
	稀有性	属国内罕有或特殊的遗迹景观	15～12
		属国内少有或省内唯一的遗迹景观	11～9
		属省内少有的遗迹景观	<9
	系统完整性	现象保存系统完整，能为形成与演化过程提供重要证据	15～12
		现象保存较系统完整，能为形成与演化过程提供证据	11～9
		现象和形成过程不够系统完整，但能反映该类型地质遗迹景观的主要特征	<9
美学价值		具有国内少见的景观优美性	25～21
		具有省内少见的景观优美性	20～16
		具有一定的景观优美性	<16
科普教育价值		具有国内少见的重要地学科普教育意义	15～12
		具有省内少见的重要地学科普教育意义	11～9
		具有一定地学科普教育意义	<9

续表 8-1

指标	评价依据	赋分
旅游开发价值	具有很高的人文、生态、知名度、社会经济等条件	15～12
	具有较高的人文、生态、知名度、社会经济等条件	11～9
	具有一定的人文、生态、知名度、社会经济等条件	<9

注：100～80 分为Ⅰ级，79～65 分为Ⅱ级，65 分以下为Ⅲ级。

对地质遗迹点，采取分级评价的方法，依据科学价值、美学价值、科普教育价值、旅游开发价值，及其在整个公园范围内的地位，确定为Ⅰ、Ⅱ、Ⅲ共 3 个级别，各级别代表的意义主要如下。

Ⅰ级地质遗迹点：是指在整个景区内最具代表性，并对提升整个公园的地学价值具有关键意义的地质现象或地质地貌景观。

Ⅱ级地质遗迹点：是指具有较好的代表性和观赏价值，并对提升整个公园的地学价值、旅游开发价值具有较为关键意义的地质现象或地质地貌景观。

Ⅲ级地质遗迹点：是指公园内较为普遍，具有一定的观赏价值，并对反映整个公园的地学价值具有一定意义的地质现象或地质地貌景观。

对地质遗迹亚类（如火山岩地貌）、地质遗迹集聚区（以景区为单位）以及整个浙江省全域，则采用综合对比评价的方法，划分出相应的级别（原则上只选择一个体系进行评级）。

二、流纹质火山岩地貌景观评价

根据上述方法，对各研究区内的地质遗迹点进行逐点评价，重点对Ⅰ级地质遗迹点和Ⅱ级地质遗迹点进行评价，评价结果统计见表 8-2。

表 8-2　浙江省流纹质火山岩地貌景观评价分级一览表　　　　　单位：处

研究区	分级			合计	饼状图
	Ⅰ级	Ⅱ级	Ⅲ级		
雁荡山	17	31	66	114	Ⅰ级,15.36%；Ⅱ级,28.92%；Ⅲ级,55.72%
仙居神仙居	16	32	63	111	
临海桃渚	3	13	17	33	
缙云仙都	9	12	32	53	
其他	6	8	7	21	
合计	51	96	185	332	

1. 雁荡山地质遗迹景观评价与分级

雁荡山重点研究区共有Ⅰ级地质遗迹点 17 处，占地质遗迹总数的 14.91%，其中火山岩地貌占 15 处，其余 2 处景观均为瀑布景观，总体反映了该研究区以火山岩地貌为主兼顾水体景观的特征。15 处Ⅰ级火山岩地貌中以峰、嶂为主，如合掌峰、金带嶂、千佛岩叠嶂等是在研究区内规模较大、具有代表性的火山岩地貌，有像显胜门那样雄奇险的典型火山岩石门，有像朝阳洞、观音洞、灵峰古洞等造型奇特的火山岩洞穴,也有像大龙湫瀑布、西石梁瀑等景观优美的瀑布景观。这些或雄伟壮观的叠嶂,或造型精致的山峰,或景观优美的瀑布,或成因奇特的洞穴,构成了雁荡山以火山岩地貌为主的地质地貌主体,这些地质遗迹点记录了雁荡山古火山活动历史,也是该研究区代表性的景点和科学解释该研究区地质作用过程的关键内容,在国内乃至世界火山地质和火山岩地貌类地质遗迹中具有十分突出的价值。

雁荡山重点研究区共有Ⅱ级地质遗迹点 31 处,占地质遗迹总数的 27.19%,其中火山岩地貌 28 处,其余 3 处均为瀑布景观。雁荡山火山岩地貌涵盖了峰、嶂、洞、石门、天生桥等多种类型,对科学解释公园的火山地质作用、地貌的形成与演化具有重要的科学意义。

雁荡山重点研究区其余 66 处为Ⅲ级地质遗迹点,虽然规模较小,代表性、稀有性一般,但或形象生动,或形态突兀,对Ⅰ、Ⅱ级地质遗迹具有补充和完善的作用,共同组成公园完整的地质地貌景观和丰富多彩的地质现象。

2. 仙居神仙居地质遗迹景观评价与分级

仙居神仙居重点研究区共有Ⅰ级地质遗迹点 16 处,占地质遗迹总数的 14.41%,其中火山岩地貌占 14 处,典型岩石和瀑布景观各 1 处,总体反映了该研究区以火山岩地貌景观为主体,兼顾火山岩岩性岩相和水体景观的特征。14 处Ⅰ级火山岩地貌中以峰、嶂为主,如观音峰、公盂岩、景星岩等大尺度的地貌景观,也有佛祖峰、饭蒸岩等精致的火山岩地貌,还有西山头组熔结凝灰岩中规模巨大的柱状节理。这些或气势雄伟的巨大岩嶂、山峰,或巧夺天工的象形石构成了神仙居地质地貌的主体,这些地质遗迹点也是神仙居代表性的景点和科学解释该研究区地质作用过程的关键内容,在省内乃至国内火山地质和火山岩地貌类地质遗迹中具有十分突出的价值。

仙居神仙居研究区共有Ⅱ级地质遗迹点 32 处,占地质遗迹总数的 28.83%,其中火山岩地貌 26 处,瀑布景观 3 处,典型岩石、风景河段和特殊构造形迹各 1 处。火山岩地貌涵盖了峰、嶂、洞、石门等多种类型,对科学解释公园火山地质作用、地貌形成与演化具有较为重要的作用。

仙居神仙居研究区内除了Ⅰ级和Ⅱ级地质遗迹点外,其余 63 处均为Ⅲ级地质遗迹点,数量众多。虽然规模较小,稀有性、典型性一般,但隽永灵秀,具有一定的代表性,对Ⅰ、Ⅱ级地质遗迹具有补充和完善的作用,共同组成景区完整的地质地貌景观和丰富多彩的地质现象。

3. 临海桃渚地质遗迹景观评价与分级

临海桃渚研究区共有Ⅰ级地质遗迹点 3 处,占地质遗迹总数的 9.09%,全为火山岩地貌景观,说明该研究区火山岩地貌占绝对优势。这 3 处Ⅰ级火山岩地貌有万柱峰柱状节理,该处柱状节理由碎斑熔岩冷却形成,其气势颇为宏大,构成了奇特的石林景观;还有如玉壶岩和石柱峰等或造型生动,或颇具典型性的峰,其中玉壶岩上还发育了一穿洞。这 3 处景观或景观壮观,或栩栩如生,或具有典型性的火山岩地貌,构成了桃渚景区的主体地质地貌,这些地质遗迹印证了地貌演化导致台地萎缩、消亡的规律,对研究整个流纹岩地貌演化具有突出的科学价值。

临海桃渚研究区共有Ⅱ级地质遗迹点 13 处,占地质遗迹总数的 39.39%,其中火山岩地貌 10 处,其余 3 处均为典型岩石中球状构造和蜂窝状构造,这两种球状构造的成因也各不相同。这些典型岩石在桃渚景区中颇具特色,其典型性和稀有性也很明显,它们均可还原当时熔岩流的流动过程。桃渚景观地貌涵盖了峰、嶂、柱状节理、熔岩球、石泡、洞穴等多种类型,对科学解释公园的火山地质作用、地貌的形成与演化具有重要的科学意义。

临海桃渚研究区其余17处为Ⅲ级地质遗迹点,规模较小、代表性一般,但或造型别致,或现象较为典型,对Ⅰ、Ⅱ级地质遗迹具有补充和完善的作用,三者共同形成了公园天然的组合体,景观极具特色。

4. 缙云仙都地质遗迹景观评价与分级

缙云仙都研究区共有Ⅰ级地质遗迹点9处,占地质遗迹总数的16.98%,其中火山岩地貌有6处,风景河段、火山通道、瀑布与潭各1处,反映了该研究区以火山岩地貌为主体的地质地貌景观,兼顾风景河段和火山通道相的特征。这6处Ⅰ级火山岩地貌中有鼎湖峰、婆媳岩等在公园内十分典型的火山岩柱峰景观,也有倪翁洞等规模较大、具有典型性的洞穴景观,还有龙耕路等具有代表性的河流侵蚀凹槽景观,九曲练溪这样贯穿整个仙都景区极为优美的曲流景观,凌虚洞奇特的火山通道构造。这些或巧夺天工,或景色优美的景点有机地构成了仙都地质地貌的主体,并呈现出如仙境般的景观,这些地质遗迹点是仙都最具代表性的景点,对科学解释该研究区地质过程具有关键作用,在省内乃至国内火山地质和火山岩地貌类地质遗迹中具有十分突出的价值。

缙云仙都研究区共有Ⅱ级地质遗迹点12处,占地质遗迹总数的22.64%,全为火山岩地貌,涵盖了峰、洞穴等两种类型,对科学解释公园火山地质作用、地貌形成与演化具有较为重要的作用。

缙云仙都研究区其余32处均为Ⅲ级地质遗迹点,数量较多。虽然规模较小,稀有性、典型性一般,但或造型别致,或展现了熔岩流动过程,具有一定的代表性,对Ⅰ、Ⅱ级地质遗迹具有补充和完善的作用,共同组成公园完整的地质地貌景观和丰富多彩的地质现象。

5. 省内其他火山岩地貌地质遗迹景观评价与分级

除上述4处重点研究区,本书还选取浙江省内其他21个火山岩地貌零散分布地区作为一般研究区,并对其火山岩地貌景观进行了评价。经过综合对比评定,这21处研究区地质遗迹评价为Ⅰ级、Ⅱ级、Ⅲ级分别有6处、8处和7处,具体见表8-3。这21处研究区主要以峰、嶂、方山、洞穴等流纹质火山岩地貌为主体,兼顾瀑布、潭、湖等水体景观。这些研究区或有如方山般气势雄伟,或有如中雁荡玉甑峰般高耸云天,或有如百丈漈朱阳九峰峰群般造型奇特。这些火山岩地貌在浙江省内都是具有一定代表性的景点,对科学解释浙江省流纹质火山岩地貌的火山地质过程和形成演化均有着关键作用。

表8-3 浙江省其他地区火山岩地貌景观点

编号	景观名称	时代地层	主要景观类型	评价级别
ZJ01	安吉龙王山	早白垩世流纹质晶玻屑(熔结)凝灰岩	峰丛、嶂、峡谷、石柱、水体景观、柱状节理等	Ⅰ级
ZJ02	浦江仙华山	早白垩世流纹岩	峰林等	Ⅰ级
ZJ16	乐清中雁荡	早白垩世流纹岩	峰、洞、湖、峡谷等	Ⅰ级

续表 8-3

编号	景观名称	时代地层	主要景观类型	评价级别
ZJ17	温岭方山	白垩纪流纹质晶玻屑熔结凝灰岩	台地、岩嶂、洞穴等	Ⅰ级
ZJ20	文成百丈漈	晚白垩世流纹质玻屑(熔结)凝灰岩	瀑布、峰、洞穴、潭等	Ⅰ级
ZJ21	天台寒明山	早白垩世晶屑玻屑熔结凝灰岩	岩嶂、洞穴、天生桥等	Ⅰ级
ZJ12	平阳南雁荡山	早白垩世火山碎屑岩、熔岩	峰丛、峰林、洞穴、岩嶂等	Ⅱ级
ZJ03	建德大慈岩	侏罗纪火山碎屑岩	嶂、峰等	Ⅱ级
ZJ06	奉化雪窦山	早白垩世流纹质(角砾熔结)凝灰岩	峰、岩、瀑布等	Ⅱ级
ZJ07	衢江湖南镇	早白垩世流纹质碎斑熔岩	柱状节理等	Ⅱ级
ZJ08	遂昌南尖岩	早白垩世流纹质玻屑晶屑熔结凝灰岩	峰林、峰丛等	Ⅱ级
ZJ09	景宁九龙山	晚侏罗世流纹岩、流纹斑岩	岩嶂、方山、峰丛、孤峰、孤岩及峡谷	Ⅱ级
ZJ13	永嘉大箬岩	流纹岩、凝灰岩	瀑布、峰、洞等	Ⅱ级
ZJ14	永嘉石桅岩	中生代流纹岩、熔结凝灰岩	孤峰、峡谷等	Ⅱ级
ZJ19	青田石门洞	晚白垩世流纹质晶屑熔结凝灰岩	洞穴、瀑布等	Ⅲ级
ZJ04	余姚丹山赤水	早白垩世英安质熔结凝灰岩	峡谷、崖壁等	Ⅲ级
ZJ05	嵊州四明山	早白垩世流纹质晶屑玻屑凝灰岩	峰、岩、洞等	Ⅲ级
ZJ10	瓯海泽雅	晚白垩世熔结凝灰岩、流纹岩	叠嶂、峡谷、瀑布等	Ⅲ级
ZJ11	瓯海仙岩	熔结凝灰岩、流纹岩	潭、瀑等	Ⅲ级
ZJ15	黄岩划岩山	早白垩世流纹-英安质晶玻屑熔结凝灰岩	峰丛、岩嶂、孤岩、柱峰等	Ⅲ级
ZJ18	温岭南嵩岩	白垩纪流纹岩	峡谷、嶂、瀑布等	Ⅲ级

三、浙江省流纹质火山岩地貌景观资源综合评价

浙江省流纹质火山岩地貌景观资源的普遍突出价值表现为无与伦比的自然美、流纹质火山岩地貌具多样性、流纹质古火山结构最好的发育区、环太平洋火山构造在白垩纪时期的杰出代表和杰出的人文景观5个方面。

(1)无与伦比的自然美:浙江省流纹质火山岩地貌景观的自然美得到了历代旅游鉴赏家的赞赏,神仙居、雁荡山、仙都等国家级风景名胜区都是以流纹火山岩地貌景观美而在国内著称。

(2)流纹质火山岩地貌景观发育系统、完整,具有多样性:浙江省发育了大面积的流纹质火山岩,包括层状的流纹岩,以及强熔结凝灰岩和斑岩等流纹质火山岩。在这些岩性上发育了丰富多样的流纹质火山岩地貌景观,包括陡崖、岩嶂、石门、桌状山(方山)、柱峰、锐峰、柱状节理、洞穴、单面山、峡谷、溪涧、瀑潭等。其中由层状流纹岩形成的地貌代表有北雁荡山、楠溪江、方

山、桃渚、仙华山等,竖立流纹岩地貌的代表有仙都、南雁荡山、楠溪江等,强熔结凝灰岩地貌的代表有神仙居、桃渚、花岙、雁荡山、楠溪江等,凝灰岩地貌的代表有方山、南嵩岩等地;最宽大的岩嶂代表有神仙居、雁荡山,最高的柱峰有鼎湖峰,最雄伟的孤峰有石桅岩,最大的桌状山有方山;其他还有流纹斑岩、花岗斑岩等地貌景观。综上所述,浙江省发育了丰富多样的流纹质火山岩地貌类型,它们显示了丰富多样的成因条件,可能是世界上反映流纹质火山岩地貌成因最显著的地区。

(3)中生代流纹质古火山结构最好的发育区:中国东部从白垩纪初期即发生大规模的火山活动、岩浆侵入和断陷活动,其中酸性岩浆占90%以上,形成了面积巨大,岩浆巨量的流纹岩省,成为世界著名的一种大陆边缘类型及流纹质古火山的发育区。浙江省是其中岩类最丰富、古火山地质研究程度最高的地区,特别是这些地区与流纹质火山岩地貌景观区的分布位置紧密相连。

(4)环太平洋火山构造在白垩纪时期的杰出代表:环太平洋火山带最迟可追溯至中生代,并延续到现代。初步分析世界地质图,浙东的一些区域是环太平洋火山构造带在白垩纪时期的杰出代表,加上浙江省全域的流纹质火山岩地貌,浙江省白垩纪地层齐全、岩类丰富、区域构造带和断陷盆地典型,具有完整性条件。

(5)杰出的人文景观:除了自然美、地质科学价值外,浙江省自东晋开始繁华,历史悠久,形成了显著的耕读宗族文化和宗教文化遗存,重要的有雁荡山的寺庙、楠溪江的古村落、仙都的摩崖石刻和黄帝文化等,此外桃渚的抗倭卫所也比较重要。它们是中国传统文化中人类和谐利用山岳、河流及土地并营造人居环境的突出例子。

第二节 流纹质火山岩地貌国内外对比研究

浙江省流纹质火山岩地貌是以白垩纪中—酸性火山及在此物质基础上形成的奇特地貌为主体,融合了西太平洋海岸地貌(主要为流纹质火山岩海蚀地貌),同时又包含历史文化内涵。重点研究区内神仙居为典型的复活破火山,雁荡山、缙云仙都则属于条带状火山构造洼地内点状喷发火山,临海桃渚是小雄盆地内中心式喷发火山。

一、岩石地貌对比

纵观国内各大景区,形成优美景观的岩石地貌有花岗岩地貌、砂砾岩地貌、岩溶地貌等。形成任何一类独立的地貌类型,必须有主导的地貌动力作用过程和独有的地貌形态景观塑造系统(齐德利,2005)。根据前面章节的讨论,流水侵蚀作用是浙江省流纹质火山岩地貌形成的主要动力作用之一。本书将选取同属于南方湿润气候条件下形成的各类岩石地貌进行对比研究,如广东韶关的丹霞地貌、我国西南的岩溶地貌、安徽的花岗岩地貌、湖南的砂岩峰林地貌等,它们之间既存在相同点也存在差异性,现从形成机理、地貌特征等方面对这几种岩石地貌进行对比分析,具体见表8-4和图8-1。

我国南方湿润气候条件下的几种岩石地貌最大的不同点在于岩性的不同。流纹质火山岩地貌、丹霞地貌和砂岩峰林地貌,三者在形态地貌上和成因地貌上有诸多的相似性,产生的地貌类型具有相同性,它们均是在近水平的台地面或盆地面的基础上发展而来,经地貌旋回最终导致台地面或盆地面消失。三者的共性有:①地貌演化均与台地面或盆地面破裂分割有关,在

表 8-4 我国南方湿润气候条件下的岩石地貌景观资源对比

序号	地貌名称		岩性	地貌特征	形成机理	地理分布	代表性景区
1	流纹质火山岩地貌		流纹岩、熔结凝灰岩等	岩嶂、峰、石门、洞穴、柱状节理等	地壳抬升后,遭受流水侵蚀、重力崩塌、风化作用等作用后形成	浙江、福建、香港、吉林等	雁荡山世界地质公园
2	花岗岩地貌(崔之久等,2007)		花岗岩	石蛋、峰林、岩岗、一线天、洞穴等	构造抬升,风化壳受流水切割侵蚀形成	安徽、江西等	黄山世界地质公园、三清山世界地质公园等
3	砂砾岩地貌	丹霞地貌(齐德利,2005)	河湖相、洪积相砖红色砂岩、砾岩夹泥岩、钙质胶结	顶平身陡的悬崖、塔峰、方岩、一线天、浅穴	沿岩石节理风化剥蚀、溶蚀形成	广东、江西、湖南、福建、甘肃、浙江等	丹霞山世界地质公园
		砂岩峰林地貌(唐云松等,2005)	石英砂岩、石英砂岩夹页岩层	峰林、方山、台地、峰墙、峰丛、石门、天生桥、峡谷、嶂谷等	地壳水平上升,流水沿构造破裂面的节理侵蚀及重力崩塌作用形成	湖南	张家界世界地质公园
4	岩溶地貌(齐德利,2005)		可溶性岩石,包括碳酸盐类岩石、硫酸盐类岩石、卤盐类岩石	石林、溶洞、钙华、天坑、峡谷、天生桥等	化学溶蚀、淋溶	广西、云南、贵州、四川等	云南石林世界地质公园、织金洞世界地质公园

此基础上演绎出各类型地貌;②受断裂构造、构造裂隙等条件及因素的影响基本相似;③水的作用及重力崩塌作用、风化作用等其他外营力作用基本相同;④演化经历多个旋回,最终导致台地面或盆地面消失;⑤在形态和成因地貌类型方面具有相似性。

从形成机理来看,花岗岩地貌和岩溶地貌与流纹质火山岩地貌的共性相对较少。花岗岩地貌主要受节理裂隙控制,后期经构造抬升及外营力作用,形成了以峰林、石蛋等为特色的地貌组合;岩溶地貌则因岩性为可溶性岩石,受化学溶蚀作用影响较大,形成了石林、溶洞、钙华等特色地貌景观。

从地貌特征来看,流纹质火山岩地貌与其他4种地貌类型均存在相同点,它们均发育有峰林、洞穴、峡谷等地貌,但每种地貌均有其特色,流纹质火山岩地貌发育有典型的柱状节理地质现象,如香港世界地质公园的西贡园区、临海桃渚国家地质公园的大坜头园区等,还发育有叠嶂地貌,如雁荡山世界地质公园。花岗岩地貌最具特色的地貌现象即是由花岗岩球状风化形

第八章　流纹质火山岩地貌景观评价与国际对比

雁荡山世界地质公园(流纹质火山岩地貌)
(叶金涛摄，雁荡山管委会提供)

仙居神仙居国家地质公园(流纹质火山岩地貌)

黄山世界地质公园(花岗岩地貌)
(源自黄山风景区管理委员会官网)

三清山世界地质公园(花岗岩地貌)
(源自摄图网)

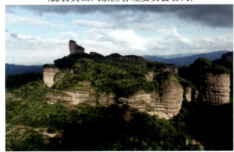
丹霞山世界地质公园(丹霞地貌)
(源自韶关市丹霞山管理委员会官网)

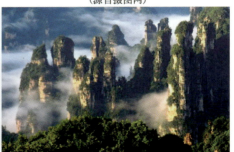
张家界世界地质公园(砂岩峰林地貌)
(源自张家界旅游官网)

云南石林世界地质公园(岩溶地貌)
(源自摄图网)

织金洞世界地质公园(岩溶地貌)
(源自织金洞景区官网)

图 8-1　我国南方湿润气候条件下的岩石地貌景观资源对比

成的石蛋地貌，如海南三亚的天涯海角。同属于砂砾岩地貌，形成丹霞地貌的陆相砂砾岩硬度较低，其形成的陡壁表面显得光滑圆润，而形成砂岩峰林地貌的滨海相石英砂岩质地坚硬，在外观上显得棱角分明。岩溶地貌最具特色的是其极为发育的岩溶洞穴系统和钙化现象，如织金洞世界地质公园。

二、浙江省流纹质火山岩地貌景观国内外对比

通过收集世界遗产、世界地质公园、世界其他流纹岩发育的地区以及中国的国家地质公园、中—酸性火山岩发育省份的国家风景名胜区等名录，选取环太平洋或中生代或中—酸性的火山（岩）地貌景观进行对比分析，具体思路见图 8-2，共选出 8 处国内景观、16 处国外景观，具体分析见下文。

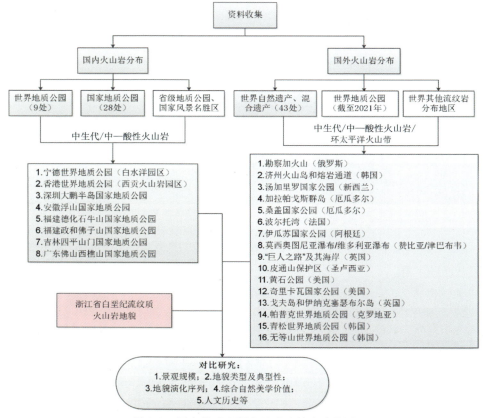

图 8-2　国内外对比研究思路及技术路线图

1. 浙江省 4 处典型流纹质火山岩地貌对比

神仙居景区、雁荡山景区、仙都景区和桃渚景区火山岩，它们分别受控于不同类型的火山构造，其火山作用方式具有相同性，即岩浆喷发堆积和岩浆溢流（喷溢）堆积，火山活动具有时间上连续、空间上叠覆等特点，具有明显的时空关系。雁荡山位于大型火山构造洼地内，具有带状多中心喷发特点；神仙居受典型的大型复活破火山构造控制；缙云仙都位于火山构造洼地内，具有带状多中心喷发特点；临海桃渚受小雄火山坳陷盆地多个火山通道控制。

4 处典型区的火山岩形成在时空上存在差异，地层从老到新依次为神仙居、雁荡山、缙云仙都和临海桃渚，其地层时代基本连续跨越早白垩世早期—早白垩世晚期—晚白垩世早中期（表 8-5），构成了一个较为系统完整的火山岩地层序列和火山活动演化序列。根据火山岩地层同位素年代学分析，它们在时间排序、火山旋回和火山岩相等方面，比较完整地反映了浙江省早白垩世—晚白垩世期间大规模火山活动的整个过程，可以为研究浙江省燕山晚期活动大陆边缘地质构造、火山作用和岩浆演化等方面提供重要的基础性资料。

第八章 流纹质火山岩地貌景观评价与国际对比

表 8-5 重点研究区流纹质火山岩地貌景观对比分析

对比内容	雁荡山	仙居神仙居	临海桃渚	缙云仙都
火山构造	大型火山构造洼地	西寺复活型破火山	白影岩火山岩弩、大嵊头火山构造	马鞍山火山弩隆、马鞍山火山通道、步虚山火山通道
成景地层（岩性）	小平田组二段（K_1xp^2）：流纹质含晶屑玻屑熔结凝灰岩；小平田组一段（K_1xp^1）：流纹岩、角砾熔岩夹流纹质玻屑熔结凝灰岩	小平田组（K_1xp）上部为含球状流纹质熔结凝灰岩；下部为流纹质玻屑熔结凝灰岩	小雄组三段（K_2x^3）：流纹质含角砾凝灰岩、底部砂砾岩、砂岩；小雄组二段（K_2x^2）：球泡流纹岩、粗面岩	塘上组二段（K_2t^2）：流纹岩、角砾熔岩；塘上组一段（K_2t^1）：上部含角砾沉角砾凝灰岩、下部沉角砾凝灰岩、砂岩
地层时代	早白垩世晚期	早白垩世晚期	晚白垩世早中期	晚白垩世早期
同位素年龄（锆石 SHRIMP U-Pb）（浙江省地质调查院,2019）	K_1xp^2：99.3±3.9Ma、102.8±1.5Ma；K_1xp^1：104.0±2.3Ma、105.1±3.2Ma、105.6±4.3Ma、108.6±0.7Ma	K_1xp：113.4Ma、114.4Ma、114.3Ma	K_2x^3：89.8±0.7Ma；K_2x^2：90.5±1.2Ma、94.4±0.9Ma	K_2t^2：100.5±0.7Ma、101.1±1.3Ma
地貌发育阶段	壮年期	青年期	老年期	老年期

续表 8-5

对比内容	雁荡山	仙居神仙居	临海桃渚	缙云仙都
地貌特点与特色	地貌类型发育最为齐全,以峰、岩嶂最具特色。著名景点有观音峰、金带嶂、凌霞嶂、千佛崖、显胜门石门、大小龙湫瀑布、观音洞、方洞等。地貌景观分布较为分散,山与水的组合优美性不突出	地貌发育最为集中,方山、峰、嶂等地貌类型发育齐全,气势雄伟,地貌类型规模宏大,合地貌类型间组合最大的有机组合—各溪流地貌的发育演化过程。代表性遗迹点有景星岩方山,大寺岩嶂、五指岩峰嶂、公盂岩嶂、蝌蚪崖岩峰嶂、观音峰锐峰、一帆风顺岩峰、飞天瀑、象鼻峰等。岩洞规模较小,数量较少,叠嶂地貌不发育	地貌类型较为单一,规模较小,台地边缘零星分布的柱峰、孤峰等。岩组合显示出老年期的地貌特征。最大特色是规模宏大的柱状节理地景观,有桃江十三渚滨海湿地景观	地貌类型较为单一,台地边缘零星分布的柱峰、孤峰、突岩等地貌组合显示出老年期的地貌特征。最大特色是流纹岩地貌景观(鼎湖峰等)与九曲溪有机融合,山水交相呼应,景色十分优美
人类活动(人文史迹和宗教活动等)	人文史迹丰富,沈括最早提出了流水成因说,谢灵运、朱熹、袁枚等留下了优美的诗篇;雁荡山大龙湫摩崖石刻;宗教历史悠久,有观音洞、方洞、将军洞、灵峰古洞等寺庙	人文史迹较弱,宗教遗存有西罨寺遗址、观音洞寺庙等	人文史迹较丰富,有桃渚军事古城等人文景观,有白岩寺洞等寺庙	人文史迹丰富,仙都摩崖题记是重要的文化遗产;宗教历史悠久,有浙东著名的宗教场所仙都黄帝祠宇
保护地建设情况	世界地质公园、国家地质公园、国家级风景名胜区等	国家地质公园、国家级风景名胜区等	国家地质公园、国家级风景名胜区等	国家地质公园、国家级风景名胜区

浙江省典型流纹质火山岩火山地貌景观的岩性组合基本相似,主要发育在各种白垩纪火山构造和厚层陆相流纹质火山岩基础上,区内中生代火山岩地层发育较全,成景地层主要为下白垩统磨石山群、永康群以及上白垩统天台群的相关地层(表8-5)。自100Ma以来,区内岩浆不再出现大规模活动,是现代地貌景观形成阶段,地貌演化均以火山熔岩台地为基础,主要受风化剥蚀作用,上覆火山岩顶盖长期经受剥蚀,沿断裂形成山沟与水系,经切割、夷平、风蚀等,形成如今的流纹质火山岩地貌景观。

各个典型流纹质火山岩地貌都具有较高的美学价值,发育有岩嶂、山峰、洞穴等典型流纹质火山岩地貌景观,但由于其所处的区域、岩浆活动、火山构造以及火山岩岩性等差异,使得四者之间的规模体量、分布集中程度以及地貌景观存在一定的差异性,同时共同造就了浙江省流纹质火山岩地貌景观的丰富性和多样性。差异性表现在两个方面:

(1)在同一区域内,不同空间发育出不同的地貌景观,地貌类型及地貌组合呈现出一定的空间规律分布,比较典型的空间格局是以由台地为中心向外,呈现出台地—岩嶂(叠嶂)—柱峰(柱峰丛)—锐峰—孤峰(孤柱)—突岩(残积岩堆)—麓坡—宽谷(河流)的规律性分布特征。

(2)在不同区域之间,同样存在地貌差异性,主要表现在完整性、系统性、典型性和规模大小等方面。比如同样是岩嶂景观,雁荡山和神仙居的岩嶂就表现出高大雄伟的特征,雁荡山的叠嶂景观尤其突出,而桃渚和仙都的岩嶂景观就稍逊一筹,不仅规模小,发育的数量也少,仙都则几乎没有陡峻的岩嶂景观;锐峰景观以雁荡山和神仙居最为突出,典型代表有观音峰、天柱峰等,桃渚和仙都的锐峰规模较小,多表现为残存在山顶或斜坡上的孤峰或突岩;符合柱峰量化定义指标的典型流纹质火山岩柱峰并不多见,规模大且典型的是仙都鼎湖峰、神仙居巨人鼻子柱峰和旗杆岩等,桃渚的石柱峰、神仙居的饭蒸岩等则定义堡峰更为合适;堡峰则在神仙居景区较为发育,典型的堡峰有天下粮仓等;方山仅在神仙居景区发育,即景星岩;洞穴景观以雁荡山最为典型,桃渚次之,神仙居和缙云的洞穴少且规模小;石门景观以雁荡山显圣门最为雄伟,神仙居的东天门和西天门也很壮观,而其他两个典型区则无石门景观发育。

4处典型流纹质火山岩都经历了多个地貌旋回过程,周而复始,因不同区域的旋回次数不同,受气候条件、构造因素等影响,每个地貌旋回经历的时间也存在较大差异,现存台地面积能反映出相对的地貌年龄,即神仙居属于青年期、雁荡山属于壮年期、临海桃渚和缙云仙均属于老年期,也形成了不同区域在景观单体及其组合特征、空间分布规律及其所处区域的整体地貌特征方面的差异性。4处典型流纹质火山岩地貌景观对比分析详见表8-5。

2. 流纹质火山岩地貌国内对比

通过文献和网络搜索,总结列出共8处国内其他中—酸性火山岩地貌点(表8-6,图8-3),均为世界地质公园或国家地质公园。从地理位置看,这8处地貌点主要分布于环太平洋火山条带上,除了四平山门、浮山位于我国东北或东部内陆地区,其他6处地貌点均分布于我国东南沿海浙闽粤港巨型火山活动带上。除了佛山西樵山形成于早古近纪始新世(约45Ma),岩性为中—基性粗面质火山岩,其余7处均为中生代硅质含量较高的酸性(或中—酸性)火山岩。

每个公园的地貌各有特色,其中以政和佛子山和白水洋园区的地貌景观最为多样,西贡火山岩园区和四平山门以较为稀有的酸性熔岩柱状节理为特色,西贡火山岩园区和深圳大鹏以海岸地貌为主,浮山以其众多而又独特的洞穴闻名,德化石牛山则以其怪石称奇,较为年轻的佛山西樵山则还保留着原有的火山机构。

表 8-6 国内其他地区中—酸性火山岩地貌景观对比

序号	名称	地质基础	地貌特征	参考文献
1	宁德世界地质公园（白水洋园区）	白水洋为寿山火山喷发盆地西北端宜洋破火山的一部分，出露岩性主要为流纹质熔结凝灰岩流纹岩等。白水洋一带潜火山岩十分发育，呈岩床一带晚白垩世石英正长斑岩是白水洋产出的特殊河床地貌形成的物质基础。白水洋受北东向障头断裂及北西向五老峰断裂控制明显，北东向、北西向小断裂发育或构成密集的节理、裂隙系统，为风化剥蚀和流水侵蚀提供了有利条件	鸳鸯溪火山岩深切峡谷全长 18km，峡谷宽处数十米，窄处不足 2m。两岸峭壁高耸、悬溪曲折迂回、深潭频现，是集溪、潭、瀑布、峰、岩、洞、林于一体，既清幽险峻，又气势磅礴的峡谷溪流景观。园区内火山岩峰丛发育，白水洋五老峰、弥勒岩、宜洋大白岩、水竹洋仙峰顶等火山岩峰丛人云，马鞍山，巍峨壮观；山体边缘发育有陡峭的崖壁，顶部微拱呈弧形的石堡，狭长的石墙和孤立的石柱	梁诗经等，2007，2013；梁诗经和文斐成，2009；沈加林等，2009；张继民，2006；张仁寿，2010
2	香港世界地质公园（西贡火山岩园区）	香港位于中国东南沿海，在大地构造上处于欧亚板块的东南缘，为环太平洋中、新生代构造-岩浆活动带的一部分，是全球构造-岩浆活动最活跃的地区之一。西贡火山岩园区出露的主要为中生代晚期火山喷发的产物，有浅水湾火山岩群和滘西洲火山岩群，其中中部西洲火山岩群的粮船湾组大面积出露，其岩性为碎斑熔岩，其 U-Pb 锆石年龄为 140.9Ma	西贡火山岩园区包括粮船湾、桥咀洲、果洲群岛、瓮缸群岛，陆地面积为 16.6km²。以世界罕见的大规模发育的酸性火山岩柱状节理为特色，柱状节理形成的六方柱岩柱直径 1~3m，少数可达 4~5m，堪称世界级地质遗景观。西贡拥有多种多样的地质特色，其中包括沙塘口山的雄伟海蚀柱、橫洲巧夺天工的管状岩柱与海蚀洞穴，火山岩石洲的典型海岸地貌，粮船湾罕见的酸性六角形火山岩柱和桥咀洲的流纹岩等	Campbell and Sewell,1997；Irfan,1999；Li et al.,2005；Ng et al.,2001；方世明等,2011a,2011b；王存智等,2015；王璐琳,2010；武法东等,2011；谢睿睿,2011；邢光福等,2011,2015；朱清波等,2015

续表 8-6

序号	名称	地质基础	地貌特征	参考文献
3	深圳大鹏半岛国家地质公园	深圳地区中生代火山活动是整个环太平洋火山活动带的组成部分。晚侏罗世中晚期，园区七娘山发生火山喷发，形成中酸性一酸性的火山岩系。晚侏罗世晚期—早白垩世早期，前期火山作用基础上又开始继承新构造断裂所控制，在园区形成较典型的七娘山火山弯丘和大燕顶—三角山火山弯丘，以及北部外围的排光笔架山火山弯丘	园区地形地貌类型丰富，从海洋到高山可以划分出海底、滨海沙滩、潟湖平原、冲积台地、丘陵和低山区。园区地貌以丘陵为主，森林茂密，山峰层峦叠嶂，山岭临岸陡立，7个山峰错落排开。园区以七娘山为主体，海岸地貌景观带为主要界面	张崧等，2013；曹世奎和邹卓辉，2011；纪大伟和邓红，2010；刘明辉，2007；梅村等，2010，2011a，2011b；深圳市北林苑景观及建筑规划设计院等，2009
4	安徽浮山国家地质公园	浮山地处庐江—枞阳中生代火山岩盆地的中心区。从晚侏罗世—早白垩世火山喷发活动，岩性主要为粗面质火山岩。以浮山火山岩为代表的浮山旋回经历了3～5次火山喷发活动，是本区火山活动最后阶段的产物	浮山是一个白垩纪火山喷发形成的破火山，其机构完整，形态典型，平面近似圆形，直径1～5km，面积约20km^2，全山有洞穴五百之多。浮山的多的火山洞穴，是为数众多的火山奇景之一。浮山有洞穴玲珑剔透，深幽奇妙，摩崖荟萃，景色绝佳。在火山碎屑流构成的岩石中，发育洞穴数量如此众多，造型如此奇特，规模如此巨大，为国内独有，世界罕见	柏林，2003；谷丰等，2008；孙冶东，1994；陶善才和章华，2009；田荣，2006；颜怀学和周青，2002；尹家衡等，1999；章沧授，2006；张佩军，2015

续表 8-6

序号	名称	地质基础	地貌特征	参考文献
5	福建德化石牛山国家地质公园	公园在大地构造位置上处于亚欧板块东缘、西太平洋大陆边缘活动带，石牛山火山构造洼地居于戴云巨型环状火山构造的核部，是典型、完整的放射状火山塌陷盆地。石牛山破火山位于石牛山火山构造洼地西端，依火山作用及岩性划分为火山通道相、侵出相、空落相、火山碎屑流相、喷发-沉积相、各岩性岩相均围绕石牛山破火山口呈环状、半环状分布，连洼地周边发育环状、放射状断裂及岩端。石牛山火山岩为一套中酸-酸偏碱性岩石，属英安岩-高硅高钾流纹岩地质体东南沿海中生代火山活动衰亡阶段的最后一期火山喷发，它记录了火山爆发、塌陷、复活隆起的完整地质演化过程	公园由石牛山、岱仙、泸溪 3 个景区组成，素以峰险、石径、树奇、洞幽闻名，是中国两处放射状古火山爆发口之一。石牛山地貌上洼地外围呈低缓山岭，围绕洼地发育环状水系、洼地内为高耸陡峭山峰。岱仙经山势雄伟的飞仙山山峰，泸溪发源于戴云山南麓。其主要地质景观有石牛山水蚀花岗岩石蛋地貌、崩塌堆积地貌、晚白垩世石牛山组层型剖面，石牛山复活火山破火山口、烧状石碎斑熔岩、潜火山岩的垂直分带、瀑布溪流等水体景观。园区地形高差巨大、沟谷险峻、险峰峻拔、幽谷含翠、飞瀑流泉、溪境深遂、意境神奇，奇石和洞穴构成了石牛山最主要的风景	陈铭勋，2007；冯崇帜等，1989；梁诗经等，2006；叶良林等，2013；李长进，2013；邢新龙，2015；郝新龙，2016；徐海江和单林，1985
6	福建政和佛子山国家地质公园	公园处在环太平洋大陆边缘构造岩浆带中的中国东南沿海中生代火山岩带，约经两亿年前中生代三叠纪，经历了多次大规模的火山喷发及岩浆侵入，形成了中国东南部的火山岩系列。火山岩地层层次清楚，露头完整，火山活动时间跨度上亿年，地层完整、岩石种类齐全，空落相火山碎屑岩、喷溢相火山熔岩、侵入相火山成岩等 40 多种岩石、火山物质如此丰富，地貌景观如此奇特，这在环太平洋火山岩带中是稀有的	公园由佛子山景区、洞宫山景区、黄峰景区、蛙岩景区、龙滩景区等 5 个景区组成。主要景观有锐峰、石峰、叠峰、瀑布、石门、洞穴、石地缝、山脉、峡谷、断崖、蛙岩崩塌、佛子山断崖、奇峰怪洞等，气势壮观	丁铭等，2012；林灵生，2013；罗小成，2012；王云鹏，1995；魏万进，2013

续表 8-6

序号	名称	地质基础	地貌特征	参考文献
7	吉林四平山门国家地质公园	山门一带早白垩纪流纹岩形成于区域中生代火山演化序列（玄武岩-安山岩-流纹岩）的末尾，火山活动的规模和强度都相对较小，岩浆活动以熔岩溢流为主。岩石以流纹岩、球粒流纹岩、霏细岩及流纹质凝灰熔岩为主。山门一带早白垩世流纹岩空间展布呈一个长轴为北东向的椭圆形，似一个大的古火山机构或古火山群体构成的环状构造。若从单个流纹岩体的分布状况来看，又具有多中心或多通道的岩浆喷溢特征	四平山门早白垩世流纹岩柱状节理发育尤为完善、典型，规模大多为五棱、六棱柱，呈直立密集型柱列。棱柱具有旋回条纹、柱顶盆纹等稀有性。其独特为少见、完整的柱列发育在整个山体之中实为少见，为研究该遗迹的典型性、系统性和特殊性，反映了古地理、古气候、古火山岩浆活动规律及古地壳活动提供了不可多得的材料	荀军等，2013；李金龙等，2007；蒲广太，2003；刘拓，2014；吕惠进，2005；吴星，2011；张星，2011；赵明和刘福臣，2003
8	广东佛山西樵山国家地质公园	西樵山火山锥体是古近纪始新世火山爆发形成的古火山机构，位于三水盆地内。三水盆地火山活动始于燕山运动晚期，古近纪中期开始，逐渐增强，晚始新世最为强烈，经历了桥心组、宝月组及华涌期火山喷溢-爆发，多次反复，最终形成了以粗面岩和玄武岩火山岩为主的山体	西樵山死火山为近轴等状的锥体，直径约4km，面积14km²。顶部地势平缓，由众多波状起伏的小山岗组成，主峰大科峰海拔344.4m。边沿山体挺拔陡峻，海拔一般大于200m。保存完好的粗面质火山机构，独特的幽深火山峡谷，挺拔陡峻的山峰，千奇百态的崩塌地貌，激荡飞洒的瀑布以及岩相界线、风景秀丽、景观多姿丽、十分诱人	陈俊鸿，1995；程程，2015；黄慰文，1978；李春生，2009；陆琦，2012；罗春科等，2004

白水洋园区鸳鸯溪比翼峰
(源自白水洋旅游网)

白水洋园区鸳鸯溪小壶口瀑布
[源自白水洋旅游网(转载自屏南在线)]

西贡火山岩园区柱状节理及构造行迹
(源自公园官网)

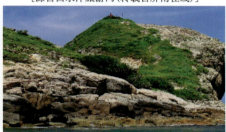
西贡火山岩园区南果洲海蚀地貌
(源自公园官网)

深圳大鹏七娘山

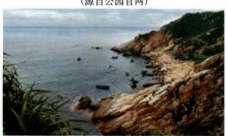
深圳大鹏海湾及海岸地貌

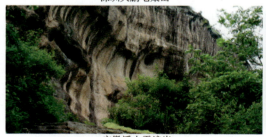
安徽浮山雪浪岩
(汪华君摄,源自安徽浮山风景名胜区官网)

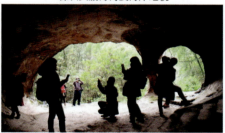
安徽浮山会圣岩马蹄洞
(董叶萍摄,源自安徽浮山风景名胜区官网)

德化石牛山石壶洞

德化石牛山石牛山
(源自福建日报)

第八章 流纹质火山岩地貌景观评价与国际对比

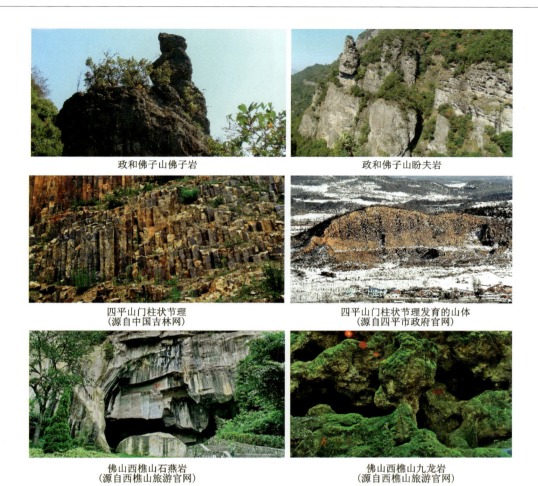

图 8-3 国内其他地区中—酸性火山岩地貌景观

其地层年龄从老到新各个地质公园依次如下。

(1) 政和佛子山:形成于中生代三叠纪晚期(约 200Ma),地层岩性为粗面岩、安山岩和流纹岩,其主要景观形式有锐峰、石峰、叠嶂、石门、洞穴、石地缝、山脉、峡谷、断崖、瀑布、蛙岩崩塌等。

(2) 深圳大鹏:形成于晚侏罗世—早白垩世(145~135Ma),地层岩性为流纹岩、凝灰岩、集块岩等,其主要景观形式有优美的海岸地貌景观、奇特的古火山遗迹等。

(3) 西贡火山岩园区:形成于早白垩世(约 140Ma),地层岩性为碎斑熔岩,其主要景观形式有世界级的酸性火山岩柱状节理、千姿百态的海岸地貌、复杂多样的地质构造遗迹。

(4) 浮山:形成于早白垩世(140~100Ma),地层岩性为粗面质火山岩,主要景观有三十六岩、七十二洞。

(5) 四平山门:形成于早白垩世(约 110Ma),地层岩性为流纹岩,其主要景观有柱状节理和熔岩丘。

(6) 白水洋园区:形成于白垩世(约 100Ma),地层岩性为流纹岩、熔结凝灰岩、正长斑岩等,其主要景观形式有峰丛、石堡、石峰、石墙、石柱等山峰、山体,线谷、围谷、峡谷等谷地,深切峡谷曲流、瀑布等水体景观,平底基岩河床、壶穴等流水侵蚀地貌,以及岩槽、弧形洞等洞穴地

· 217 ·

貌景观。

（7）德化石牛山：形成于晚白垩世（91～78Ma），地层岩性为粒状碎斑熔岩等，其景观以险峰、怪石、奇树、幽洞、瀑布闻名。

（8）佛山西樵山：形成于古近纪始新世（约45Ma），地层岩性为粗面质火山岩，其主要景观形式有火山机构类地质景观、构造岩性类地质景观、构造裂隙形成的流水景观。

雁荡山景区分布面积达210km²，神仙居景区分布面积达120km²，桃渚景区分布面积达40km²，仙都景区分布面积达30km²。神仙居西罨寺破火山直径约12km，出露面积约140km²，至今遗留下来2/5个破火山，仍较为完整地描述了复活破火山的完整结构要素。从规模体量上看，国内的这8处地质公园均不及浙江省流纹质火山岩地貌。

浙江省流纹质火山岩地貌涵盖了近乎齐全的火山岩地貌景观，有台、峰、嶂、洞穴、石门、谷、柱状节理、球泡构造、瀑潭、断层形迹等地貌景观类型，反映了典型区以火山岩地貌景观为主体，兼顾火山岩岩性、岩相和水体地貌景观的地质遗迹特征。其类型齐全、组合多样、气势雄伟、巧夺天工、景致优美，是已知的全球范围内最为典型、系统、完整的流纹质火山岩地貌系统。从地貌分类及典型性上看，浙江省流纹质火山岩地貌在国内同类景观中也是罕见的；从综合自然美学价值上看，其也是独一无二的。

浙江省流纹质火山岩地貌完整保留了从台→嶂→门→峰→谷的演化序列，系统诠释了中生代以来火山岩地貌成因与演化的完整过程。其在流纹质火山岩地貌演化序列的完整性上，也是其他8处地质公园无法比拟的。

3. 流纹质火山岩地貌国际对比

通过文献和网络搜索，总结列出共16处国外火山相关地貌点（表8-7，图8-4），已列入世界自然遗产的有12处，已列入世界地质公园的有3处，奇里卡瓦属于美国国家公园，说明这16处景点均具有一定的突出价值。

从地理位置看，勘察加火山、济州火山岛和熔岩通道、汤加里罗国家公园、加拉帕戈斯群岛、桑盖国家公园等5处世界自然遗产均位于环太平洋火山带上。其中勘察加火山、济州火山岛和熔岩通道位于太平洋西海岸，汤加里罗国家公园位于环太平洋火山带南端，加拉帕戈斯群岛、桑盖国家公园则位于太平洋东海岸。这5处世界自然遗产均形成于上新世—更新世，属于现代火山，地层岩性以基性玄武岩为主，其主要景观形式均以火山机构为主，如火山锥、地热泉、火山湖等，其中济州火山岛和熔岩通道还以其壮观的熔岩通道闻名世界。故这5处世界自然遗产地貌景观与浙江省流纹质火山岩地貌景观差别较大，不具有可比性。此外，戈夫岛和伊纳克塞瑟布尔岛属于新近纪火山岛，因其出露的景观属于火山系统的最上部，组成岩性为基性或中—基性火山岩，故其也不具备对比性。

伊瓜苏国家公园、莫西奥图尼亚瀑布/维多利亚瀑布2处世界自然遗产的地层岩性均形成于中生代，两者均以其壮观的瀑布闻名于世，其岩层均属于玄武岩。因其景观种类单一且岩性属于基性火山岩，与浙江省流纹质火山岩地貌的对比性也不大。

英国的"巨人之路"及其海岸是由活火山在古新世（60～50Ma）火山喷发后熔岩冷却凝固而形成的4万根六角形玄武岩巨型石柱，因该石柱林气势壮观而享誉全球。因此，柱状节理也被误以为是硅质含量较少的玄武岩的专利，无独有偶，在我国东南沿海也发现不少柱状节理景观，但它们却形成于硅质含量较高的酸性熔岩中，如上文已经提到过的西贡火山岩园区。浙江省的流纹质柱状节理分布也较为广泛，不乏出露规模较大的流纹质柱状节理景观，如临海桃渚

第八章　流纹质火山岩地貌景观评价与国际对比

表8-7　国外中—酸性火山岩地貌景观对比

序号	名称	地质基础	地貌特征	参考文献
1	勘察加火山	勘察加大部分地区的火山作用，在中—新生代褶皱构造内都经历了两个阶段：地槽阶段和造山岛弧阶段。在白垩纪和古近纪末紧结束的地槽构造发育阶段，形成了厚度很大并相互紧密联系的火山岩和火山成因沉积岩组合，而且在剖面中和横向上作有规律的更替	勘察加火山为现代火山景观，可见地热现象，是世界上最著名的火山区之一，它拥有160座火山，其中20余座是活火山，而且类型和特征各不相同。勘察加火山密度之大，海拔4750m的克柳切夫斯卡亚火山更是当今世界上最高的活火山。指定考察的6个景点集中了勘察加半岛大多数的火山奇异景观。活火山与冰河相互作用造就了这里的生机和美景	Петраченко，1989；罗秋云，2012；朱佛宏，1999
2	济州火山岛和熔岩通道	大约180万年前岩浆从地下穿破薄弱地层，与水相互作用发生强烈的蒸气岩浆爆发，形成凝灰岩环和风化侵蚀。之后很长时间内这些火山体遭受风化侵蚀，与海洋沉积物反复混合，形成了西归浦层堆积后，原始济州岛渐渐露出海面。55万年之后熔岩开始喷出，形成了宽阔的熔岩台地，最终形成汉拿山为中心的盾状火山体。1.8万年前的后冰河时代起，济州的海岸地区又发生蒸气岩浆火山活动，形成了山坡以日出峰凝灰丘和松岳山凝灰岩环，约1000年前结束火山活动，最终形成了今天济州岛的火山面貌。主岛呈椭圆状，主要由堆积岩层、玄武岩、火山暗流及火山碎屑岩等构成	济州火山岛和熔岩洞位于韩国最南端，占地面积18846hm²，为济州岛面积的10.3%。主要景观有地质遗址、悬崖和熔岩隧道和地面，碳酸盐洞质和地面，纯黑色的熔岩洞壁，被视为最完美的锥形山峰；日出峰，由凝灰岩构成的圆形山峰，如堡垒般矗立在海边，景色令人叹为观止；韩国最高峰——汉拿山，形态各异的岩石和火山口湖泊而闻名。它以数以百计的丘陵、滨海瀑布、悬崖和熔岩隧道吸引着世界各地的游人。济州岛有约45个熔岩洞，拥有世界上最长的熔岩洞。济州岛有不少著名的瀑布，其中较著名的有正房瀑布、天地渊瀑布和天帝渊瀑布。济州岛火山景观特色是有一座较大的盾火山及龙岩的火山锥。整齐岩浆爆发的涌流凝灰岩剖面十分清楚，熔岩隧道规模与景观极佳，发现有罕见的次生碳酸钙沉积物	陈池，2005；简丹，2013；金诚，2012；陶奎元，2015；田山，2001；王欣，2008；杨翔，2011

续表 8-7

序号	名称	地质基础	地貌特征	参考文献
3	汤加里罗国家公园	公园位于环太平洋火山带南端的新西兰北岛中部,陶波火山带南端,100 万年前最早形成的火山汤加里罗开始形成并推动北岛浮出海面。它是一个多发性火山,新形成的火山锥,火山口,熔岩流重叠在早期火山地貌上,形成新西兰最壮观的火山地貌景观。3 座火山中最壮观的是恩奥鲁霍艾火山,形成于 2500 年前,曾多次喷发,火山锥保存得最完整,顶部是直径 400m 的火山口,是十分典型的圆锥形火山	公园里 15 座近代活动过或正在活动的火山,呈线状排列,向东北延伸,其中包括 3 个著名的活火山:汤加里罗,恩奥鲁霍艾,鲁阿佩胡火山,海拔分别为 1967m,2287m,2797m。其余 12 座大小不一的火山大部分是近代活动过或者正在活动的奇观。这里峰峦叠嶂火山群以及火山活动的奇景,吸引着世界各地的游客。公园地热资源丰富,沸海塘,间歇泉,喷气孔,沸泥塘等遍地可见	Cole,1979,1990; Wilson et al.,1995; 李礼,2006; 吕德金,2014 马恒琦,1999; 无双,2013
4	加拉帕戈斯群岛	加拉帕戈斯群岛是海底火山喷发,熔岩堆积而成,该岛一直处于缓慢的活动中。至今该岛附近的海底还有火山活动,新生的小岛还不断涌现,其中最古老的岛屿之一"西班牙人岛"诞生至今已有 400 万年,最新的岛也是最大岛伊莎贝拉岛,诞生至今也只有 60 万年,该岛有独立的 6 个火山,其中 5 个山顶有壮观的火山坑	加拉帕戈斯群岛由火山喷发而形成,由 13 个大火山,6 个小火山以及周围的海域组成。持续的地震和火山活动形成了岛屿独特的地貌。高的火山口和熔岩峭壁形成岛上崎岖的地势。这些火山屿成为具有代表性的一个火山岛由太平洋海底火山熔岩上升 3000 多米形成的。这里火山屿高,但面积很大,一座海拔不过千米的火山,直径能达 20km	Naumann and Geist,2000; Rassmann,1997; Reynolds et al.,1995; Riedinger et al.,2002; Simkin and Howard,1970; Snell et al.,1996; 陈育和,2001; 华缇健,1985; 蒋长喻,2001; 因格等,2006
5	桑盖国家公园	公园内有各种各样的火山土壤,冰川和其他的一些重要的变质岩岩层。桑盖火山大约在 0.5Ma 形成,现在还经常喷出岩浆及火山灰,通古拉瓦火山的最近一次喷发是在 1916—1925 年。公园可划分为几个不同的地貌学区域:冲积扇区域,东部丘陵地带及安第斯山脉地区。公园内的河流在自西向东在安第斯马逆河的过程中逐渐干涸,因为地势起伏大,降水量丰富,水流湍急	桑盖国家公园主要包含 2 个活火山(通古拉瓦火山和桑盖火山),1 个死火山(埃尔阿尔塔火山),均为盖火山海拔 5140m,大约在 0.5Ma 形成层火山灰,被认为是世界上持续活跃时间最长的火山,桑盖火山顶白雪皑皑,山势险峻,从山顶到火山麓近 4000m 的海拔高度差。通古拉瓦火山海拔 5023m,位于北部火山带,属于全新世现代火山。埃尔阿尔塔火山海拔 5319m,为形成于上新世—更新世的成层火山,在其西部可见破火山口	Armstrong and Macey,1979; Erfurt-Cooper,2011; Negu and Neac,2011; Ruijten,2006

续表 8-7

序号	名称	地质基础	地貌特征	参考文献
6	波尔托湾	波尔托湾是二叠纪两个依次的火山活动后形成的 30 000km² 的大型地质综合体（包括 Cinto 地块和 Fango 山谷）。自那时以来，侵蚀和火山作用同时在起作用，造就了如今海岸侵蚀的红色斑岩、流纹岩和玄武岩柱的高陡悬崖	波尔托湾海岸线非常崎岖。在锯齿状陡峭的悬壁上分布了许多洞穴、悬崖附近可见堆积物，以及难以到达的小岛和海湾。高达 900m 的红色悬崖、沙滩、岬角（如 Osani 岬角和 Elbo 半岛），以及透明的海洋，造就该地区优美的风景。该地区还可见一些古老的火成岩柱侵蚀成的变质岩	Monique and André,2013; Nairn and Westphal,1968; Tuckett,1904
7	伊瓜苏国家公园	伊瓜苏河发源自巴西境内大西洋沿海地带，全长 1320km，共有 30 条支流，70 条瀑布。它沿途汇集了大溪小流，穿过维多利亚山口，流向巴西和阿根廷交界的平原，河流遇到高原、流向巴西丁岛，河道铺宽至 3km，形成一个水深仅 1m 左右的湖面，湖水流到绝壁时，飞泻成一大瀑布群	伊瓜苏国家公园中心是一个半圆形瀑布群，高约 80m，直径达 2700m，处于玄武岩地带，横跨阿根廷与巴西两国边界。伊瓜苏大瀑布是世界上最宽的瀑布，是南美洲最大的瀑布，也是世界五大名瀑之一，瀑布高 82m，延伸长度达 2700m，共有 275 股大大小小的瀑布，组合成三大瀑布群，平均流量达 1751m³/s	Moreira,2012
8	莫西奥图尼亚瀑布/维多利亚瀑布	一条深邃的岩石断裂谷横切赞比西河，形成了莫西奥图尼亚瀑布。该断裂谷的形成是由 1.5 亿年前的地壳运动所引起的。广阔的赞比西河在流抵瀑布之前，舒缓地流动在宽浅的玄武岩河床上，然后突然从百米高的陡崖上跌入狭窄蜿蜒的峭壁玄武岩深谷中。莫西奥图尼亚瀑布一直在后退，过去 50 万年里其曲折河道上出现过多条瀑布，今天所见的是第八条，每一条都出现在河床裂缝的熔岩断层上，河水冲刷掉断层里松软的填料后，落入形成的隙缝中，并立即侵蚀较脆弱的裂缝，逐渐向后深切成峡谷，直至遇上另一断层	莫西奥图尼亚瀑布又称多维利亚瀑布，位于非洲赞比西河中游，赞比亚与津巴布韦接壤处。瀑布位于平均海拔约 915m 的高度，宽超过 2km，最高处 108m，是非洲最大的瀑布，也是世界上最大、最美丽和最壮观的瀑布之一。莫西奥图尼亚瀑布彼河间的岩石分成 5 段，魔鬼瀑布、虹瀑布（这里是东瀑、新月形的马蹄瀑和主瀑布之外便是最深，60～100m)，浪花溅起达 300m，远自 65km 之外便可见到	Mcgregor,2003; Thomas and Shaw,1992

续表 8-7

序号	名称	地质基础	地貌特征	参考文献
9	"巨人之路"及其海岸	"巨人之路"及其海岸是在古近纪由活火山不断喷发而形成的，火山熔岩多次溢出并结晶，经过海浪冲蚀，石柱群在不同高度被截断，便呈现出高低参差的石柱林地貌	"巨人之路"及其海岸包括低潮区、哨壁以及通向哨顶端的道路和一块高地。哨壁平均高度为100m。巨人之路是这条海岸线上最具有特色的地方，它沿着海岸坐落在玄武岩悬崖山脚下，由大约40 000个黑色玄武岩巨型石柱组成，这些石柱一直延伸到大海	Beard,1959; Crawford and Black,2012; Lyle and Preston,1993; Patterson and Swaine,1955; Tomkeieff,1940; 常玉琴和刘洪滨,2009; 刘洪滨和刘新宇,2009
10	皮通山保护区	海底火山爆发时，由于火山顶部是海水，喷涌而出的熔岩一旦接触到海水，便会凝固，形成固体外壳，堵住火山口，然而有时并不能完全堵住，随着岩浆的不断溢出，常在火山口形成一个突起，而后海陆变迁，形成如今的皮通山保护区	皮通山保护区紧邻苏弗里耶尔镇，苏弗里耶尔地貌独特，拥有众多峻峭的山峰。区内有两座火山栓，分别为大皮通山和小皮通山。其中的大皮通山770m，为圣卢西亚的第二高山，直径达3km；小皮通山高743m，直径约1km。大小皮通山之间由皮通细山脊连接，一直延伸到海面	Nicholas et al.,2009
11	黄石公园	黄石破火山口是北美最大的火山系统。它被称为"超级破火山"，是因为这个破火山口是由特大爆炸性的喷发形成的。如今的破火山口就是64万年前发生的灾难性喷发形成的。喷发释放出了1000km³的火山灰、岩石和火山碎屑物质，形成了一个将近84km×45km范围的火山喷口，并沉积了熔岩溪凝流凝灰岩。最猛烈的喷发发生在210万年前，那次喷发喷射出2450km³火山物质，产生了被称为黑色木山脉凝灰岩的岩石，并形成了岛公园破火山。120万年前，一次更小的喷发喷射出了280km³火山物质，形成了亨利的又状破火山口并沉积了梅萨爆瀑布凝灰岩	黄石公园分5个区：西北的猛犸象温泉区以石灰石合阶为主，故也称作石灰石合阶热合区；东北为罗斯福区，仍保留着老西部景观；中间为峡谷区，可观赏黄石大峡合和瀑布；东南为黄石湖区，主要是黄石湖光色；西及西南为间歇喷泉区，遍布间歇泉、温泉、蒸气池、热水罩、泥地和喷气孔。黄石公园拥有已知地球地热资源种类的一半，共有1万多处。公园还是世界上间歇泉最集中的地方，共有300多处同歇泉，约占地球总数的2/3	Christiansen and Blank,1972; Eaton et al.,1975; Fournier,1989; Littlejohn et al.,1990; Romme,1982

续表 8-7

序号	名称	地质基础	地貌特征	参考文献
12	奇里卡瓦国家公园	奇里卡瓦山是盆地和山脉上一个隆起的结构块。奇里卡瓦火山口是由 35~25Ma 前的喷出岩和侵入岩组成的,其外围还有白垩纪岩石分布。古生代和白垩纪的沉积岩及古生代前寒武纪的基底岩石似乎一次大爆发发生在 27Ma 前,并形成了火鸡溪火山口,爆发出的火山灰厚达 610m,固结成火山凝灰岩在后期的侵蚀下形成了石崖、石柱、奇形石等	奇里卡瓦国家公园存在着侵蚀形成的火山岩石林及一些奇怪的岩层	Enlows,1955
13	戈夫岛和伊纳克塞蓬布尔岛	由于板块运动,海底板块结合处裂谷溢出的格岩流,以后逐渐向上增高,形成了海底火山。海底火山在喷发中不断向上生长,露出海面便形成了戈夫岛和伊纳克塞蓬布尔岛。形成火山岛在最后期的海水侵蚀、流水侵蚀以及风化等作用下最终形成如今的景观。伊纳克塞蓬布尔岛组成岩性为基性玄武岩-粗安响岩-近响岩质粗面岩	戈夫岛是南大西洋的一个岛屿,它是古近纪火山风化而成,因此岛内多山,沿海岸有很多悬崖,还有一些地势起伏不平,海拔在 910m 以上的平原。戈夫岛海拔 600m 以上的峡谷中有丰富的深达 5m 的泥炭。伊纳克塞蓬布尔岛是一个死火山岛,面积为 14km²,位于特里斯坦-达尾尼亚群岛南方45km	Brown,1905;Chevallier et al.,1992;Cliff et al.,1991;Holcomb and Searle,1991;Preece et al.,1986
14	帕普克世界地质公园	据推算,岩石年龄跨度达 4 亿年。帕普克岩性多样,包括各种沉积岩、变质岩和火山岩。帕普克的核心以及山脉中最古老的古生代岩石组成,包括各种各样不同的变质岩、花岗岩及其他各种岩石	帕普克世界地质公园中发育有泉和溪流,硅质含量较高的钠质长流纹质火山岩中发育的柱状节理较为出名	Balen and Petrinec,2014

续表 8-7

序号	名称	地质基础	地貌特征	参考文献
15	青松世界地质公园	公园位于韩国最大的沉积盆地——Kyongsang 盆地,这里涵盖了火成岩、变质岩和沉积岩,地层记录了从前寒武纪至新生代的地质时期。白垩纪晚期多期次喷发形成了安山质-流纹质火山岩;古近纪区内酸性岩浆在多处侵入浅地表形成岩脉等。公园内两处代表性景点——流纹岩球状构造(花石)、Dalgi 矿泉水出露点,均由于流纹岩浆活动与水的相互作用而形成。青松东南部还发育有白垩纪晚期流纹质破火山,可见火山角砾岩、凝灰岩、酸性侵入体圈层分布	公园内有 24 处地质遗迹,其中火成岩有 17 处。公园内最具特色的花石主要发育于古近纪流纹质潜火山岩中,由流纹质岩浆过地表过度冷却形成,不同冷却速率可形成形状多样的花石,浅色物质和深色物质交替形成圈层状、放射状、形似牡丹、菊花、玫瑰、牵牛花等。白垩纪晚期的一套中—酸性火山岩在内外动力作用下,形成了柱状节理、岩嶂、洞穴、峡谷、石门、瀑布等景观	Ahn and Hwan,2007; Hwang and Choo,2006; Hwang et al.,2017a,2017b; Hwang et al.,2018; Jang and Woo,2015; Kim and Moon,2019
16	无等山世界地质公园	公园内保存了从前寒武纪至新生代的地层记录,但主要地质遗迹分布于白垩纪地层中。无等山形成于白垩纪(87~85Ma),期间至少爆发了 3 次火山活动,形成了一套安山质-英安质熔结凝灰岩。英安质火山灰缓慢冷却收缩形成五角形或六角形的柱状节理。新生代期间因地界异常小的气候环境,导致区内岩块崩裂,形成了大规模较大的石浪景观。当地居民充分结合自然资源和人文生活,如和顺史前石墓就地取材,使用当地的熔结凝灰岩作为原材料建造而成	公园具有 20 处地质遗迹,代表性地质遗迹有巨型的柱状节理群、恐龙遗迹、石浪景观以及其他一些地质景观。新生代地层发育有石浪、山脊、冻融夷平面、风洞、瀑布、黏土矿等地质遗迹;白垩纪地层发育有柱状节理群、峰、红色悬崖、安山岩、恐龙足迹、层状凝灰岩、熔结凝灰岩等地貌景观。柱状节理的截面直径一般在 1~3m 之间,最大者可达 7m。无等山最大的石柱至少可达 11km²,柱状节理发育有花岗岩地貌景观。柱状节理的分布面积至少可达 11km²,最大者可达 7m。无等山最大的石浪长约 600m,宽达 250m,分布面积达 130 000m²	Ahn,2014; Leman et al.,2008; Lim et al.,2015; Mudeungsan Geopark,2021; Mudeungsan UNESCO Global Geopark (Republic of Korea),2021

第八章 流纹质火山岩地貌景观评价与国际对比

勘察加火山 火山锥
（Guy Debonnet摄，源自UNESCO官网）

勘察加火山 火山口湖
（Guy Debonnet摄，源自UNESCO官网）

济州火山岛和熔岩通道 城山日出峰
（Geoff Steven摄，源自UNESCO官网）

济州火山岛和熔岩通道 熔岩洞
（Geoff Steven摄，源自UNESCO官网）

汤加里罗国家公园 火山锥
（源自公园官网）

汤加里罗国家公园 火山湖
（源自公园官网）

加拉帕戈斯群岛 半岛及锐峰
（Evergreen摄，源自UNESCO官网）

加拉帕戈斯群岛 玄武岩熔岩
（Evergreen摄，源自UNESCO官网）

桑盖国家公园　火山锥
（Geoff Mason摄，源自UNESCO官网）

桑盖国家公园　火山湖
（Geoff Mason摄，源自UNESCO官网）

波尔托湾　海湾及海岸地貌
（Evergreen摄，源自UNESCO官网）

波尔托湾　大量斑岩柱
（Evergreen摄，源自UNESCO官网）

伊瓜苏国家公园　伊瓜苏大瀑布
（Ko Hon Chiu Vincent摄，源自UNESCO官网）

伊瓜苏国家公园　伊瓜苏大瀑布
（Ko Hon Chiu Vincent摄，源自UNESCO官网）

莫西奥图尼亚瀑布
（Evergreen摄，源自UNESCO官网）

莫西奥图尼亚瀑布
（Véronique Dauge摄，源自UNESCO官网）

第八章 流纹质火山岩地貌景观评价与国际对比

巨人之路
（Amos Chapple摄，源自UNESCO官网）

巨人之路
（Amos Chapple摄，源自UNESCO官网）

皮通山
Ko Hon Chiu Vincent摄，源自UNESCO官网

皮通山
（Ko Hon Chiu Vincent摄，源自UNESCO官网）

黄石公园　地热泉
（David Muench摄，源自UNESCO官网）

黄石公园　流纹岩及瀑布
（David Muench摄，源自UNESCO官网）

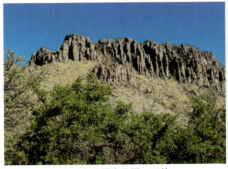
奇里卡瓦国家公园　石林
（源自公园官网）

奇里卡瓦国家公园　石林
（源自公园官网）

戈夫岛和伊纳克塞瑟布尔岛
（P. Ryan摄，源自UNESCO官网）

戈夫岛和伊纳克塞瑟布尔岛
（Ron Van Oers摄，源自UNESCO官网）

帕普克世界地质公园　柱状节理
（源自UGGp[①]官网）

帕普克世界地质公园　瀑布
（源自UGGp官网）

青松世界地质公园　Yongchu峡谷的石门景观
（源自UGGp官网）

青松世界地质公园　流纹岩球状构造（花石）
（源自UGGp官网）

无等山世界地质公园　巨型英安质凝灰岩柱状节理
（源自UGGp官网）

无等山世界地质公园　层状凝灰岩
（源自UGGp官网）

图8-4　国外中—酸性火山岩地貌景观

[①] UGGp 为 UNESCO Global Geopark 的简称，下同。

的万柱峰、象山的花岙石林等(图8-5)。此外,形成于晚白垩世—古近纪(73~52Ma)的帕普克也发育有钠长流纹岩柱状节理,该公园的景观还伴随有瀑布和溪流等水体景观。

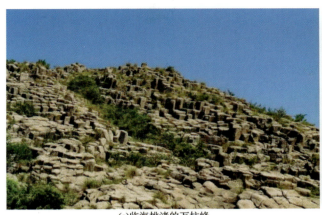 

(a)临海桃渚的万柱峰　　　　　　　　　(b)象山的花岙石林

图8-5　浙江省流纹质柱状节理景观

美国黄石公园是世界著名的"超级火山",其形成于古近纪(约55Ma),现在仍处于活跃状态。黄石公园分为5个区:西北的猛犸象温泉区以石灰石台阶为主,故也称热台阶区;东北为罗斯福区,仍保留着老西部景观;中间为峡谷区,可观赏黄石大峡谷和瀑布;东南为黄石湖区,主要是湖光山色;西及西南为间歇喷泉区,遍布间歇泉、温泉、蒸气池、热水潭、泥地和喷气孔。公园内地貌类型丰富,但仍以地热景观为主,其拥有已知地球地热资源种类的一半。公园内流纹岩较为少见,主要分布在黑曜石崖一带。其景观类型与浙江省流纹质火山岩地貌差别较大,其对比性也不强。

皮通山保护区形成于新近纪(6~5Ma),地层岩性为安山质火山岩,因为年代较新,该保护区以原始的火山机构地貌为主,即保护区内的两座火山栓——大皮通山和小皮通山。该保护区的地貌类型较为单一,与浙江省的火山岩地貌也不具备共性。

最具可对比性的地貌点属韩国的青松世界地质公园、韩国的无等山世界地质公园、法国的波尔托湾和美国的奇里卡瓦国家公园(图8-6~图8-9)。

青松世界地质公园内地层记录了从前寒武纪—新生代的地质时期,火成岩、变质岩和沉积岩均有分布。与浙江省流纹质火山岩较为类似的地层,当属白垩纪晚期—古近纪的一套中—酸性火山岩。白垩纪晚期多期次喷发形成了安山质-流纹质火山岩,在内外动力作用下,形成了柱状节理、岩嶂、洞穴、瀑布等景观。古近纪区域上酸性岩浆在多处侵入浅地表形成酸性潜火山岩岩脉,发育有公园内最具特色的流纹岩球状构造,当地亦称之为"花石",它是由酸性岩浆在近地表过度冷却形成,不同冷却速率造就了花石在形状上的多样性,如牡丹、菊花、玫瑰、牵牛花等花型(图8-6)。

无等山世界地质公园内保存了从前寒武纪至新生代的地层记录,但主要地质遗迹分布于白垩纪地层中。无等山形成于白垩纪(87~85Ma),期间至少爆发了3次火山活动,形成了一套安山质-英安质熔结凝灰岩。英安质火山灰缓慢冷却收缩形成五角形或六角形的柱状节理(图8-7)。柱状节理的分布面积至少可达11km^2,柱状节理的截面直径一般在1~3m之间,最大者可达7m。新生代期间因局地异常小气候环境,导致区内岩块崩积,形成了规模较大的石浪景观。无等山最大的石浪——德山石浪长约600m,宽达250m,分布面积达130 000m^2。公园内还保存有恐龙足迹以及其他一些地质景观,如陡崖、洞穴、瀑布。

图 8-6 韩国青松世界地质公园景观(源自 UGGp 官网)

第八章　流纹质火山岩地貌景观评价与国际对比

图 8-7　韩国无等山世界地质公园景观（源自 UGGp 官网）

波尔托湾是二叠纪两个期次的火山活动后形成的 30 000hm² 的大型地质综合体，地层年龄较老。自那时以来，侵蚀和火山作用同时在起作用，造就了如今海岸侵蚀的红色斑岩、流纹岩和玄武岩柱的高陡悬崖（图 8-8）。在锯齿状陡峭的悬崖壁上分布了许多洞穴，悬崖附近还可见堆积物，以及难以到达的小岛和海湾。高达 900m 的红色悬崖、沙滩、岬角，以及透明的海洋，造就该地区优美的风景。该地区还可见一些古老的火成岩形成的变质岩。

(a) 高陡悬崖　　(b) 岩壁发育的洞穴

(c) 柱状节理　　(d) 海蚀穴

(e)岩柱　　(f)大量的斑岩块

(g)海湾及海岸地貌　　(h)斑岩柱

图 8-8　法国波尔托湾景观(源自 UNESCO 官网)

奇里卡瓦国家公园是古近纪(35～25Ma)的一次火山爆发喷出了一层厚达 610m 的高硅质火山灰和浮石,固结成的流纹质熔结凝灰岩在外动力营力的侵蚀作用下形成了如今的尖顶石柱、奇形石及石林(图 8-9),其地层年龄较新。奇里卡瓦山是盆地和山脉上一个隆起的结构块。奇里卡瓦地层在大小和形状上与犹他州布莱斯峡谷国家公园和锡达布雷克斯国家保护区的砂岩地层非常相似,该地层没有丰富的色彩,岩石一般呈灰色或棕色,但岩石表面常覆盖着亮绿色的地皮。

三、对比结果及所符合的世界遗产标准

本书对比研究工作总共收集了 213 处世界自然遗产和混合遗产(重点对比 43 处)、169 处世界地质公园、220 处中国国家地质公园以及 1 处流纹岩景观较为突出的美国国家公园,共挑选出 24 处地貌点作为对比对象,其中包括 12 处世界自然遗产、5 处世界地质公园、6 处中国国家公园、1 处美国国家公园。上述这些地区中有 8 处为近(现)代火山独特的地貌景观,3 处组成岩性为基性的玄武岩,这 11 处地区与浙江省流纹质火山岩地貌景观相比相差较大,而相似性较好地貌景观主要分布在我国东南浙、闽、粤、港一带以及国外的青松世界地质公园、无等山世界地质公园、波尔托湾、奇里卡瓦国家公园和帕普克世界地质公园。

本书主要从地貌景观的规模、地貌类型及典型性、地貌演化序列、自然美学价值、人文历史等方面开展对比研究,并从地质科学价值(标准 viii)、美学价值(标准 vii)、人文价值(标准 v)等 3 个方面总结提炼浙江省流纹质火山岩地貌的突出价值。

1. 杰出的科学价值

(1)浙江省流纹质火山岩地貌拥有全世界最典型、系统、完整的地貌类型。

浙江省流纹质火山岩地貌景观包括陡崖、岩嶂、石门、方山(桌状山)、柱峰、锐峰、柱状节

图 8-9　美国奇里卡瓦国家公园景观(源自奇里卡瓦国家公园官网)

理、岩洞、单面山、叠石、岩巷、峡谷、溪涧、瀑潭等。其中由层状流纹岩形成的地貌代表有北雁荡山、楠溪江、方山、桃渚、仙华山等,竖立流纹岩地貌的代表有仙都、南雁荡山、楠溪江等,强熔结凝灰岩地貌的代表有神仙居、桃渚、花岙、雁荡山、楠溪江等,凝灰岩地貌的代表有方山南嵩岩等地;最宽大的岩嶂代表有雁荡山、神仙居,最高的柱峰有鼎湖峰,最雄伟的锐峰有天柱岩、观音峰,最大的桌状山有方山、景星岩等;其他还有流纹斑岩、花岗斑岩、碎斑熔岩等地貌景观。

对比世界其他同类型地貌分布区,可以说浙江省发育了世界上最丰富多样的流纹质火山岩地貌类型。浙江省流纹质火山岩地貌具有多样性和独特性,是地球陆地山地系统重要的、具有特殊意义的地貌形态和自然地理现象,是全球研究中生代流纹质火山岩地貌景观的最佳场地,是流纹质火山岩地貌的天然教室。

(2)浙江省流纹质火山岩地貌提供了地貌形成演化过程的完整证据。

浙江省流纹质火山岩地貌及其空间组合,系统地再现了火山活动结束后各种内外动力地质作用共同塑造火山岩地貌的过程。内动力地质作用首先形成了大型破火山和巨厚的流纹质火山岩,其后经历了地壳抬升剥蚀火山构造、区域构造断裂和岩石节理作用导致岩石破裂、岩块崩塌、流水侵蚀、风化剥蚀、海蚀以及生物作用等外动力地质作用,最终塑造形成了流纹质火山岩地貌。

受岩性、断裂、内外动力和古火山构造的控制,浙江省流纹质火山岩地貌空间分布体现出明显分带性。雁荡山流纹质火山岩地貌在空间上呈"层""圈""带"展布格架(陶奎元等,2004,2008),从景观分布上可反映火山构造和区域构造的轮廓,其景观空间展布与所展示的地质学意义显然不同于花岗岩、砂砾岩、石灰岩等所形成的地貌。神仙居火山岩地貌具有平面和垂直两个尺度的分带性,既反映了火山作用及其产物对火山岩地貌景观的限制作用,又体现了后期内外动力作用(断裂切割、构造变动、重力崩塌、风化剥蚀、流水侵蚀)在不同时期、不同高度、不同原岩上的作用差异。缙云仙都、临海桃渚流纹质火山岩地貌海拔从高到低即中心向外呈现出火山岩地貌的演化规律,地貌单元依次为熔岩台地→台地边缘岩嶂→高簏坡峰丛、峰林→低簏坡柱峰、孤峰、石柱和孤石→准平原区河流阶地、漫滩和河床。地貌类型的分带性显示了地貌演化在空间上的分布规律,科学诠释了火山岩地貌景观形成过程,为火山岩地貌演化提供了证据。

对比而言,浙江省流纹质火山岩地貌显示更加丰富多样的成因条件,是内外动力地质作用结合与展示的最佳典范,是流纹质火山岩地貌发育演化的模式地。它完美诠释了长期地貌演化的过程,是西太平洋中生代火山发育区距今100Ma以来地质地貌演化的突出例证,并通过典型的地貌特征生动地展示了地质历史时期以及正在进行的地质作用,是展现静态地貌特征与动态地貌过程的自然博物馆,是全球反映流纹质火山岩地貌成因最显著的地区。

(3)浙江省流纹质火山岩地貌展示了不同岩性、不同产状、不同成因、不同岩性组合流纹质火山岩所形成的地貌景观的差异性,具有岩性的完整性。

对比而言,浙江省的流纹质火山岩地貌由流纹质古火山形成,其地貌特征与科学意义不同于基性、中—基性火山。浙江省火山岩地貌经历了自始新世以来的地形切割、风化剥蚀,揭示了流纹质火山的各种构造、岩相、岩性,其中区内的雁荡山、临海桃渚、缙云仙都还揭露了共生侵入体(石英正长岩、流纹斑岩)。而前文指出的8处近(现)代火山地貌景观展示的是新生代火山系统的最上部,包括火山口、火山栓、地热现象、熔岩流等缺乏火山系统的深部裸露,因而其科学意义不同。

浙江省流纹质火山岩地貌是在巨厚的流纹质火山岩基础上形成演化而来。浙江省发育了大面积的流纹质火山岩,这些巨厚的流纹质火山岩在特定的东亚亚热带季风气候环境下,经100Ma的内外动力地质作用塑造,形成了现今丰富多样的地貌类型。

神仙居流纹质火山岩地貌形成的地质基础都是中生代大型破火山,雁荡山、缙云仙都形成的地质基础是中生代火山构造洼地内裂隙式喷发的古火山,临海桃渚形成的地质基础是中心式喷发的古火山。不同火山喷发方式形成的流纹质火山岩,包括火山爆发形成的熔结凝灰岩、空落凝灰岩,火山岩浆喷溢形成的熔岩流等是构成景观的主要岩石。其中最基本的条件是巨厚的熔岩层与熔结凝灰岩层。这些火山岩的复杂岩性明显不同于花岗岩、砂砾岩等岩类。不同岩性结构的火山岩既可以造就气势逼人的大尺度景观,也可造就惟妙惟肖的小型景观、奇特的移步换景和昼夜变换景观。

(4)浙江省流纹岩地貌景观具有非常重要的科学普及价值。

对比而言,浙江省流纹质火山岩地貌具有悠久的研究历史,其启智功能早在11世纪就对我国科学家产生作用。雁荡山是"流水侵蚀"学术思想的发源地,它启发了科学家沈括探索"穹崖巨谷"的成因,并最早提出流水对地形侵蚀作用的学术思想,早于欧洲700余年;它给徐霞客以勇气,二上雁荡,实地考察并证实了龙湫之源非雁湖,纠正了《志书》之错误;它深深吸引清代学者施元浮,寝游雁荡十余载,考察体验不同景观环境适应不同文化素养者,写出进行游览体验活动的《游山十八法》。上述游览、观赏、创作山水诗画等文化活动和探索自然规律、研究人景感应关系等科研活动都值得继承和发扬。目前,雁荡山是世界地质公园,也是国家地质公园和国家级风景名胜区,除此之外,临海桃渚、缙云仙都、仙居神仙居都是国家地质公园和国家级风景名胜区,因此,浙江省流纹质火山岩地貌自古以来都是地貌学科普和教育基地。

综上所述,浙江省流纹质火山岩地貌是全球中生代以来地质作用和地貌演化的突出例证,是环太平洋火山带火山岩地貌的杰出代表,地貌景观具有独特性,地貌形态具有多样性,地貌形成的岩石类型和内外动力地质作用具有完整性,符合世界遗产标准viii。

2. 独特的美学价值

浙江省流纹质火山岩地貌景观由嶂(叠嶂)、方山、石门、柱峰、锐峰、嶂谷、岩洞、天生桥以及不同发育阶段的瀑布、深潭组成,其审美意义具自身的风格。叠嶂方展如屏,直耸云霄;锐峰如削如攒,棱棱拔起,孤峰插天;两岩对峙,天然石门;柱列山石,方山柱峰,高低错落。奇岩造型逼真,雕镂百态;移步换景,昼夜变幻,情景交融,堪称奇绝。岩洞、天生桥成因与形态独特,洞景配置和谐,秀丽幽奥。飞瀑个性突出,瀑布与瀑壁形态和组合变化多端;深潭、涧谷、溪流镶布于山间。浙江省流纹质火山岩地貌景观给人强烈的美感、灵感和启智功能。目前,雁荡山、神仙居、仙都和缙云等都是国家级风景名胜区、国家地质公园,都以流纹质火山岩景观美而在国内著名。

浙江省流纹质火山岩景观的自然美得到了历代旅游鉴赏家的赞赏,古今各界人士都对其作出了极高评价,其中以雁荡山最受推崇。关于雁荡山自然景观历代都有评价,宋朝沈括有"不类它山""天下奇秀"的高度评价;王十朋认为"雁荡冠天下";徐霞客认为雁荡山"锐峰叠嶂,左右环向,奇巧百出,真天下奇观";民国的康有为则惊叹雁荡奇景"雄伟奇特,甲于全球"。北京大学谢凝高教授认为雁荡山是以峰、嶂、洞、瀑、门为造型特色,雄、奇、险、秀、幽、奥、旷等形象美兼备的名山风景区。雁荡山之美在于以奇秀为本,奇秀与险峻、幽奥、旷远并蓄。以叠嶂锐峰、奇岩怪洞、石门岩岗为骨骼,以飞瀑涧溪、湖潭为动脉,两者配置和谐,结构独特,气势磅礴,不愧为"天下奇秀"。雁荡山形象美最突出为"奇",奇在流纹质火山岩特有的造型上,奇在峰、嶂、洞、瀑、门的奇特形态及其有机的组合上,给人以强烈的美感与灵感。对于神仙居的评价,清翰林院编修潘耒游神仙居后赞曰"天台幽深、雁荡奇绝、仙居兼而有之",仙居也因其优美生态环境和绮丽的自然风光被称为"神仙居住的地方"。

从地学与审美学的交叉点着眼,浙江省流纹质火山岩地貌景观不同于其他岩石地貌的奇特性,即其景观的独特优美主要表现在以下几个方面:

(1)叠嶂、锐峰、门柱、峰林、岩块状岗尖、岗湖等多种地貌景观,层层叠置,高低错落,协调有致,展现了不同于由其他单一岩类岩石如花岗岩、石灰岩、砂砾岩等形成的地貌景观。

(2)火山岩内部线条,或水平或垂直或弯曲,细腻多变,或柔或刚,沿缝隙植被点缀,四季色彩的变化,对勾画出的天然山水画起到画龙点睛、深化意境的作用。

(3)在火山碎屑岩、流纹质火山岩内部结构的不均匀特性的基础上,大自然精琢细雕出接客僧、犀牛望月、老猴披衣等奇特造型,移步换景,如剪刀峰、一帆风顺等,一峰造型多变,真可谓峰形步步移。

(4)流纹质火山岩地貌的叠嶂、柱峰、石门、飞瀑的单体规模较其他类型的火山岩地貌更为宏大壮观,如雁荡山的观音峰、剪刀峰、显胜门、大龙湫,神仙居的天柱岩、景星岩、公盂岩,仙都的鼎湖峰等,从视觉上给人一种强烈的冲击力,具有很好的观赏价值。

(5)洞穴的数量、形状、所处位置的高低和独特的成因,既不同于石灰岩溶洞,也不同于海蚀洞。

(6)上有飞瀑,下有洞潭,内有幽谷,外有溪流、海湾、滩涂。水与岩的作用造就了具有生命的、动静和谐的滨海地质生态景观。

(7)雁荡山、神仙居等典型流纹质火山岩地貌的各类景观密集成带、成片分布,均与区内岩石分布和后期断裂的切割、抬升有关联。给人们不同的美的享受、不同的感觉,并对其作出不同的评价:于平坦谷地观山则得出奇秀峻险之评价,于深谷古洞中观赏则产生幽奥之感,而于岗尖观之,则会有雄、奇的体味。

正如美学家王朝闻所说:"雁荡山的美不是别的风景所能替代的,而且拥有人们发现美的因素。"从山水审美的角度上进行评价,浙江省流纹质火山岩地貌景观是浙江省白垩纪流纹质火山岩之上发育的绝妙的自然现象,具有罕见自然美,完全符合遗产标准vii。

3. 丰富的人文史迹

浙江省流纹质火山岩地貌被古越先人充分利用,作为祭祀、居住、艺术创作的空间和场地,山水诗词、寺庙道观、古村落和摩崖石刻是这些人类活动开发和利用景观资源遗留下来的丰富遗产。浙江省自东晋开始繁华,历史悠久,形成了显著的诗词文化、学术文化、耕读文化、宗族文化和宗教文化遗存,它们是中国传统文化中人类和谐利用山岳、河流及土地并营造适宜人类居住环境的突出例子。

(1)诗词文化:"仁者乐山,智者乐水",中国的文人雅士更加懂得清幽的环境可以净化心灵,秀丽的山川可以陶冶性情。雁荡山岩石地貌受到历代名人赞赏,留下了丰富的人文史迹。雁荡山犹如一座一流大学和一位博学多才的大师。1000多年来,这位自然之师,给中国山水诗宗师谢灵运以灵感,写下了《从筋竹涧越岭溪行》。它让理学家朱熹发现了《天开图画》。自此以后,诗人接踵而来,留下诗词5000多首,如王十朋的"雁荡冠天下,灵岩尤绝奇";江睏叔的"欲写龙湫难下笔,不游雁荡是虚生";袁枚的《观大龙湫》,可谓是描绘瀑布之绝笔。师法自然画雁荡山的名画家,如唐寅、文征明、董其昌、黄宾虹、马骀、潘天寿、张大千等,无不留下传世之作。

(2)学术和科考文化:神奇的流纹质火山岩地貌自古以来就吸引了众多科学家游历和考察,在其成因上提出了许多科学理论。比如雁荡山的成因最早是由明代科学家沈括所研究的,他提出了流水侵蚀形成地貌的观点。此后,明末徐霞客3次考察雁荡山,历经艰险,登山探洞,用极为精辟的语言,正确的空间方位,全面描述了雁荡山的地貌形态与美学的价值。此外,王士性(明代)、施元孚(清代)、魏源(清末)、方尚惠(清代)均开展过雁荡山地貌的考察研究。清代曾唯《广雁荡山志》三十卷,全面记载了雁荡山的地理、地貌与人文历史,书中用图示方式说明了叠嶂、石门、岩洞、天生桥等的形态特点。

(3)宗教文化:浙江省流纹质火山岩景观分布区都有悠久的宗教历史,雁荡山、缙云仙都、神仙居等都是具有一定影响力的佛教活动场所或地方性的佛教圣地。其中雁荡山观音洞、仙都黄帝祠宇、神仙居西罨寺、桃渚的碧云洞、大箬岩的陶公洞、新昌的石台门、奉化的雪窦山都是浙东著名的宗教场所。仙都摩崖题记、雁荡山大龙湫、石门洞等地的摩崖石刻历史久、价值高,是重要的文化遗产。寺庙、书院和古村落的建筑,也成为巧妙利用流纹质火山岩地貌的典范,许多寺庙就势利用天然流纹质火山岩洞穴、谷地,巧妙地利用地形和环境,强化宗教氛围,感应天地灵气,取清幽雅致之所,以吸收天地之精华,实现天人的完全融合。

(4)书院与耕读文化:"书院"泛指中国古代著书、印书、藏书、读书讲学、祭祀等的活动场所,同时也具有学术活动和儒家论道的功能。从唐代开始一些文化名人便寻求风景佳处读书治学,并蔚然成风。比如缙云仙都的独峰书院(朱熹书院)、楠溪书院、桐江书院等,都是在中国古代文化史上产生过较大影响的书院。永嘉楠溪江古村落、仙居皤滩古镇、缙云河阳古民居等地的先民充分利用流纹质火山岩山体的坡地以及河流冲刷形成的河谷平原,兴建村落,形成独具特色的耕读文化,是浙东古村落最为集中的区域,也是中国山水诗的重要孕育地,在中国古建筑史和古文学史上具有十分突出的价值。

因此,浙江省流纹质火山岩地貌是先人游历、研学、居住、祭祀等活动的重要场所,是人类与环境相互作用的典型代表和杰出范例,符合世界遗产标准 v。

第三节 浙江省流纹质火山岩地貌景观的保护与管理

一、重点研究区保护与管理现状

长期以来,全省各级政府一直非常重视地质遗迹、生态环境及历史文化遗迹的保护,多年来作了很大的努力,并取得了较好的成绩。浙江省流纹质火山岩地貌分布在不同县市,其保护与管理措施也不尽相同,但名义上都由公园管理委员会管理。现简单介绍一下 4 个重点研究区的保护与管理现状。

1. 雁荡山保护与管理现状

雁荡山研究区已建成世界地质公园、国家地质公园、国家级风景名胜区和国家 AAAAA 级景区,属国家所有,法律地位与权属明确,公园边界清晰,保护对象具体,公园有健全的管理机构与规章制度,功能齐全。该地质公园由雁荡山风景旅游管理委员会统一管理。

雁荡山风景旅游管理委员会下设:办公室(法制办公室),财政局,人力资源局,经济发展改革局,规划国土建设局,社会事务局,资源环境保护局,旅游开发管理局,文化宗教局。

其中,资源环境保护局负责制定和组织实施自然环境资源保护规划,严格保护各类风景旅游资源;负责所辖区域的森林防火、绿化美化、水利资源开发、野生动植物、水生动物、海洋资源等保护工作;负责雁荡山世界地质公园主园区的保护管理建设和对外交流工作,承担协调管理雁荡山世界地质公园东西园区的日常工作;负责所辖区域各类已建市政公用设施的监管、维护和保养工作;承办所辖区域的市容市貌、环境卫生等事务性工作;负责编制、报批并组织实施环境保护规划,协同开展环境监测和环境保护工作;按管理权限审核、报批所辖区域的建设工程环境影响评估工作;负责排污申报登记工作,征收排污费;负责所辖区域内各类广告标志牌设置的审核、审批工作。

2. 仙居神仙居保护与管理现状

目前神仙居研究区的火山岩地貌景观大部分都有相关的部门或企业进行管理,但是管理部门较多,经营方式多样,管理水平也参差不齐。神仙居研究区的范围为神仙居国家地质公园的范围,地质公园分为西罨寺景区、景星岩景区和公盂岩景区。

西罨寺景区的主要景观区已建成国家级风景名胜区、国家 AAAAA 级旅游景区、国家级生态旅游示范区,2014 年获得首批国家公园试点,并于 2018 年获批国家地质公园资格,主要由浙江神仙居旅游集团有限公司统一管理,部分宾馆等旅游服务设施由社会力量经营。浙江神仙居旅游集团有限公司是一家国有独资公司,主要负责旅游产品的策划、开发、经营和管理,旅游项目包装和投资融资工作。集团本部设综合办公室、财务部、投资发展部、市场营销部、经营管理部、安全生产部、人力资源部、内审部、工程建设部 9 个部门。集团现有两家分公司(景区分公司、索道分公司)、六家全资子公司(仙居县旅游有限公司、仙居县淡竹原始森林旅游有限公司、仙居县新旅程公交有限公司、仙居县永安绿道旅游开发有限公司、仙居县映象大酒店有限公司、仙居神仙居旅行社有限公司)。

景星岩为社会资金开发和经营,目前经营状况一般。公盂岩景区还处于未开发、未保护阶段。

3. 临海桃渚保护与管理现状

桃渚研究区现已建成国家地质公园,由地质公园管理委员会统一管理,还成功申报了国家级风景名胜区。园区管理机构职能分工明确,在具体的管理中各部门统一协调,分级分类有序管理。地质公园位于桃渚镇境内,地质公园边界清楚。西起九岭岙—岭根一线;东至南沙、北沙及下港海域;北以新屋—谢家—下伴一线为界;南至塘里洋—市场山—白猫山—短株山。园区内还建有地质公园博物馆,具有较好的科学普及作用。

按照旅游开发六要素即"行、游、吃、住、购、娱"等综合情况分析,园区内除了旅游资源丰富和交通较便利以外,其余基础设施还较为落后,旅游从业人员和专门的旅游队伍还未形成。

4. 缙云仙都保护与管理现状

仙都研究区已于 2018 年获批国家地质公园资格,目前已建成国家级风景名胜区和国家 AAAAA 级景区,统一由缙云县仙都风景旅游区管理委员会管理。该管委会机构健全,日常管理工作正常有序,主要下设部门管理有效,各部门分工明确,管理职责落实到位,具体如下。

(1)综合办公室

协助管委会领导处理日常工作,综合协调各科室的有关工作;负责对管委会工作部署和对领导交办的重要事项的落实办理情况进行检查、督办;负责文秘、人事、机要、档案、信访、信息、保密、财务(乡镇财政)、综合统计工作;负责管委会机关后勤事务、固定资产管理、景区(点)门票管理工作;负责对外联系和接待工作。

(2)农村工作办公室

负责仙都农管处 12 个行政村的农业、农村、农民服务工作;负责计划生育、科技、教育文化、卫生体育等各项社会事务和公共事业管理工作;负责做好经济社会统计和村级财务内审监督工作;建立健全减轻农民负担的监督管理机制;负责社会治安综合治理、信访、调解工作,化解农村社会矛盾,维护农村社会稳定;负责仙都农管处的党务和组织建设工作;负责辖区内的土地征用、拆迁等政策处理工作。

(3)规划发展科

负责全县风景资源的勘察调查和风景名胜区的规划管理工作;负责指导景区内村庄的建设工作;负责旅游区(点)质量等级评定工作;负责办理仙都风景名胜区与县城城市规划区重叠区域内建设项目(含民居建设项目)选址的审核报批或审批和建设用地规划许可、建设工程规划许可的审核工作;负责仙都风景名胜区县城城市规划区非重叠区域内建设项目(含居民建设项目)选址、建设用地规划许可、建设工程规划许可的审核报批或审批工作;负责风景区的园林绿化的规划管理和实施工作;负责景区内各项工程的建设管理,基础设施和国有房产的维修工作;负责编制和报批风景区内重大(要)建设项目的投资计划及项目库建设和招商引资工作;负责风景区规划建设的监察管理工作;履行各相应职能部门依法委托的管理职能。

(4)行业管理科

负责全县旅游业的行业管理;负责推广旅游行业标准、规范服务、旅游商品开发及旅游统计;负责指导全县旅游质量监督管理工作;负责漂流、缆车等特种旅游项目的审核工作;负责旅行社资格审核、申报、年检及星级宾馆申报、推介、评定等工作;负责旅游从业人员的资格考试、年审考核工作;履行各相应职能部门依法委托管理职能;组织重大旅游安全事故的救援和处理,督促检查旅游保险的实施、旅游安全等工作。

(5)市场开发科

负责旅游市场开发规划和计划的编制工作;负责旅游市场开发策划和宣传营销工作;负责旅游节庆、促销活动的策划和组织工作;负责掌握旅游市场动态,提供市场信息,指导驻外办事处日常工作。

二、保护方法和措施

1. 加强地质公园等各类保护地的保护功能

目前浙江省流纹质火山岩地貌景观集中分布区均已建成地质公园,其中乐清雁荡山为世界地质公园,也是我国迄今唯一一个以白垩纪火山和流纹质火山岩地貌景观为主题的世界地质公园;临海桃渚、仙居神仙居、缙云仙都均为国家地质公园。地质公园的成功建立,使得区内的地质遗迹、生态景观、人文历史遗迹和多项旅游资源都得到了有效的保护。现阶段,国家推行将各类公园(世界地质公园除外)整合归并优化,要求建立以国家公园为主体的自然保护地体系,并明确自然保护地功能定位,在今后地质遗迹的保护工作中,各自然保护地应充分发挥自身相关职能,严格按自然保护地规划要求和部署,加大对地质遗迹的保护和基础设施建设的资金投入,强化保护地的环境整治,提高对保护地整体规划区内的造地、河道、采石场、建房、伐木、建坟等影响景观行为的治理整顿力度。坚持在保护中开发、在开发中保护的方针,按照严格保护、统一管理、合理开发、科学利用的原则,保护好区内的地质遗迹资源。

2. 对流纹质火山岩地貌各类保护地不同空间实施分级管控

为全面有效保护地质遗迹,对流纹质火山岩地貌各类保护地不同空间实施分级管控,根据地质遗迹的价值等级,划定一、二、三级保护区,实施分区分级保护,具体管控要求和保护措施如下。

(1)各级保护区的控制要求:一级保护区可以设置必要的游赏步道和相关设施,但必须与景观环境协调,严格控制游客数量,禁止机动交通工具进入;二级保护区允许设立少量的、与景观环境协调的地质旅游服务设施,不得安排影响地质遗迹景观的建筑。合理控制游客数量。

(2)一级保护区保护措施:禁止挖山取石、禁止捕猎、禁止砍伐树木、禁止从事污染水土气环境的作业、禁止野外用火、不允许建设人工建筑;不得新增耕地;在保护区边界设立界碑等永久性保护标志;地质公园管委会主任为一级保护区的第一责任人。

(3)二级和三级保护区保护措施:禁止挖山取石、禁止捕猎、禁止砍伐树木、禁止从事污染水土气环境的作业、禁止野外用火、禁止随意排放生活污水;在保护区边界设立永久性和醒目的界桩,树立有名称、范围、地质遗迹内容的永久性界牌;按规划建设的旅游服务设施,在规模、体量、色彩、风貌等方面,要与外部环境相协调,并具有本地建筑特色,建筑外观尽量使用当地乡土材料,不得对公园风貌造成破坏;保护区所在乡镇主要领导为保护区主要责任人。

3. 加强地质遗迹保护宣传

除开展必要的地质遗迹保护工程建设外,还应加大地质遗迹保护知识宣传力度,通过加强导游和管理人员地学专业知识培训,进社区开展地质遗迹保护宣传,面向中小学和普通大众开展地质遗迹保护区知识科普讲座等不同形式,增强大众的地质遗迹的保护意识,提升旅游从业人员、公众和管理人员的整体素质。

参考文献

柏林,2003.安徽国家地质公园主要地质景观和公园建设思考[J].安徽地质,13(1):74-79.

曹世奎,邹卓辉,2011.广东省深圳大鹏半岛国家地质公园旅游资源开发初探[J].北京农业(12):136-138.

常玉琴,刘洪滨,2009.访问世界遗产:北爱尔兰巨人堤[C]//中国地质学会旅游地学与地质公园研究分会第24届年会暨白水洋国家地质公园建设与旅游发展研讨会论文集.

陈池,2005.人间仙境韩国济州岛[N].中国民族报,2005-01-21(004).

陈俊鸿,1995.西樵山风景名胜区旅游资源及其开发方略[J].热带地理,15(3):278-283.

陈铭勋,2007.石牛山:国家森林公园、国家地质公园[J].发展研究(8):114.

陈育和,2001.再谈加拉帕戈斯群岛[J].海洋世界(11):32.

程程,2015.广东名山:佛地西樵[J].中外建筑(9):26-31.

崔之久,杨建强,陈艺鑫,2007.中国花岗岩地貌的类型特征与演化[J].地理学报,4(7):675-690.

丁镭,刘超,方雪娟,等,2012.福建政和蛙岩崩塌遗迹景观特征及其旅游开发分析[J].国土与自然资源研究(1):76-78.

方世明,李江风,伍世良,等,2011a.中国香港大型酸性火山岩六方柱状节理构造景观及其地质成因意义[J].海洋科学,35(5):89-94.

方世明,伍世良,李江风,2011b.香港典型地质遗迹资源与地质公园建设[J].中国人口·资源与环境,21(3):147-150.

冯宗帜,李进堂,黄水兴,等,1989.德化石牛山晚白垩世火山岩岩浆来源及其演化[J].福建地质,8(4):275-285.

苟军,王天豪,武鹏飞,等,2013.松辽盆地长岭断陷营城组火山岩的时代与岩石成因[J].世界地质,32(3):522-530.

谷丰,鹿献章,杨则东,2008.安徽省地质遗迹资源及保护对策研究[J].安徽大学学报(自然科学版),32(4):90-94.

华缇健,1985.厄瓜多尔的加拉帕戈斯国家公园[J].地理科学进展,4(3):63.

黄慰文,1978.西樵山访古[J].化石(3):9-10.
纪大伟,邓红,2010.深圳大鹏半岛的开发与保护研究[J].海洋开发与管理,27(1):73-76.
季礼,2006.神的恩赐[J].飞碟探索(10):54-55.
简丹,2013.济州岛:坐落在北纬33度的海上明珠[J].当代劳模(10):76-80.
蒋长瑜,2001.加拉帕戈斯群岛[J].大自然探索(4):25-27.
金诚,2012.世界新七大自然奇观之一济州岛[J].城市与减灾(1):2-3.
李春生,2009.广东省国家地质公园的类型、开发与环境保护[J].科技管理研究(5):128-130.
李金龙,王璞珺,郑常青,等,2007.松辽盆地东南隆起区营城组柱状节理流纹岩特征和成因[J].吉林大学学报(地球科学版),37(6):1131-1138.
李良林,周汉文,陈植华,等,2013.福建沿海晚中生代花岗质岩石成因及其地质意义[J].地质通报,32(7):1047-1062.
梁诗经,文斐成,2009.福建白水洋河床侵蚀地貌特征及成因浅析[C]//旅游地学与地质公园建设——旅游地学论文集第十六集.
梁诗经,文斐成,陈斯盾,等,2006.福建石牛山水蚀花岗岩石蛋地貌特征及成因研究[J].福建地质,25(2):65-74.
梁诗经,文斐成,陈斯盾,等,2007.福建屏南白水洋地貌特征及成因浅析[J].福建地质,26(1):1-11.
梁诗经,文斐成,胡祚林,等,2013.福建屏南白水洋火山岩地貌类型及特征[J].福建地质,32(2):119-131.
林长进,2013.福建东南沿海火山地质景观资源价值分析[J].中国国土资源经济,26(6):50-52.
林灵生,2013.国家地质公园旅游价值的定量评价研究[D].兰州:西北师范大学.
蔺广太,2003.悠悠古遗址珍稀古火山:关于建立四平山门—伊通火山国家地质公园的若干思考[J].吉林地质(2):50-55.
刘洪滨,刘新宇,2009.北爱尔兰"巨人堤"海滨的旅游开发和对柱状节理利用的建议[C]//旅游地学与地质公园建设——旅游地学论文集第十六集.
刘明辉,2007.保护先行重于规划:高标准建设深圳大鹏半岛国家地质公园[J].风景园林(5):88-91.
刘玮,2014.松辽盆地长岭断陷营城组酸性火山岩的时代、地球化学特征及岩石成因[D].吉林:吉林大学.
陆琦,2012.南海西樵山[J].广东园林,34(5):77-80.
吕德金,2014.新西兰汤加里罗国家公园[J].大自然(5):76-81.
吕惠进,2005.我国酸性火山岩中的柱状节理构造景观[J].自然杂志,27(1):33-36.
马恒玮,1999.新西兰北岛火山地热景观掠影[C]//全国第14届旅游地学年会暨长白山地区旅游资源开发战略研讨会论文集.
罗春科,周永章,杨小强,等,2004.西樵山地质公园旅游景观形成、分类及其综合评价[J].热带地理,24(4):387-390.
罗秋云,2012.探秘堪察加[J].四川统一战线(7):46-47.
罗小成,2012.感受佛子山[J].福建乡土(3):31-32.

梅村,唐跃林,张崧,等,2010.深圳大鹏半岛中生代火山岩地质地貌特征:以大鹏半岛国家地质公园为例[J].热带地理,30(4):341-347.

梅村,唐跃林,张崧,等,2011a.深圳大鹏半岛国家地质公园中生代火山地层的时代讨论[J].地层学杂志,35(4):454-462.

梅村,康镇江,唐跃林,等,2011b.基于新测年资料的蓟县运动和燕山早期运动表现探讨:以深圳西部地区及东部大鹏半岛国家地质公园地区为例[J].地学前缘,19(3):179-188.

南京地质矿产研究所,浙江省国土资源厅,2004.拟建中国雁荡山世界地质公园综合考察报告[R].北京:国土资源部.

齐德利,2005.中国丹霞地貌多尺度对比研究[D].南京:南京师范大学.

深圳市北林苑景观及建筑规划设计院,2009."水火交融的地质记忆"深圳大鹏半岛国家地质公园揭碑开园建设项目设计[R].深圳:深圳市北林苑景观及建筑规划设计院.

沈加林,陶奎元,邢光福,2009.雁荡山世界地质公园岩石地貌及地质基础兼述白水洋地质公园对比研究问题[C]//旅游地学与地质公园建设——旅游地学论文集第十六集.

孙冶东,杨荣勇,任启江,等,1994.安徽庐枞中生代火山岩系的特征及其形成的构造背景[J].岩石学报,10(1):94-103.

唐云松,陈文光,朱诚,2005.张家界砂岩峰林景观成因机制[J].山地学报,4(3):308-312.

陶奎元,2015.韩国济州岛火山及其与中国五大连池、雷琼火山的对比[J].资源调查与环境,36(2):152-156.

陶奎元,沈加林,姜杨,等,2008.试论雁荡山岩石地貌[J].岩石学报,24(11):2647-2656.

陶奎元,余明刚,邢光福,等,2004.雁荡山白垩纪破火山地质遗迹价值与全球对比[J].资源调查与环境,25(4):297-303.

陶善才,章华,2009.浮山旅游资源优势及开发[J].安庆师范学院学报(社会科学版),28(5):124-128.

田荣,2006.长江边上的地质公园:浮山[J].江淮(5):50.

田山,2001.韩国济州岛上的巨大奇石[J].宁夏画报(3):15.

王存智,朱清波,杨祝良,等,2015.香港世界地质公园粮船湾组碎斑熔岩柱状节理构造特征[J].资源调查与环境,36(4):252-260.

王璐琳,2010.香港地质遗迹类型及主要地质遗迹成因探讨[D].北京:中国地质大学(北京).

王欣,2008.恋恋济州岛[J].走向世界(24):60-63.

王云鹏,1995.漫话佛子山[J].沧桑(6):61.

魏万进,2013.游佛子山记[J].福建乡土(4):42-45.

无双,2013.火山王国:汤加里罗国家公园[J].课堂内外:小学课堂(2):30-33.

吴际,2011.四平山门中生代火山自然保护区地质遗迹保护对策研究[D].吉林:吉林大学.

武法东,田明中,张建平,等,2011.中国香港国家地质公园的资源类型与建设特色[J].地球学报,32(6):761-768.

谢蕾蕾,2011.香港地质公园地质遗迹景观资源特征与保护研究[D].北京:中国地质大学(北京).

邢光福,吴振扬,陶奎元,等,2011.香港国家地质公园粮船湾组火山岩岩石学研究[J].中国地质,38(4):1079-1093.

邢光福,杨祝良,沈加林,2015.香港世界地质公园核心景观——碎斑熔岩石柱林特征(二)[J].资源调查与环境,36(2):76.

邢新龙,2016.浙闽交界地区侏罗纪—白垩纪火山活动年代学与岩石成因研究[D].成都:成都理工大学.

邢新龙,刘才伟,吕峰明,2015.浙闽交界地区晚中生代火山岩分布及其地质特征[J].矿物学报,35(S1):82.

徐海江,单林,1985.赣闽火山碎屑(斑)熔岩的矿物特征对比分析[J].矿物岩石地球化学通报(4):173-174.

颜怀学,周霄,2002.天下形胜地文人争霸处:浮山国家地质公园科考记行[C]//全国第17届旅游地学年会暨河南修武旅游资源开发战略研讨会论文集.

杨翔,2011.世界最长的熔岩岩洞[J].地理科学进展,1(2):54.

叶恩忠,刘伏宝,2007.看山石牛山[J].开放潮(5):30-32.

因格,安德特,赵为,2006.演化之窗:加拉帕戈斯群岛[J].人与自然(11):18-37.

尹家衡,黄光昭,查乐乐,1999.浮山:天然火山地质公园[J].火山地质与矿产,20(2):106-110.

张继民,2006.峡谷精品白水洋[J].发展研究(12):138-139.

张佩军,2015.浮山地质遗迹保护与开发利用的几点思考[J].科技经济导刊,26(4):208.

张仁寿,2010.白水洋与鸳鸯溪[J].中华文化画报(12):37-39.

张崧,孙现领,王为,等,2013.广东深圳大鹏半岛海岸地貌特征[J].热带地理,33(6):647-658.

张星,2001.吉林省四平山门早白垩世流纹岩地质特征[J].吉林地质,20(3):30-34.

章沧授,2006.安徽山水旅游文化[M].合肥:安徽大学出版社.

赵明,刘福臣,2003.吉林省四平市山门中生代流纹岩柱状节理特征及成因意义[J].吉林地质,22(3):57-61.

浙江省地质调查院,2019.浙江省典型地区白垩纪火山地质综合调查评价报告[R].杭州:浙江省地质调查院.

朱佛宏,1999.堪察加地区的现代地质构造[J].海洋地质动态(3):20-21.

朱清波,杨祝良,姜杨,等,2015.香港西贡粮船湾组火山岩石柱区次生节理研究[J].现代地质,29(3):501-513.

ПЕТРАЧЕНКО Е Д,1989.堪察加火山带[J].国外火山地质(3):74-87.

AHN K S,2014. Distribution and petrology of the columnar joint in South Korea[J]. The Journal of the Petrological Society of Korea,23(2):45-59.

AHN U S,HWAN S K,2007. Determination of flow direction from flow indicators in the Muposan Tuff,southern and eastern Cheongsong,Korea[J]. Economic and Environmental Geology,40(3):319-330.

ARMSTRONG G D,MACEY A,1979. proposals for a sangay National Park in Ecuador[J]. Biological Conservation,16(1):43-61.

BALEN D,PETRINEC Z,2014. Development of columnar jointing in albite rhyolite in a rapidly cooling volcanic environment (Rupnica,Papuk Geopark,Croatia)[J]. Terra Nova,26(2):102-110.

BEARD C N,1959. Quantitative study of columnar jointing[J]. Geological Society of America Bulletin,70(3):379-382.

BROWN R,1905. 5. Diego Alvarez, or Gough Island[J]. Scottish Geographical Magazine,21(8):430-440.

BRYAN S E,EWART A,STEPHENS C J,et al.,2000. The Whitsunday Volcanic Province,Central Queensland, Australia: lithological and stratigraphic investigations of a silicic-dominated large igneous province[J]. Journal of Volcanology and Geothermal Research,99(1-4):55-78.

CAMPBELL S,SEWELL R J,1997. Structural control and tectonic setting of Mesozoic volcanism in Hong Kong[J]. Journal of the Geological Society,154(6):1039-1052.

CHABIRON A,CUNEY M,POTY B,2003. Possible uranium sources for the largest uranium district associated with volcanism: the Streltsovka caldera (Transbaikalia, Russia)[J]. Mineralium Deposita,38(2):127-140.

CHEVALLIER L,REX D C,VERWOERD W J,1992. Geology and geochronology of Inaccessible Island,South Atlantic[J]. Geological Magazine,129(1):1-16.

CHRISTIANSEN R L,BLANK H R JR,1972. Volcanic Stratigraphy of the Quaternary Rhyolite Plateau in Yellowstone National Park[R]. US Geological Survey.

CLIFF R A,BAKER P E,MATEER N J,1991. Geochemistry of Inaccessible Island volcanics[J]. Chemical Geology,92(4):251-260.

COLE J W,1979. Structure petrology and genesis of Cenozoic volcanism Taupo Volcanic Zone New Zealand:A review[J]. New Zealand Journal of Geology and Geophysics,22(6):631-657.

COLE J W,1990. Structural control and origin of volcanism in the Taupovolcanic zone, New Zealand[J]. Bulletin of volcanology,52(6):445-459.

CRAWFORD K R,BLACK R,2012. Visitor understanding of the geodiversity and the geoconservation value of the Giant's Causeway World Heritage Site,northern Ireland[J]. Geoheritage,4(1-2):115-126.

DAVY B,1993. Seismic reflection profiling of the Taupo caldera,New Zealand[J]. Exploration Geophysics,24(3-4):443-454.

EATON G P,CHRISTIANSEN R L,IYER H M,et al.,1975. Magma Beneath Yellowstone National Park[J]. Science,188(4190):787-796.

ENLOWS H E,1955. Welded tuffs of chiricahua national monument,arizona[J]. Geological Society of America Bulletin,66(10):1215-1246.

ERFURT-COOPER P,2011. Geotourism in volcanic and geothermal environments:Playing with fire?[J]. Geoheritage,3(3):187-193.

FISKE R S,TOBISCH O T,1994. Middle Cretaceous ash-flow tuff and caldera-collapse deposit in the Minarets Caldera,east-central Sierra Nevada,California[J]. Geological Society of America Bulletin,106(5):582-593.

FOURNIER R O,1989. Geochemistry and dynamics of the Yellowstone National Park hydrothermal system[J]. Annual Review of Earth and Planetary Sciences,17(1):13-53.

GOFF F E,2010. The valles caldera:New Mexico's supervolcano[J]. New Mexico-Earth Matters,10:6.

HOLCOMB R T,SEARLE R C,1991. Large landslides from oceanic volcanoes[J]. Marine Geotechnology,10:19-32.

HWANG S K,CHOO C O,2006. Pattern and origin of spherulites in a rhyolite dike swarm,northeastern Cheongsong,Korea[J]. Global Geology,9(1):60-79.

HWANG S K,JO I H,YI K,2017a. SHRIMP U-Pb dating and volcanic processes of the volcanic rocks in the Guamsan caldera,Cheongsong,Korea[J]. Economic and Environmental Geology,50(6):467-476.

HWANG S K,KWON T H,KIM H J,et al.,2018. Source evaluation of rhyolitic dike swarm from compositional correlations of igneous intrusions in the Northern Cheongsong, Korea[J]. The Journal of the Petrological Society of Korea,27(2):73-84.

HWANG S K,SON Y W,CHOI J O,2017b. Geological history and landscapes of the Juwangsan National Park,Cheongsong[J]. The Journal of the Petrological Society of Korea, 26(3):235-254.

IRFAN T Y,1999. Characterization of weathered volcanic rocks in Hong Kong[J]. Quarterly Journal of Engineering Geology,32(4):317-348.

ISHIHARA S,IMAOKA T,1999. A proposal of caldera-related genesis for the roseki deposits in the mitsuishi mining area, southwest Japan[J]. Resource Geology, 49(3): 157-162.

JANG Y D,WOO H,2015. Educational utilization of outstanding spherulitic rhyolite occurred in Cheongsong,Korea[C]//AGU Fall Meeting Abstracts,2015.

KIM Y M,MOON J S,2019. Flowers blooming on rocks:Cheongsong Flowerstone of Korea[J]. The Journal of the Gemmological Association of Hong Kong(XL):54-57.

LEMAN M S,REEDMAN A,PEI C S,2008. Geoheritage of East and Southeast Asia [M]. Malaysia:Lestari,115-147.

LI Y,ALI J R,CHAN L S,et al.,2005. New and revised set of Cretaceous paleomagnetic poles from Hong Kong implications for the development of southeast China[J]. Journal of Asian Earth Sciences,24(4):481-493.

LIM C,HUH M,YI K,et al.,2015. Genesis of the columnar joints from welded tuff in Mount Mudeung National Geopark, Republic of Korea[J]. Earth, Planets and Space, 67 (1):1-19.

LIPMAN P W,1976. Caldera-collapse breccias in the western San Juan Mountains,Colorado[J]. Geological Society of America Bulletin,87(10):1397-1410.

LITTLEJOHN M,DE DOLSEN,MACHLIS G E,1990. Yellowstone National Park[R]. University of Idaho Cooperative Park Studies Unit.

LYLE P,PRESTON J,1993. Geochemistry and volcanology of the Tertiary basalts of the Giant's Causeway area,Northern Ireland[J]. Journal of the Geological Society,150(1): 109-120.

MCGREGOR J A,2003. The Victoria Falls 1900—1940:Landscape,tourism and the geographical imagination[J]. Journal of Southern African Studies,29(3):717-737.

MONIQUE F,ANDRé M F,2013. Landscapes and landforms of France[M]. Springer Science & Business Media.

MOREIRA J C,2012. Interpretative panels about the geological heritage: A case study at the Iguassu Falls National Park (Brazil)[J]. Geoheritage,4(1-2):127-137.

MUDEUNGSAN GEOPARK,[EB/OL]. (2021-07-22). https://geopark.gwangju.go.kr/contents.do? S=S02&M= 010201000000.

Mudeungsan UNESCO Global Geopark (Republic of Korea),[EB/OL]. (2021-07-22). https://en.unesco.org/global-geoparks/mudeungsan.

NAIRN A,WESTPHAL M,1968. Possible implications of the palaeomagnetic study of late Palaeozoic igneous rocks of northwestern Corsica[J]. Palaeogeography, Palaeoclimatology, Palaeoecology,5(2):179-204.

NAUMANN T, GEIST D, 2000. Physical volcanology and structural development of Cerro Azul Volcano, Isabela Island, Galápagos: implications for the development of Galápagos-type shield volcanoes[J]. Bulletin of Volcanology,61(8):497-514.

NEGU S,NEAC U M C,2011. Mountain landscapes in the UNESCO heritage[J]. GeoJournal of Tourism and Geosites,7(1):134-142.

NELSON C H,BACON C R,ROBINSON S W,et al.,1994. The volcanic, sedimentologic, and paleolimnologic history of the Crater Lake caldera floor, Oregon: Evidence for small caldera evolution[J]. Geological Society of America Bulletin,106(5):684-704.

NG C,GUAN P,SHANG Y J,2001. Weathering mechanisms and indices of the igneous rocks of Hong Kong[J]. Quarterly Journal of Engineering Geology and Hydrogeology,34(2):133-151.

NICHOLAS L N,THAPA B,KOY J,2009. Residents' perspectives of a World Heritage Site: The Pitons Management Area, St. Lucia[J]. Annals of Tourism Research,36(3):390-412.

Oregon State University (OSU). Volcano World: Krakatau[EB/OL]. (2011-04-27a/2021-07-22). https://volcano.oregonstate.edu/Krakatau.

Oregon State University (OSU). Volcano World: Vesuvius[EB/OL]. (2011-08-28b/2021-07-22). https://volcano.oregonstate.edu/vesuvius.

PATTERSON E M,SWAINE D J,1955. A petrochemical study of Tertiary tholeiitic basalts: The middle lavas of the Antrim Plateau[J]. Geochimica et Cosmochimica Acta,8(4):173-181.

PREECE R C,BENNETT K D,JR CARTER,1986. The Quaternary palaeobotany of Inaccessible Island (Tristan da Cunha group)[J]. Journal of Biogeography,13:1-33.

RASSMANN K,1997. Evolutionary age of the Galápagos iguanas predates the age of the present Galápagos Islands[J]. Molecular phylogenetics and evolution,7(2):158-172.

REYNOLDS R W,GEIST D,KURZ M D,1995. Physical volcanology and structural development of Sierra Negra volcano, Isabela island, Galápagos archipelago[J]. Geological Society of America Bulletin,107(12):1398-1410.

RIEDINGER M A,STEINITZ-KANNAN M,LAST W M,et al.,2002. A ~6100 ^{14}C yr record of El Niño activity from the Galápagos Islands[J]. Journal of Paleolimnology,27(1): 1-7.

ROMME W H,1982. Fire and landscape diversity in subalpine forests of Yellowstone National Park[J]. Ecological Monographs,52(2):199-221.

ROOTS Y S,1995. Yellowstone:restless volcanic giant[J]. Journal of Volcanology and Geothermal Research,61:121-187.

RUIJTEN J,2006. Relating alpine treeline to mountain topography:A study in Sangay National Park,Ecuador[R]. Wageningen University.

SIDDALL C P,1985. Survey of inaccessible island,tristan da cunha group[J]. Polar Record,22(140):528-531.

SIMKIN T,HOWARD K A,1970. Caldera collapse in the Galápagos Islands,1968[J]. Science,169(3944):429-437.

SNELL H M,STONE P A,SNELL H L,1996. A summary of geographical characteristics of the Galápagos Islands[J]. Journal of Biogeography,23(5):619-624.

THOMAS D S G,SHAW P A,1992. The Zambezi River:Tectonism,climatic change and drainage evolution——Is there really evidence for a catastrophic flood? A discussion[J]. Palaeogeography,Palaeoclimatology,91(1-2):175-178.

TOMKEIEFF S I,1940. The basalt lavas of the Giant's Causeway district of Northern Ireland[J]. Bulletin volcanologique,6(1):89-143.

TUCKETT F F,1904. III.—Remarkable examples of atmospheric erosion of rocks in corsica[J]. Geological Magazine (Decade V),1(1):12-13.

Tweed Regional Museum (TRM). Geological History[EB/OL]. [2020-05-28/2021-07-22]. https://museum.tweed.nsw.gov.au/GeologicalHistory.

USGS. Long Valley Caldera[EB/OL]. [2021-07-21]. https://www.usgs.gov/volcanoes/long-valley-caldera.

VOLCANO DISCCOVERY. Taupo volcano[EB/OL]. [2021-07-22]. https://www.volcanodiscovery.com/taupo.html#quakeTable.

WILSON C J N,HOUGHTON B F,MCWILLIAMS M O,et al.,1995. Volcanic and structural evolution of Taupo Volcanic Zone,New Zealand:a review[J]. Journal of volcanology and geothermal research,68(1):1-28.

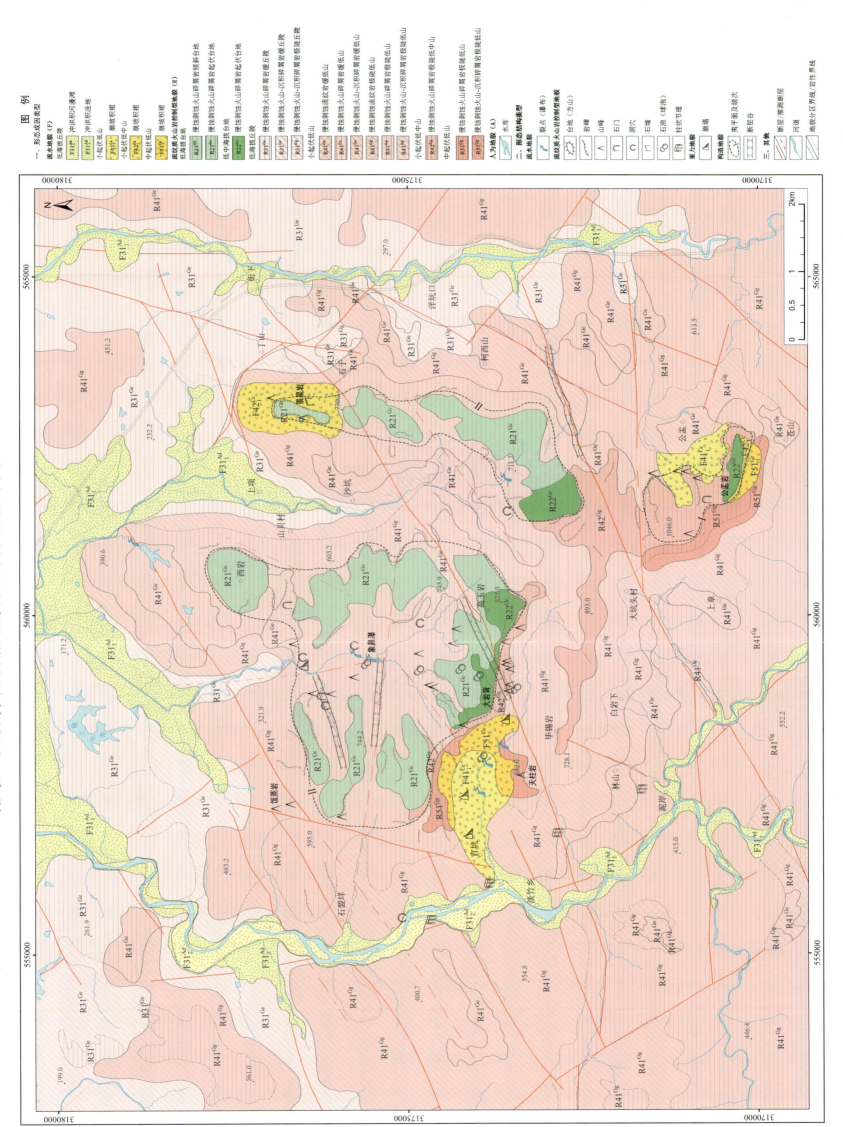